"十三五"国家重点图书出版规划项目

工业污染地基处理与控制

工业污染场地竖向阻隔技术

杜延军　刘松玉　刘志彬　杨玉玲　范日东　著

东南大学出版社
SOUTHEAST UNIVERSITY PRESS
·南京·

内容提要

本书针对工业污染场地竖向阻隔技术,系统介绍了柔性和刚性阻隔屏障新材料研发、机理表征、工程性能变化特征,重点介绍了污染物作用场景时,新型阻隔屏障材料的工程性能演变规律、阻隔性能及其关键参数的测试评价方法。通过分析现场应用案例,阐明了竖向阻隔屏障设计、施工及工后评价方法。本书适合岩土工程、水文地质和工程地质、环境工程、土壤学等相关专业的高校和科研院所师生,以及污染场地调查、风险评估、设计与施工的从业人员。

图书在版编目(CIP)数据

工业污染场地竖向阻隔技术/杜延军等著. —南京:东南大学出版社,2020.12

(工业污染地基处理与控制 / 刘松玉主编)

ISBN 978-7-5641-9270-9

Ⅰ. ①工… Ⅱ. ①杜… Ⅲ. ①工业污染防治—研究 Ⅳ. ①X322

中国版本图书馆 CIP 数据核字(2020)第 244398 号

工业污染场地竖向阻隔技术

Gongye Wuran Changdi Shuxiang Zuge Jishu

出版发行:东南大学出版社

社　　址:南京市四牌楼 2 号　　**邮编**:210096

出 版 人:江建中

网　　址:http://www.seupress.com

经　　销:全国各地新华书店

印　　刷:南京工大印务有限公司

开　　本:787 mm×1092 mm　1/16

印　　张:17.75

字　　数:434 千字

版　　次:2020 年 12 月第 1 版

印　　次:2020 年 12 月第 1 次印刷

书　　号:ISBN 978-7-5641-9270-9

定　　价:88.00 元

前　言

2016 年 5 月 28 日，国务院印发了《土壤污染防治行动计划》（简称"土十条"）。这一计划的发布大力推动了我国土壤环境保护和污染场地修复工作。竖向阻隔屏障是污染场地修复和治理工程中防止污染物迁移扩散不可或缺的技术。笔者以新型竖向屏障材料为研究对象，针对污染场地复杂污染液在竖向屏障中的渗透、击穿问题展开了数十年的基础性研究，对于污染物运移参数和防污屏障的寿命评价提出了一些计算方法。同时，由于我国存在较多早期建设时未能按标准进行环境污染防治的工业搬迁场地，本书就如何针对这类污染场地的修复治理开展了竖向阻隔屏障技术的现场研究。

基于课题组研究取得的良好进展，笔者决定甄选主要研究成果，整理出版一本能够系统介绍竖向阻隔屏障技术研究和应用的相关科技、施工设计的参考和教学用书。经过笔者反复讨论和斟酌，为了能够全面、系统和详细地介绍围绕污染场地竖向阻隔屏障研发、设计及施工方面的内容，将主要笔墨用于介绍目前国内外常用的两类竖向阻隔屏障的新材料研发、工程性能评估、化学抗性表达和阻隔性能评价以及相关技术的现场应用情况。希望本书的出版能够为我国污染场地风险管控技术的大力推进发挥理论和技术支撑作用。

本书共分 7 章，前 2 章以我国场地污染来源、环保政策发展为背景，在总结国内外研究现状的基础上，提出完善我国污染场地竖向隔离屏障研究的迫切需求；基于柔性阻隔屏障和强度可控型阻隔屏障两种屏障类型，详细介绍了三种土-膨润土系阻隔屏障新材料和两种水泥基阻隔屏障材料的研发，通过微观结构和微观力学特性表征,揭示改性机理。第3章从基本物化特性、防渗、压缩和强度特性方面,对比改性前后阻隔屏障材料工程特性的变化规律。第4、第5章从化学相容性、吸附特性、化学渗透半透膜效率以及污染物运移参数方面进行系统研究,明确改性作用对隔离屏障阻隔污染物性能的提升效果。第6章对用于环境保护工程的竖向阻隔屏障的设计、施工、工后评价进行了全面的介绍,为污染物隔离、阻断扩散和污染场地整治修复措施提供了可靠的管控技术。第7章以案例总结和笔者在实际工程中的研究经验为基础,详细介绍了新型水泥基阻隔屏障的施工和工后监测情况。因此,本书较为全面地将"材料研发-室内试验评价-现场应用-工后评价"形成的竖向阻隔屏障材料研发和应用技术体系进行了深入的介绍。

本书研究成果得到国家重点研发计划项目(项目号:2018YFC1803100、2018YFC1802300和2019YFC1806000)、国家自然科学基金(项目号:41877248和41907248)资助。本书第1章、第2章和第7章由杜延军、杨玉玲撰写,第3章由杜延军、范日东、杨玉玲撰写,第4章由杜延军、刘松玉撰写,第5章由杜延军、刘志彬撰写,第6章由杨玉玲、范日东撰写,附录由范日东整理。本书反映了多名研究生学位论文的部分成果,这些研究生包括:杨玉玲博士、范日东博士、沈胜强博士、伍浩良博士、梅丹兵硕士和张润硕士等。书中聚磷酸盐分散剂改性材料特性研究由杨玉玲和张润完成,羧甲基纤维素改性材料特性研究由范日东完成,聚阴离子纤维素改性材料特性研究由沈胜强完成,碱激发矿渣-膨润土材料特性研究由伍浩良完成,污染物运移室内模型试验研究由梅丹兵完成。杨光煜(协助第1章、第4章和第5章)、孙慧洋(协助第3章)和李双杰(协助第6章和第7章)三位硕士研究生在本书撰写和整理过程中提供了很多支持和帮助。全书由杜延军负责统稿,并且由刘松玉、刘志彬、杨玉玲进行多次修改和校核。本书的最终稿由杜延军进行通校。

杜延军

2021年8月28日

目　录

第 **1** 章
绪 论

 1.1 **工业污染来源及特点**

近年来,随着工业企业的转型或迁移,留下了大量的工业场地旧址,而原有工业场地及场地内地下水中存在的污染问题严重阻碍了工业场地的再利用,影响到人类的健康和城市的发展。江苏省近 5 年内相继关停、整合化工企业约 5 000 家;2018—2020 年期间,将关停环保不达标、安全隐患大的化工企业 1 000 家,且将有 50% 以上的化工生产企业进入统一规划、管理的化工园区[1]。大量搬迁或废弃的污染工业场地待开发和利用,场地土体和地下水污染成为其再利用的主要障碍。按照《地下水质量标准》(GB/T 14848—2017)进行评价,全国地下水资源符合Ⅳ类、Ⅴ类水质标准的占 37%,南方部分平原地区的浅层地下水污染严重,水质较差[2]。《2017 年中国生态环境状况公报》显示,在 5 100 个地下水监测点位中,较差级的监测点比例为 51.8%,极差级的监测点比例为 14.8%;主要河流、湖泊等地表水监测点位中,劣Ⅴ类水分别占比 8.4% 和 10.7%,工业废水排放是其主要污染源。《2017 年江苏省环境状况公报》显示[3],纳入国家《水污染防治行动计划》地表水环境质量考核的 104 个断面中,Ⅳ～Ⅴ类水质断面比例为 27.8%,劣Ⅴ类断面比例为 1.0%。与 2016 年相比,Ⅲ类断面比例增加 2.9%,劣Ⅴ类断面比例下降 0.9 个百分点。2013 年发布的《长江三角洲地区地下水污染调查评价》结果显示[4],长三角地区地表以下 60 m 范围内的地下水均受到不同程度的污染,部分区域重金属、总磷、总氮等污染因子超标严重。

生态环境部南京环境科学研究所等单位针对南京市 5 个典型工业厂区的调查显示,厂区土体中及地下水中均含有较多的铜、锌、铅、镉、汞和砷元素,最大富集系数达到 35.32,南京燕子矶化工厂场地的高浓度有机物污染深度达到地表以下 2～40 m[4],造成周边环境污染严重,并带来极不利的社会影响。江苏省生态环境厅在《2017 年江苏省环境状况公报》中指出[3],强化污染地块环境调查和风险防控,截至 2017 年底,新填报 118 块疑似污染地块和 15 块污染地块,南京、徐州、盐城等市均建立污染地块名录。

据 2013 年《中国国土资源报》的报道,地下水供给了我国北方地区 65% 的生活用水、50% 的工业用水和 33% 的农田灌溉。在全国 657 个城市中,有 400 多个城市以地下水为饮用水源。然而,有关部门对 118 个城市连续监测数据显示,约有 64% 的城市地下水遭受严重污染,33% 的地下水受到轻度污染,基本清洁的城市地下水只有 3%。国家环保总局、中国地质调查局等单位均开展了专项调查[5],发现我国浅层地下水污染严重,高浓度污染深度可达 40 m,水污染状况如表 1-1 所示。以南京地区为例,2011—2013 年,监测井数据显示,8.3% 的地下水污染物皆因工业废水直接排放所致。2015 年"8·12"天津港爆炸事件中,100 多种危险品发生爆炸,堆放的 700 t 氰化物发生泄漏,对公众人身安全、大气、水和土壤均造成了不可逆转的巨大影响。爆炸中心区附近污水检测口的氰化物浓度为 2~20 mg/L,高于我国污水排放标准的 10~40 倍。2019 年"3·21"江苏响水化工厂爆炸后,在园区附近的河流闸口检测出甲苯、二氯乙烷和二氯甲烷等组分浓度分别为 204 μg/L、114 μg/L 和 187 μg/L,二氯乙烷和二氯甲烷分别高出《地表水环境质量标准》(GB 3838—2002)的 2.8 倍和 8.4 倍。

以重金属为例,工业污染场地中发现的重金属污染由于浓度高,无法被土壤中微生物降解,若不对其进行处理,势必会造成土壤质量退化、生态环境急剧恶化的不良后果[6]。重金属在自然环境中通过沉淀-溶解、络合作用、氧化-还原、胶体形成、吸附-解吸附等系列物理、化学及生物的联合作用进行迁移转化。这些重金属甚至会参与并干扰各种生物繁衍、地球物化进程以及全球的物质循环过程,并以多种形态长期滞留在环境中,造成永久性危害。在我国污染场地中广泛存在的 Pb、Zn、Cu、Cd、As 等重金属污染物,不仅对人体有毒性影响,还会对土壤和水体中的微生物群体和植物产生显著的负面效应。以典型的 Pb、Zn 污染物进行简要说明,土壤和地下水中的 Pb 有一定的致癌、致突变作用,并能作用于人体多种器官和组织系统,明显影响儿童大脑和中枢神经系统[7]。世界卫生组织国际癌症研究中心早已将 Pb 视为人体高可能性致癌物质(2A 类)之一。Zn 是维持人体健康极为重要的必需微量元素之一,但过量的 Zn 可引发人体机能紊乱、骨质疏松症及脑组织萎缩[8]。有研究资料显示,Zn 能够刺激前列腺组织增生,引发人体肺癌、消化道癌等恶性肿瘤疾病[9]。另外,工业生产形成的酸性矿山废水(AMD)中存在危害性极大的重金属污染物和毒害性金属离子(Pb、Zn、Cu 和 Fe^{3+}/Fe^{2+} 等),一旦发生泄漏,势必破坏水体的酸碱平衡与离子平衡等平衡体系,进而毒害水体生物,破坏生态平衡。因此,水土环境污染控制和修复是我国环保领域的迫切需求。

表 1-1　我国典型水污染状况

污染场地	铅 (Pb)/(μg·L^{-1})	锌 (Zn)/(μg·L^{-1})	镉 (Cd)/(μg·L^{-1})	铬 (Cr)/(μg·L^{-1})	砷 (As)/(μg·L^{-1})	参考文献
天津地下水	12~360					[10]
深圳某工业区	≤198	130~661	3~27	8~220		[11]
某电镀污染厂		50~10^4		4~351		[12]
台州电子废弃厂					4.45~30	[13]
韶关矿区	220~352	4.1~7.6×10^4	267~457		4.56	[14]

（续表）

污染场地	铅 (Pb)/(μg·L^{-1})	锌 (Zn)/(μg·L^{-1})	镉 (Cd)/(μg·L^{-1})	铬 (Cr)/(μg·L^{-1})	砷 (As)/(μg·L^{-1})	参考文献
湖南某矿区河流	≤4.3	≤208	≤0.45		≤16.09	[15]
某铬渣、铬盐厂				10～1 000		[16]
某铅锌矿区	≤245	6～1 350	≤1.9	4	1.1～5	[17]
杭嘉湖某地	20		100	200		[18]
美国饮水修复目标	≤15	≤5 000	≤10	≤100	≤10	[19]

1.2　相关法规与标准发展

　　针对上述工业污染场地和地下水污染问题，全国人大和国务院经过充分调研和专家论证，相继或即将出台《地下水污染防治法修正案》《全国地下水污染防治规范（2011—2020）》《土壤污染防治行动计划》《土壤污染防治法》等一系列法律法规（见表 1-2）。2016 年国务院颁布的《土壤污染防治行动计划》（简称"土十条"）中提出的工作目标为：到 2020 年，土壤环境风险得到基本管控；到 2030 年，土壤环境质量稳中向好，土壤环境风险得到全面管控。2018 年 8 月，全国人大常委会通过的《土壤污染防治法》则明确指出，制定国家土壤污染风险管控的强制性标准。确定了"预防为主、保护优先、分类管理、风险管控、污染担责、公众参与"的污染场地防治思路[20]。江苏省、南京市也相继出台了《江苏省水污染防治工作方案》《江苏省土壤污染防治工作方案》《南京市水环境保护条例》等地方性法规、政策措施等，江苏各级政府制定了土壤污染治理与修复规划，公布江苏省第一批 303 家土壤环境重点监管企业。持续推进重金属污染防治，按"退出一批、提升一批、严控一批"的不同管理要求[21-22]，组织开展重金属重点防控区整治工作。上述法律法规和行政措施为污染场地修复、地下水污染防治提供了强力保障，规范了土壤修复行业的行为。

表 1-2　我国与污染场地管控相关的法律法规文件汇总

序号	文件名称	发布时间	发布机构
1	《中华人民共和国水污染防治法》	1984.05	人大常委会
2	《中华人民共和国土地管理法》	1986.06	人大常委会
3	《中华人民共和国环境保护法》	1989.12	人大常委会
4	《土壤环境质量标准》(GB 15618—1995)	1995.07	环境保护部
5	《水污染防治法》	1996.05	人大常委会
6	《中华人民共和国水污染防治法实施细则》	2000.03	国务院办公厅
7	《关于切实做好企业搬迁过程中环境污染防治工作的通知》	2004.06	环境保护总局
8	《中华人民共和国土地管理法》	2004.08	人大常委会
9	《食用农产品产地环境质量评价标准》(HJ 332—2006)	2006.11	环境保护部
10	《温室蔬菜产地环境质量评价标准》(HJ 333—2007)	2007.06	环境保护部
11	《中华人民共和国水污染防治法》	2008.02	人大常委会

序号	文件名称	发布时间	发布机构
12	《关于加强土壤污染防治工作的意见》	2008.06	环境保护部
13	《关于加强重金属污染防治工作的指导意见》	2009.08	国务院办公厅
14	《重金属污染综合防治"十二五"规划》	2011.02	国务院办公厅
15	《土地复垦条例》（国务院令第592号）	2011.03	国务院
16	《关于保障工业企业场地再开发利用环境安全的通知》	2012.11	环境保护部
17	《关于印发近期土壤环境保护和综合治理工作安排的通知》	2013.01	国务院
18	《农用地土壤环境质量标准》二次征求意见稿	2014.02	环境保护部
19	《土壤环境质量评价技术规范（征求意见稿）》	2014.02	环境保护部
20	《建设用地土壤污染状况调查技术导则》（HJ 25.1—2019）	2019.12	生态环境部
21	《建设用地土壤污染风险管控和修复监测技术导则》（HJ 25.2—2019）	2019.12	生态环境部
22	《建设用地土壤污染风险评估技术导则》（HJ 25.3—2019）	2019.12	生态环境部
23	《建设用地土壤修复技术导则》（HJ 25.4—2019）	2019.12	生态环境部
24	《建设用地土壤污染风险管控和修复术语》（HJ 682—2019）	2019.12	生态环境部
25	《污染地块风险管控与土壤修复效果评估技术导则》（HJ 25.5—2018）	2018.12	生态环境部
26	《污染地块地下水修复和风险管控技术导则》（HJ 25.6—2019）	2019.06	生态环境部
27	《关于推进城区老工业区搬迁改造的指导意见》	2014.03	国务院办公厅
28	《中华人民共和国环境保护法》	2014.04	人大常委会
29	《全国土壤污染状况调查公报》	2014.04	环境保护部、国土资源部
30	《关于加强工业企业关停、搬迁及原址场地再开发利用过程中污染防治工作的通知》	2014.05	环境保护部
31	《污染场地修复技术目录（第一批）》	2014.10	环境保护部
32	《农用地污染土壤修复项目管理指南（试行）》	2014.10	环境保护部
33	《农用地污染土壤植物萃取技术指南（试行）》	2014.10	环境保护部
34	《工业企业场地环境调查评估及修复工作指南（试行）》	2014.11	环境保护部
35	《展览会用地土壤环境质量评价标准（暂行）》	2015.08	环境保护部
36	《建设用地土壤污染风险筛选指导值》二次征求意见稿	2015.08	环境保护部
37	《建设用地土壤污染风险筛选指导值》三次征求意见稿	2016.03	环境保护部
38	《土壤污染防治行动计划》	2016.05	国务院
39	《污染地块土壤环境管理办法（试行）》	2016.12	环境保护部
40	《中华人民共和国水污染防治法（修订版）》	2017.06	人大常委会
41	《土壤污染风险管控标准建设用地土壤污染风险筛选值（试行）》	2017.08	环境保护部
42	《农用地土壤环境管理办法（试行）》	2017.11	环境保护部
43	《工矿用地土壤环境管理办法（试行）》	2018.07	生态环境部
44	《中华人民共和国土壤污染防治法》	2018.08	人大常委会

污染场地修复标准分为两类：①基于修复指南或规范（如土壤质量标准），以将污染场

地恢复至未污染状态为目标;②基于风险评价(风险管控),根据污染物质的种类、浓度、可能的暴露途径和潜在受害者进行场地风险评估,对场地的污染物质设定特定浓度界限值作为修复目标值。美国针对"棕色场地"开展的超级基金修复计划中最初采用第一种标准,但随后发现该标准修复成本极高且未考虑污染物自身特性及传播特点,于是从污染"受体"出发,提出了基于风险评价的修复设计理念。污染场地修复作为复杂的系统工程,涉及多学科交叉理论和工程经验。污染场地风险由众多因素组成,包括污染物类型、污染物含量、地下水污染程度、地下水污染扩散分布、周边居民分布、当地气候条件、选用的修复技术和修复工程操作以及场地未来开发规划等。因此,我国环保部对于污染场地修复提出了风险管控的修复思路。目前逐渐形成固化/稳定化、淋洗、热脱吸、化学氧化/还原、曝气/气象抽提及生物降解等物理、化学和生物修复的综合技术体系,这些修复技术又可分为异位修复和原位修复 2 种方式[23]。异位修复指将受污染土壤或地下水从受污染区域转移至邻近地点或反应器内,对其进行治理。原位修复指直接在污染地块对污染土、水进行原地修复。与异位修复相比,原位修复以对周围环境影响小、修复深度大、成本较低等特点逐渐成为各国工业污染场地的主要修复方式。而隔离体系中,也可分为原位隔离和异位隔离。其中原位隔离可分为主动隔离和被动隔离。主动隔离系统包括抽吸和地下水排水,而被动隔离包括水平隔离和竖向隔离。填埋法和堆蓄存法属于异位隔离。在污染物浓度较低的时候,可以考虑使用可监控下的自然衰减处理方式。

自 20 世纪 70 年代起,欧美发达国家开展了污染场址处理修复和评价研究,并取得了良好的成果[24]。最初以物理-化学修复技术为主;20 世纪末出现了以植物修复和微生物修复为代表的生物修复技术,并且发展迅速;进入 21 世纪后,联合修复技术逐渐成为研究、试验和应用的热点[25]。美国环保总署(U. S. EPA)对 1982—2005 年间美国 977 项污染土修复项目进行统计[26],在所有污染修复项目中,26% 采用原位蒸发浸提法,18% 采用异位固化稳定法,11% 采用异位离场焚烧法。针对各类修复技术普遍存在的专属性强、修复体量有限、修复周期长、成本高、彻底修复难等问题,美国环保署(US. EPA)提出了控制污染地下水和土中污染物迁移的原位阻隔技术,提高污染场地风险管控能力[27]。国际上已有的工程实践表明,竖向隔离技术已被广泛纳入化学氧化/还原、热解吸、地下水曝气等原位修复技术中,形成联合修复技术体系,提升修复效果,消除二次污染隐患[28-30]。防污阻隔屏障是控制污染土水中的污染物扩散的重要技术,在几乎所有污染场地修复工程中,都需要通过竖向隔离屏障形成完整的隔离系统[31]。竖向隔离技术场地适应性强,工程成本远低于各主动修复技术,可兼具临时性和永久性修复功能,并特别适用于大体量的工业污染场地修复[32]。

综上所述,从我国"预防为主,综合防治""先治理,后开发""确保风险可控"的工业污染场地防治与修复指导思路出发,竖向隔离技术是这类污染场地综合处治和风险管控的重要技术之一。但另一方面,我国竖向隔离技术基础薄弱,工程应用相对落后,优质施工材料匮缺,技术指导尚不完善,严重限制了该技术在我国工业污染场地的推广应用。现有灌浆帷幕等传统措施因渗透系数过高而难以对污染场地进行有效阻隔的问题突出。因此,研发新型的竖向隔离屏障,满足我国大体量、高污染的工业污染场地联合修复需求,符合《全国地下水污染防治规划(2011—2020)》《土壤污染防治行动计划》等国家政策,是我国工业污染场地修复技术进步和社会可持续发展的迫切需求。

1.3 竖向隔离屏障研究现状

1.3.1 竖向隔离屏障的工程性质

1. 强度特性

土-膨润土(SB)竖向隔离屏障强度低,其主要原因在于材料坍落度达到 100 mm 至 150 mm 的施工和易性要求时,含水率通常超过其液限,而液限状态下土的抗剪强度仅为 1.3～2.4 kPa[33]。Evans 等[34]认为土-膨润土竖向隔离屏障的主固结使其形成抗剪强度,膨润土的触变性和次固结(或蠕变)引起强度进一步增长。Ryan 等[35]通过 CPTu 和十字板剪切试验结果进一步验证了上述强度特性分析,并认为屏障强度不沿深度方向增大,不排水抗剪强度约为 5～15 kPa。水泥-膨润土(CB)隔离屏障和土-水泥-膨润土(SCB)隔离屏障的主体材料是水泥和膨润土。经过水化后的膨润土泥浆是一种溶胶悬浮体,遇到水泥后,泥浆中的 Na^+ 会和水泥中的 Ca^{2+} 进行离子交换,使泥浆絮凝并析水,引起一系列物理化学反应。水泥和膨润土的相互作用使泥浆逐渐硬化,形成具有一定强度的固结体。这两种材料的相互作用比较复杂又相互矛盾:一方面膨润土的防渗性能提高依赖于其膨胀性的提高,掺入水泥后会导致膨润土膨胀性降低;另一方面为了提高墙体材料的强度,需要增加水泥的用量。自从水泥-膨润土(CB)泥浆问世以来,国内外学者不断通过理论和试验来研究其各项性能。Rafalski[36]在水泥-膨润土(CB)泥浆中加入钠盐离子以减小水泥对膨润土泥浆的影响,并评估了水泥和膨润土的比值与抗压强度的关系,发现加入钠盐离子后固结体的强度有一定幅度的增大。Khera 等[37]指出用矿渣替代部分水泥可以使水泥-膨润土隔离屏障强度提高 20%～30%。Ruffing 等[38]研究现场土-水泥-膨润土(SCB)隔离屏障防渗特性,结果表明原位测定的渗透系数与室内试验结果接近,均低于设计值($1×10^{-6}$ cm/s)1 个数量级。朱艳等[39]分析了膨润土对水泥浆液的作用机理及其影响,发现膨润土掺量增加在一定程度上降低了浆液的强度,建议在配制浆液时综合考虑膨润土对浆液的影响,根据实际工程选取合理的配比。张涛等[40]研究表明,蒙脱石参与了水泥水化反应,并形成更为致密的结构,从而改善了膨润土隔离屏障的力学性能。

2. 渗透特性

土-膨润土(SB)隔离屏障抗渗性能方面,相关学者[41-45]已通过室内渗透试验,对砂-钠基膨润土和砂-黏性土竖向隔离屏障材料的渗透特性进行了系统性分析,明确了膨润土掺量、改良材料掺量、试验方法对渗透系数的影响。膨润土掺量过低时,水化的膨润土无法完全充填砂土颗粒间孔隙、对砂土颗粒包裹不足,并可能造成膨润土分布不均,导致砂-膨润土回填料渗透系数急剧增大。水泥-膨润土(CB)隔离屏障和土-水泥-膨润土(SCB)隔离屏障渗透性的改变主要体现在三个方面[46]:一是水泥水化反应的产物与土颗粒之间产生离子交换,使得土颗粒黏结,产生絮凝状结构,颗粒体积增大;二是水泥的水化反应和火山灰反应产物填充土颗粒之间的孔隙,使得土体的孔隙率减小;三是水泥等固化剂的加入能改变土体的颗粒级配,使得土体的渗透系数发生改变。Jefferis[47]的研究表明,粒化高炉矿渣粉(GGBS)代替部分水泥能显著降低水泥-膨润土(CB)隔离屏障的渗透系数,其中 GGBS 替代比最高可达 70%～80%。但过高的 GGBS 替代比可能会导致强度下降。Grant[48]从水泥和膨润土的质量入手,把试验室搅拌的泥浆与现场搅拌的泥浆的力学特性和渗透特性进行了对比,发现试验室搅拌的泥浆强度高于现场搅拌的泥浆强度,同时渗透系数要比现场搅拌的泥浆的渗透系数要低。主要原因是现场搅拌不均匀,导致施工现场配制泥浆的质量水平要低于试验室配制泥浆。Opdyke 等[49]研究了 21 种不同配比的土-水泥-膨润土(SCB)隔离屏障的强度和渗透特性,含 $70\%\sim80\%$ GGBS 材料的渗透系数最低可达 1×10^{-8} cm/s。Khera 等[37]调节钙基膨润土、水泥、矿渣、粉煤灰和砂的配比发现,钙基膨润土用量为 18% 时,泥浆的渗透系数可以达到 10^{-7} cm/s 以下。Philip[50]对现场取回的试样做了渗透试验,发现随着取样深度的增加,试样的渗透系数呈减小趋势,随水力梯度的变化,渗透系数有微弱的变化,但没有明显的规律性;随着围压的增大,所测渗透系数变小。徐超等[51]研究表明,水泥用量达到一定程度后,增加膨润土用量才能有效地降低其渗透性能;随着龄期的增加,水泥-膨润土(CB)泥浆的渗透系数明显降低。李荣江等[52]研究表明,膨润土水化膨胀可堵塞水泥材料的孔隙,提高了水泥的抗渗性,并建议理想的膨润土掺量为 10%。费培云等[53]对上海老港生活垃圾卫生填埋场的防渗墙进行了掺砂和减水剂的室内配合比试验研究,试验采用钙基膨润土和钠基膨润土进行对比。试验结果表明,膨润土的种类对隔离屏障的性能起着至关重要的作用,钠基膨润土的性能要明显优于钙基膨润土,粉细砂的掺量对试块强度影响有限,掺入粉细砂对试块的渗透性能不利,而且如果掺量过高,粉细砂会析出。

3. 化学相容性

化学相容性(chemical compatibility)泛指为各类工程屏障材料抵抗污染物化学作用对其工程性质造成不利影响的能力。竖向隔离屏障材料的化学相容性主要指污染前后材料的渗透系数是否能够满足防渗要求($k<10^{-9}$ m/s)。Shackelford 课题组[41-44]和朱伟课题组等[54]分别研究了氯化钠和氯化钙溶液作用下,土-膨润土竖向工程屏障材料的渗透系数随阳离子浓度变化的规律,发现渗透系数增幅可达 30 倍。杜延军课题组[55]通过柔性壁渗透试验,研究了重金属污染下土-膨润土或砂-膨润土竖向工程屏障材料的化学相容性,发现:①铅锌复合重金属污染液作用下,试样的渗透系数明显区别于相同浓度氯化钙溶液渗透时的试验结果;②重金属铅锌浓度达 $100\sim120$ mmol/L 时,渗透系数将无法满足防渗要求。污染液与土-膨润土相互作用下,隔离屏障材料基本物理性质和工程特性出现突变的原因可归纳为[56-57]:①孔隙水溶液阳离子浓度及介电常数变化造成黏土颗粒双电层厚度的变化;②黏土颗粒边、面带电性变化,造成颗粒间缔合形式的改变;③污染液 pH 影响下的黏土矿物溶蚀和黏土的阳离子交换;④黏土矿物与溶液间的化学反应形成沉淀物;⑤污染液的黏滞度、极性等自身属性影响等。所归纳结论大都具有一定的适用条件,黏土颗粒双电层理论的解释对象为膨润土等蒙脱石族黏土,造成黏土颗粒边、面带电性变化的机理则主要是针对高岭石族黏土。

材料的质量同样影响着水泥-膨润土(CB)固结后的强度。部分学者也就工程实例中竖向隔离屏障的力学性能做了研究,膨润土水化膨胀并结合周围水分子使其形成结合水,水泥水化后的凝胶随时间增加其密度不断增加,其孔隙不断减小,连通的孔隙也不断减少,两者的共同作用使水泥-膨润土泥浆固结后拥有较低的渗透性。主要原因有:①不同的水泥和膨润土比例、质量以及其他添加剂等因素影响着固结体的抗渗性能;②渗透压力、渗透液体以及测试方法也影响其抗渗效果。在防渗性能方面,国内外众多学者对此进行了研究。

Consoli 等[58]研究表明,在污染作用下,添加少量水泥可降低土-膨润土的渗透系数。Kashir 等[57, 59]对土-水泥-膨润土隔离屏障对矿山酸性废水的化学相容性进行研究,结果表明碳酸盐矿物质对于矿山酸性废水的迁移具有明显的阻隔作用,可与之形成化学沉淀和石膏的结晶。Garvin 等[60]发现水泥-膨润土隔离屏障试样在浸泡酸性溶液(pH = 2)过程中会出现分解、破裂现象,而硫酸盐溶液会促使试样膨胀,掺有矿渣和粉煤灰的试样抗酸和硫酸盐能力提高。Jazdanian[61]研究了非水相液体作用下水泥-钠基膨润土隔离屏障和水泥-矿渣水泥-铝镁黏土隔离屏障的渗透特性,Jefferis[62]研究发现,钙基改性膨润土隔离屏障在 Ca^{2+} 浓度超过 250 mg/L 时,膨润土双电层受到抑制,屏障材料渗透系数增大,并指出矿渣水泥较水泥微弱抑制膨润土的膨胀特性。

1.3.2 竖向隔离屏障的服役性能

污染物发生迁移并通过竖向隔离屏障时,主要发生对流(advection)、分子扩散(diffusion)、机械弥散(dispersion)和吸附(sorption)等四个过程[63]。通过确定污染物运移控制参数,可明确和评价竖向隔离屏障的服役年限。当污染物运移使屏障外侧污染程度达到评价标准规定的浓度阈值时,即认为竖向隔离屏障被污染物击穿。目前工程中主流的阈值标准包括:①《生活垃圾卫生填埋场岩土工程技术规范》(CJJ 176—2012)所设定的浓度阈值,取污染源浓度的 10%;②《地下水水质标准》Ⅳ类水所规定的浓度限值。国内外学者针对污染物的运移控制参数测定方法、工况模拟解析解和工程屏障服役年限分析开展了大量研究。Shackelford 课题组[41-44, 64]开展了污染物在土体及填埋场衬里中的迁移规律试验及计算模型研究。Lee 和 Shackelford[64]针对土工合成衬垫(GCL)中膨润土质量对渗透系数的影响进行了深入分析。高质量膨润土在蒙脱石黏土矿物成分含量、阳离子交换容量、可交换性钠离子等参数上均优于低质量膨润土。在 $CaCl_2$ 溶液(5~500 mmol/L)渗透下,高质量膨润土的渗透系数始终高于低质量膨润土的。

Rowe[65]针对填埋场复合衬垫,系统地研究了各类污染物扩散系数测定方法、污染物运移计算模型,以及填埋场特殊工况下衬垫系统的阻隔性能;并结合土柱模型试验参数测定和 Pollute V6.3 污染物运移计算软件,分析了土-膨润土竖向隔离屏障(SB)材料对三氯乙烯(TCE)溶液的阻隔性能。由竖向隔离屏障的有效扩散系数($D^* = 3.53 \times 10^{-10}$ m²/s),计算出所对应表观弯曲因子($\tau_a = 0.35$),并分析了分配系数、有效扩散系数以及屏障与污染源距离对运移过程中污染物峰值浓度的影响。

陈云敏课题组[66-69]开展了多场耦合作用下污染物运移规律试验研究,通过改进的土柱试验装置,模拟了电场、渗流场和浓度场多场耦合作用下,锌离子在黏土中的运移规律,指出动电作用有效提高了黏土对锌离子运移的阻隔作用。李振泽[70]的试验研究结果表明,通过土柱试验反演的分配系数(K_p)明显小于批处理吸附试验结果,在污染物运移计算中前者分析结果更为合理。詹良通等[71]通过 GSM(地下水模拟系统)软件的地下水渗流(MODFLOW)和污染物运移(MT3DMS)模块分析了截污坝下竖向隔离屏障的防渗截污工作性能,明确了上下游水头差、关键运移参数(如渗透系数、扩散系数和阻滞因子)、屏障厚度和地层透水条件对击穿时间的影响,并对比了模拟数值解与解析解计算结果。分析结果表明,击穿时间与水头差、渗透系数、阻滞因子以及屏障厚度是嵌入式竖向帷幕服役年限的重要影响参数,地层透水条件对其影响则不显著。刘伟[72]对各式塑性混凝土防渗屏障阻隔性能及服役年限展开详细的计算分析,以评价塑性混凝土防渗屏障的深度和厚度对其阻隔性能的影响规律。目前研究土体吸附性能的试验研究大多数采用批处理试验方法。批处理吸附试验研究中,固液比是影响土样吸附性能参数的主要控制因素。虽然批处理吸附试验便捷、试验周期短,但固液比设计过高。这使得采用批处理吸附试验所确定土样的分配系数 K_p 明显大于通过土柱试验反演的结果,造成污染物运移计算结果偏不安全。针对各类工程屏障材料阻隔性能,我国学者开展了创新性试验研究,但同样侧重于污染物扩散运移性能参数的试验测定及计算分析,研究对象主要集中于水平工程屏障材料。表1-3列举了近十年我国学者所开展的相关试验研究进展。

表 1-3 我国学者针对黏性土及各类工程屏障材料阻隔性能的试验研究

研究对象	模拟溶液	研究内容(成果)	研究手段	参考文献
黏性土	KCl	(1)原状土对 K^+ 的阻隔性能优于重塑土; (2)减小粒径和增加砂土含量均能够有效提高阻隔性能	土柱试验	[73]
黏性土	KCl、NaCl、CaCl$_2$、ZnSO$_4$、CuSO$_4$	(1)研究了盐溶液的化学性质及土体密实度对黏性土阻隔离子扩散运移的影响规律; (2)明确阴、阳离子扩散系数间的差别	箱型模型试验	[74]
黏性土	CdCl$_2$、PbCl$_2$	(1)结合室内试验结果及数值分析,确定重金属离子在有明黏土中的运移参数(D^* 和 R_d); (2)探讨污染物运移对填埋场下部含水层水质的影响	土柱试验 数值分析	[75]
黏性土	ZnSO$_4$	(1)研究了电场、渗流场和浓度场耦合作用下,Zn^{2+} 在土体中的运移规律;(2)分析电渗透作用和电场作用对 Zn^{2+} 运移的作用机理	柱状模型试验	[76]
膨润土	CaCl$_2$、ZnSO$_4$	确定盐溶液中阴、阳离子在膨润土中的吸附及扩散性能参数,并提出扩散系数随孔隙率变化的经验关系	吸附试验 土柱试验	[77]
击实高岭土	Pb(NO$_3$)$_2$	(1)通过非线性吸附模型改进传统的溶质运移控制方程;(2)结合土柱试验确定土体的吸附及扩散性能参数,并与传统分析方法进行比较	土柱试验 数值分析	[70]
击实污泥	Zn、Cd	通过对污泥渗透系数的测定,发现泥的吸附性能及其内部厌氧微生物呼吸作用促进了其阻隔重金属迁移能力	柔性壁渗透试验	[78]
GCL	CaCl$_2$	通过化学-渗透及阳离子置换效应条件下溶质运移计算模型,对柔性壁渗透试验结果加以验证	柔性壁渗透试验	[79]
固化黏土注浆帷幕	CdCl$_2$、Pb(NO$_3$)$_2$	(1)测定重金属离子在水泥固化黏土材料的渗透系数及弥散系数;(2)发现水泥固化黏土材料对于阻隔重金属铅的效果优于重金属镉	土柱试验 数值分析	[80]
固化/稳定化污泥-淤泥	Cu、Zn、Cr	测定低渗透性固化/稳定化污泥-淤泥的穿透曲线,通过值反演的计算方法求解水动力弥散参数	柔性壁渗透试验	[81]

污染物经过对流、分子扩散、机械弥散和吸附等过程，在时间和空间分布上将产生重大变化。Shackelford 等提议采用"击穿时间"来评估防污屏障的服役年限，即定义为污染物穿过隔离屏障系统到达外部地下水环境中的浓度，或者通量超过了地下水环境的极限值，或者环境允许值所需要的时间。浙江大学詹良通[71] 等则建议采用初始浓度的 10% 为击穿时间。

参考文献

[1] 江苏省人民政府. 关于加快全省化工钢铁煤电行业转型升级高质量发展的实施意见[EB/OL]. (2018-09-04)[2020-07-13]. http://www. jiangsu. gov. cn/art/2018/9/4/art_46548_124. html.

[2] 刘松玉，詹良通，胡黎明，等. 环境岩土工程研究进展[SJ]. 土木工程学报,2016,3:6-30.

[3] 江苏省生态环境厅.2017 年江苏省环境状况公报[R]. 江苏南京,2018.

[4] 江苏省地质调查研究院. 长江三角洲地区地下水污染调查评价[R]. 江苏南京,2009.

[5] 张孝飞，林玉锁，俞飞，等. 城市典型工业区土壤重金属污染状况研究[J]. 长江流域资源与环境,2005,14(4):512-515.

[6] 世界银行.中国污染场地的修复与再开发的现状分析[R]. 美国华盛顿,2010.

[7] 徐进，徐立红. 环境铅污染及其毒性的研究进展[J]. 环境与职业医学,2005,22(3):271-274.

[8] 郑娜，王起超，郑冬梅. 基于 THQ 的锌冶炼厂周围人群食用蔬菜的健康风险分析[J]. 环境科学学报,2007,27(4):672-678.

[9] 罗泽娇，刘沛，贾娜. 土壤中重金属铅浸出毒性的方法研究[J]. 环境科学与技术,2014(11):86-89.

[10] 张伟，武强，段保旭. 天津市浅层地下水 Pb 污染研究[J]. 中国矿业大学学报,2002,31(1):89-91.

[11] 孙卫玲，赵智杰，杨小毛.深圳江碧工业区地下水污染及其原因分析[J]. 环境科学研究,2002,15(2):12-15.

[12] 廉晶晶，罗泽娇，靳孟贵. 某厂电镀车间场地土壤与地下水污染特征[J]. 地质科技情报,2013(2):150-155.

[13] 姚春霞，尹雪斌，宋静，等. 某电子废弃物拆卸区土壤、水和农作物中砷含量状况研究[J]. 环境科学,2008,29(6):1713-1718.

[14] 张越男. 大宝山尾矿库区地下水重金属污染特征及健康风险研究[D]. 长沙:湖南大学,2013.

[15] 雷鸣，曾敏，廖柏寒，等. 某矿区土壤和地下水重金属污染调查与评价[J]. 环境工程学报,2012,6(12):4687-4693.

[16] 范日东. 重金属作用下土-膨润土竖向隔离屏障化学相容性和防渗截污性能研究[D]. 南京:东南大学,2017.

[17] 梁文寿，覃朝科. 某铅锌尾矿库周边地下水污染特征与评价[J]. 北方环境,2013(11):156-158.

[18] 黄磊，李鹏程，刘白薇. 长江三角洲地区地下水污染健康风险评价[J]. 安全与环境工程,2008,15(2):26-29.

[19] U. S. Environmental Protection Agency. National primary drinkmg water regulations [R]. Washington D C: U. S. Environmental Protection Agency,2009.

[20] 中国人大网. 中华人民共和国土壤污染防治法[EB/OL]. (2018-08-31)[2020-05-12]. http://www. npc. gov. cn/npc/xinwen/2018-08/31/content_2060158. htm.

[21] 江苏省人民政府. 江苏省土壤污染防治工作方案[EB/OL]. (2017-01-22)[2020-05-12]. http://www. jiangsu. gov. cn/art/2017/1/22/art_46451_2557685. html.

［22］王水，蔡安娟，曲常胜. 加强土壤污染防治 保障土壤环境安全：《江苏省土壤污染防治工作方案》解读［J］. 环境监控与预警，2017，9（2）：1-5.

［23］Mulligan C N，Yong R N，Gibbs B F. Remediation technologies for metal-contaminated soils and groundwater：an evaluation［J］. Engineering Geology，2001，60(1)：193-207.

［24］杨勇，何艳明，栾景丽，等. 国际污染场地土壤修复技术综合分析［J］. 环境科学与技术，2012(10)：92-98.

［25］Agency U. S. Environmental Protection. Superfund Remedy Report (14th Ed)，EPA 542-R-13-016［R］. Washington D C：U. S. Environmental Protection Agency，2013.

［26］Agency U. S. Environmental Protection. Office of Solid Waste and Emergency Response. Treatment technologies for site cleanup annual status report［R］. Washington D C，2007.

［27］Agency U. S. Environmental Protection. Slurry trench construction for pollution migration control，EPA-540/2-84-001［R］. Washington D C：U. S. Environmental Protection Agency，1984.

［28］Thiruvenkatachari R，Vigneswaran S，Naidu R. Permeable reactive barrier for groundwater remediation［J］. Journal of Industrial and Engineering Chemistry，2008,14(2)：145-156.

［29］Unger A J A，Sudicky E A，Forsyth P A. Mechanisms controlling vacuum extraction coupled with air sparging for remediation of heterogeneous formations contaminated by dense nonaqueous phase liquids［J］. Water Resources Research，1995,31(8)：1913-1925.

［30］Anderson E I，Mesa E. The effects of vertical barrier walls on the hydraulic control of contaminated groundwater［J］. Advances in Water Resources，2006,29(1)：89-98.

［31］钱学德，朱伟，徐浩青. 填埋场和污染场地防污屏障设计和施工［M］. 北京：科学出版社，2017.

［32］Sharma H D，Reddy K R. Geoenvironmental engineering：site remediation，waste containment，and emerging waste management technologies［M］. New Jersey：John Wiley & Sons，2004.

［33］Wroth C P，Wood D M. The correlation of index properties with some basic engineering properties of soils［J］. Canadian Geotechnical Journal，1978,15(2)：137-145.

［34］Evans J，Ryan C. Time-dependent strength behavior of soil-bentonite slurry wall backfill［C］//Waste Containment and Remediation，2005：1-9.

［35］Ryan C R，Spaulding C A. Strength and permeability of a deep soil bentonite slurry wall［C］//Geo-Congress 2008：Geotechnics of waste management and remediation，2008：644-651.

［36］Rafalski L. Designing of composition of bentonite-cement slurry for cut-off walls constructed by the monophase method［J］. Archives of Hydroengineeing and Environmental Mechanics，1994,41(3/4)：7-23.

［37］Khera R P. Calcium bentonite，cement，slag，and fly ash as slurry wall materials［C］// Geoenvironment 2000：Characterization，Containment，Remediation，and Performance in Environmental Geotechnics，ASCE，1995：1237-1249.

［38］Ruffing D G，Evans J C. Case Study：Construction and in situ hydraulic conductivity evaluation of a deep soil-cement-bentonite cutoff wall［C］//Geo-Congress 2014：Geo-characterization and Modeling for Sustainability，2014：1836-1848.

［39］朱艳，陈匀序. 膨润土对水泥浆溶液的影响［J］. 华东公路，2007(1)：67-70.

［40］张涛，潘家锋，万岳，等. 膨润土改善塑性混凝土性能的作用机理［J］. 人民黄河，2007，29(11)：78-80.

［41］Yeo S，Shackelford C D，Evans J C. Consolidation and hydraulic conductivity of nine model soil-bentonite backfills［J］. Journal of Geotechnical and Geoenvironmental Engineering，2005，131(10)：1189-1198.

[42] Hong C S, Shackelford C D, Malusis M A. Consolidation and hydraulic conductivity of zeolite-amended soil-bentonite backfills[J]. Journal of Geotechnical and Geoenvironmental Engineering, 2012,138(1):15-25.

[43] Malusis M A, McKeehan M D. Chemical compatibility of model soil-bentonite backfill containing multiswellable bentonite[J]. Journal of Geotechnical and Geoenvironmental Engineering, 2013,139(2):189-198.

[44] Kang J B, Shackelford C D. Consolidation enhanced membrane behavior of a geosynthetic clay liner[J]. Geotextiles and Geomembranes, 2011,29(6):544-556.

[45] 陈永贵,叶为民,王琼,等. 砂-膨润土混合屏障材料渗透性影响因素研究[J]. 工程地质学报, 2010, 18(3):357-362.

[46] Duerden S L. Review of the interactions between bentonite and cement[R]. Building Research Establishment,1992.

[47] Jefferis S A. Bentonite-cement slurries for hydraulic cut-offs[C]//Proceedings, Tenth International Conference on Soil Mechanics and Foundation Engineering, Stockholm, Sweden, 1981:435-440.

[48] Grant W H Jr, Rutledge J M, Gardner C A. Quality of bentonite and its effect on cement-slurry performance[J]. SPE Production Engineering, 1990,5(4):411-414.

[49] Opdyke S M, Evans J C. Slag-cement-bentonite slurry walls[J]. Journal of Geotechnical and Geoenvironmental Engineering, 2005,131(6):673-681.

[50] Philip L K. An investigation into contaminant transport processes through single-phase cement-bentonite slurry walls[J]. Engineering Geology, 2001,60(1-4):209-221.

[51] 徐超,黄亮,邢皓枫. 水泥-膨润土泥浆配比对防渗墙渗透性能的影响[J]. 岩土力学, 2010,31(2):422-426.

[52] 李荣江,李晓生,刘喜军. 钠基膨润土对水泥抗渗性的影响[J]. 齐齐哈尔大学学报(自然科学版), 2012(3):18-20.

[53] 费培云,季嵘,张道玲,等. 上海老港垃圾卫生填埋场隔离墙材料特性室内试验研究[J]. 上海地质, 2005,26(4):51-53.

[54] 朱伟,徐浩青,王升位,等. $CaCl_2$ 溶液对不同黏土基防渗墙渗透性的影响[J]. 岩土力学, 2016,37(5):1224-1230.

[55] 范日东,杜延军,陈左波,等. 受铅污染的土-膨润土竖向隔离墙材料的压缩及渗透特性试验研究[J]. 岩土工程学报, 2013,35(5):841-848.

[56] Mishra A K, Ohtsubo M, Li L Y, et al. Effect of salt of various concentrations on liquid limit, and hydraulic conductivity of different soil-bentonite mixtures[J]. Environmental Geology, 2009,57(5):1145-1153.

[57] Kashir M, Yanful E K. Hydraulic conductivity of bentonite permeated with acid mine drainage[J]. Canadian Geotechnical Journal, 2001,38(5):1034-1048.

[58] Consoli N C, Heineck K S, Carraro J A H. Portland Cement Stabilization of Soil-Bentonite for Vertical Cutoff Walls Against Diesel Oil Contaminant[J]. Geotechnical and Geological Engineering, 2010,28(4):361-371.

[59] Kashir M, Yanful E K. Compatibility of slurry wall backfill soils with acid mine drainage[J]. Advances in Environmental Research, 2000,4(3):251-268.

[60] Garvin S L, Hayles C S. The chemical compatibility of cement-bentonite cut-off wall material[J]. Construction and Building Materials, 1999,13(6):329-341.

[61] Jazdanian A D, Reddy K R, Gonzalez J V, et al. Evaluation of different slurry materials for

containment wall construction at a dense nonaqueous phase liquid-contaminated site[J]. Practice Periodical of Hazardous, Toxic, and Radioactive Waste Management, 2004,8(3):173-180.

[62] Jefferis S A. Cement-bentonite slurry systems[C]// Grouting and Deep Mixing, 2012:1-24.

[63] 陈云敏. 环境土工基本理论及工程应用[J]. 岩土工程学报, 2014,36(1):1-46.

[64] Lee J M, Shackelford C D, Benson C H, et al. Correlating index properties and hydraulic conductivity of geosynthetic clay liners[J]. Journal of Geotechnical & Geoenvironmental Engineering, 2005,131 (11):1319-1329.

[65] Rowe R K. Pollutant transport through barriers[J]. Geotechnical Special Publication, 1987(13): 159-181.

[66] Chen Y M, Xie H J, Ke H, et al. An analytical solution for one-dimensional contaminant diffusion through multi-layered system and its applications [J]. Environmental Geology, 2009, 58 (5): 1083-1094.

[67] 陈云敏, 谢海建, 柯瀚, 等. 层状土中污染物的一维扩散解析解[J]. 岩土工程学报, 2006,28(4): 521-524.

[68] Xie H J, Chen Y M, Lou Z H, et al. An analytical solution to contaminant diffusion in semi-infinite clayey soils with piecewise linear adsorption[J]. Chemosphere, 2011,85(8):1248-1255.

[69] 谢海建. 成层介质污染物的运移机理及衬垫系统防污性能研究[D]. 杭州:浙江大学,2008.

[70] 李振泽. 土对重金属离子的吸附解吸特性及其迁移修复机制研究[D]. 杭州:浙江大学,2009.

[71] 詹良通, 刘伟, 曾兴, 等. 垃圾填埋场污染物击穿竖向防渗帷幕时间的影响因素分析及设计厚度的简化计算公式[J]. 岩土工程学报, 2013,35(11):1988-1996.

[72] 刘伟. 垃圾填埋场防渗帷幕服役寿命分析及厚度计算方法[D]. 杭州:浙江大学,2011.

[73] 罗春泳. 黏土的环境土工特性及垃圾填埋场衬垫性状研究[D]. 杭州:浙江大学,2004.

[74] 席永慧, 任杰, 胡中雄. 污染物离子在黏土介质中扩散系数的测定[J]. 同济大学学报(自然科学版), 2003,31(5):595-599.

[75] 杜延军, 刘松玉, 林重德. 有明黏土作为垃圾填埋场隔离层的环境岩土工程评价[J]. 岩土工程学报, 2005,27(10):1215-1221.

[76] 何俊, 施建勇, 廖智强, 等. 膨润土中离子扩散特征试验研究[J]. 岩土力学, 2007,28(4):831-835.

[77] 陈云敏, 叶肖伟, 张民强, 等. 多场耦合作用下重金属离子在黏土中的迁移性状试验研究[J]. 岩土工程学报, 2005,27(12):1371-1375.

[78] 张虎元, 杨博, 高全全, 等. 污泥屏障渗透性及重金属阻截效果试验研究[J]. 岩土力学, 2012,33 (10):2910-2916.

[79] 刘磊, 薛强, 赵颖, 等. 溶质入渗土工合成衬垫的化学-渗透特性研究[J]. 岩土力学, 2012,33(10): 3025-3066.

[80] 陈永贵, 邹银生, 张可能, 等. 重金属污染物在黏土固化注浆帷幕中的运移规律[J]. 岩土力学, 2007, 28(12):2583-2588.

[81] 李磊, 朱伟, 屈阳, 等. 低渗透性污染土水动力弥散参数试验研究[J]. 岩土工程学报, 2011,33(8): 1308-1312.

第2章

竖向阻隔屏障材料研发与表征方法

2.1 概述

我国是膨润土生产大国,但天然优质钠基膨润土矿藏资源严重匮乏,主要矿产为钙基膨润土,约占 90％ 以上。因此,我国竖向隔离屏障等工程屏障主要采用商用钙基膨润土和钠化改性膨润土。国际上则普遍采用钠基膨润土(例如怀俄明膨润土)进行工程屏障施工和相关研究,其液限和膨胀指数分别高达 430％～690％ 和 $(25～36)mL/2 g$。这类膨润土的水化膨胀特性、防渗性能和化学相容性均远远优于钙基膨润土和钠化改性膨润土。针对我国膨润土质量低和环保要求日益迫切的现状,从材料角度改性膨润土,以达到增强污染场地隔离屏障的长期阻隔效果,是目前环境岩土工程研究的重点和难点。

2.2 竖向阻隔屏障材料研发

2.2.1 聚磷基分散剂改性材料研发

聚磷基分散剂(如六偏磷酸钠、三聚磷酸钠和焦磷酸钠)对黏土悬浮液的分散性能较单宁酸盐、木质素磺酸盐、淀粉和树胶等常规分散剂优越,可改善天然黏土基本工程特性(如液限、强度、压缩和渗透特性),有效提高蒙脱土和高岭土在无机盐溶液($NaCl$、$CaCl_2$ 或 $MgCl_2$溶液)中的分散性[1-3]。其中,六偏磷酸钠被广泛应用于室内土工试验中黏土颗粒级配分析,研究结果表明其可有效改善高岭土和膨润土等天然黏土的分散性、吸附能力和工程特性[1,4-6],因此有望促进钙基膨润土在隔离墙技术中的利用。

1. 试验材料

目前常见膨润土材料的改良方法主要为制浆烘干研磨法和简单拌和法。制浆烘干研磨法制备聚磷基分散剂改性材料的母土为美国产钙基膨润土(以下简称 CaB),其物理化学性质如表 2-1 所示。根据 ASTM D2487，该膨润土属于高液限粉土或高液限黏土（MH-CH）。六偏磷酸钠（以下简称 SHMP）为分析纯级试剂，分子式为 $(NaPO_3)_6$，呈白色晶粒状，比重（相对密度）约为 1.84，其 1% 溶液的 pH 为 4.5。简单拌和法制备聚磷基分散剂改性材料的母土产自江苏镇江的商用钠化膨润土，简称 CB，其基本物理特性见表 2-1。该膨润土属于高液限黏土（CH）。所用六偏磷酸钠为国标工业级六偏磷酸钠，有效成分含量不小于 96%，外观为白色晶粒状固体，粒度为 0.6 mm，比重约为 1.84，其水溶液呈弱酸性。

表 2-1　聚磷基分散剂改性材料中膨润土基本物理特性

膨润土种类	比重	黏粒含量/%	粉粒含量/%	液限，w_L/%	塑限，w_P/%	塑性指数，I_p	pH
钙基膨润土（美国）	—	50.8	89.8	103	48	55	—
钠化膨润土（中国）	2.62	49	100	268	34	234	10.3

2. 制备方法

制浆烘干研磨法制备改性膨润土主要包含以下步骤：根据式（2-1），将一定质量的六偏磷酸钠置于去离子水中，用磁力搅拌机搅拌至完全溶解；在六偏磷酸钠溶液中按溶液与钙基膨润土干土质量比 2:1 加入一定量风干膨润土，于快速搅拌机中充分搅拌制浆；将所制土浆倒入烧杯中，室温下密封静置 24 h 待水化完全，于搅拌机中再次搅拌 10 min；将土浆于 105 ℃烘箱中烘干，研磨过 75 μm（200 目）筛，制得 0.5%～8% 六偏磷酸钠含量的改良钙基膨润土（简称 SHMP-CaB）。

简单拌和法制备改性膨润土具体操作步骤为：根据式（2-1），将一定质量的六偏磷酸钠加入烘干或风干的钠化膨润土素土中，均匀拌和制得改性剂掺量为 0.5%～4% 的改性膨润土。相比烘干研磨法，该方法操作简便，需要设备少，适合隔离墙材料的现场制备。

$$C_{改性剂} = \frac{m_{改性剂}}{m_{膨润土}} \times 100\% \tag{2-1}$$

式中：$C_{改性剂}$——六偏磷酸钠掺量；

　　　$m_{改性剂}$——六偏磷酸钠质量；

　　　$m_{膨润土}$——母土干土质量，未改良膨润土 $C_{改性剂}=0$。

2.2.2　羧甲基纤维素钠改性材料研发

1. 试验材料

羧甲基纤维素钠（以下简称 CMC）改性膨润土的母土为国产钠化改性钙基膨润土，产自江苏镇江地区，其基本物理特性见表 2-1。CMC 属亲水性阴离子型纤维聚合物，表观呈白色粉末状，平均摩尔质量为 700 000 g/mol，取代度（DS）为 0.9，分子结构为 $[C_6H_7O_2(OH)_{2.1}(OCH_2COONa)_{0.9}]_n$（$n$ 为聚合度），其中取代基团结构为 $-CH_2-COO^-Na^+$，如图 2-1 所示。膨润土中 CMC 掺量（CC_B）定义为 CMC 质量与膨润土干土质量比值，控制为 2%、6%、10% 和 14%。试样编号"CMCi"表示 CMC 掺量为 i% 的 CMC 改性膨润土。

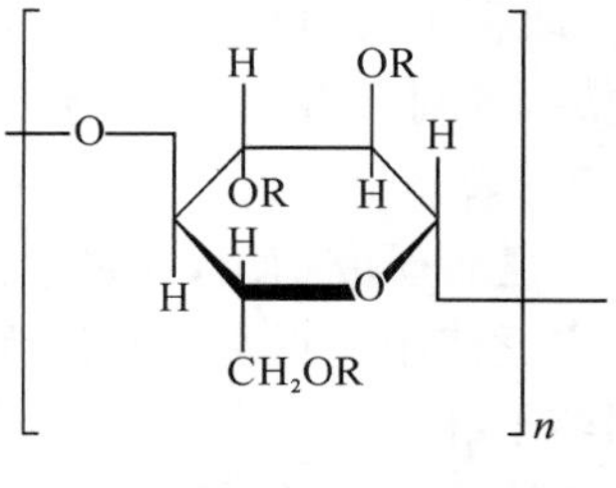

图 2-1　羧甲基纤维素钠 CMC（CAS:9004-32-4）结构示意图（R = —H 或 —CH₂COONa）

2. 制备方法

虽然已有研究显示将 CMC 直接与土混合可明显降低土的渗透系数[7]，但是笔者所在课题组发现在渗透试验过程中，经简单拌和法制备的 CMC 改性膨润土材料在渗透力作用下发生 CMC 被析出的现象，这不利于长期防渗效果。因此，建议采用加热制浆法进行 CMC 改性膨润土制备，具体步骤如图 2-2 所示：将蒸馏水加热至 60 ℃；按设计掺量倒入 CMC 粉末，恒温水浴下通过搅拌器均匀搅拌 30 min，制成 CMC 溶液，测定 60 ℃下该溶液 pH；将一定量膨润土倒入 CMC 溶液中，恒温水浴下通过搅拌器均匀搅拌 3 h；将 CMC-膨润土浆液在 105 ℃下烘干、粉碎、研磨，并过 200 目筛(0.075 μm)，制得 CMC 掺量为 2%～14% 的改性膨润土。

图 2-2　CMC 改性膨润土制备步骤
(a) 溶解 CMC；(b) 加入膨润土；(c) 恒温搅拌；(d) 烘干、粉碎、研磨

2.2.3　聚阴离子纤维素改性材料研发

采用各类无机/有机助剂对膨润土材料进行改良，可有效提高其膨胀、防渗、吸附和阻隔重金属离子运移性能[8-11]。国外已有学者利用聚合物改良膨润土以提高其化学抗性，取得了良好效果。国内有关聚合物改良膨润土的研究多集中在石油钻探和净水材料领域，针对该改性材料防渗性能和阻隔污染物运移等方面的报道较少，亟待开展相关研究工作。

已有研究指出，高吸水树脂在增强水基液体的黏稠度方面具有显著效果[12]。石油工程中广泛使用高吸水树脂作为钻井液降滤失剂，以提高黏土的膨胀特性和耐盐性。其中，聚阴离子纤维素(PAC)和黄原胶(XG)分子中含有大量的羧基、羟基等亲水性基团，有望作为隔离屏障材料的良好改良剂。

1. 试验材料

所用膨润土为江苏省镇江地区产商用钠化膨润土，其基本物理特性见表 2-1。聚阴离子纤维素(PAC)和黄原胶(XG)改性剂的基本物理化学性质如表 2-2 所示,其结构式如图 2-3 所示。

表 2-2　聚合物 PAC 和 XG 的基本物理化学性质

聚合物	粒径/mm	重均相对分子质量	表观黏度/(mPa·s)	取代度	比重 G_s	分子式
PAC	<0.15	1 730 000	35	1.4	1.26	$[C_6H_7O_2(OH)_2CH_2COONa]_n$
XG	<0.15	2 510 000	1 600	1.26	1.24	$(C_{35}H_{49}O_{29})_n$

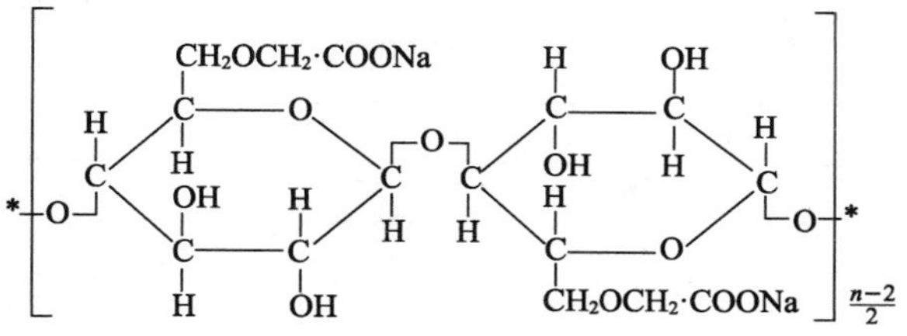

图 2-3　聚合物结构式

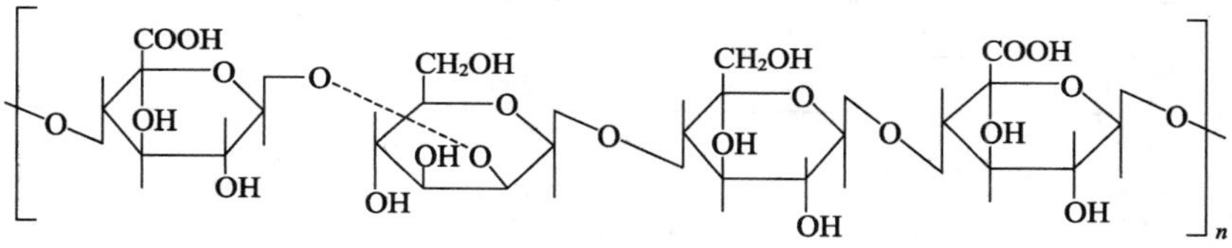

2. 制备方法

采用简单拌和法进行聚阴离子纤维素材料制备,具体步骤为:根据式(2-1),将聚合物 PAC 和 XG 分别与风干的膨润土按 0.5%～4%的配比混合;将二者混合物倒入塑料瓶中,拧紧瓶盖后放置于翻转振荡仪中振荡 24 h,混合均匀后备用,制得聚合物改性膨润土。

2.2.4　碱激发矿渣-膨润土(MSB)阻隔材料研发

为缓解过量使用传统水泥带来的环境影响,国内外学者针对以工业废料为主要原料的碱激发矿渣展开了大量研究。碱激发矿渣不需要消耗大量的不可再生资源(如石灰石、黏土),生产能耗和 CO_2 等污染物的排放量较小,可以解决大量工业废料的堆放和环境污染问题,被认为是一种低碳、低能耗的绿色建材,具有非常广泛的应用前景。在众多工业废料中,粒化高炉矿渣粉(GGBS)和粉煤灰是目前研究最为深入和成熟的、具有胶凝组分的碱激发对象。氧化镁激发粒化高炉矿渣用于固化砂土,可显著增强砂土强度并降低其渗透性[13]。因此,碱激发矿渣极有可能作为刚性隔离屏障中水泥的良好代替材料。

1. 试验材料

采用南京地区砂土作为试验用土,其主要物理化学性质指标如表 2-3 所示。钠化膨润土产自江苏镇江,该膨润土的主要物理化学性质指标见表 2-3,颗粒级配曲线见图 2-4。

表 2-3　南京砂土和钠化膨润土的主要物理化学指标

测试指标	南京砂土	钠化膨润土	测试方法
天然含水率/%	4.81	11.2	ASTM D 2216
pH	7.32	8.6	ASTM D 4972
比重, G_s	2.62	2.66	ASTM D 854
塑性指数, w_P/%	—	54	ASTM D 4813
液性指数, w_L/%	—	103	ASTM D 4813
颗粒分布 /%			ASTM D 7503
黏土颗粒（<0.002 mm）	5.62	99	激光粒度分析法
粉土颗粒（0.002~0.075 mm）	14.18	1	激光粒度分析法
砂土颗粒（0.075~2 mm）	80.2	—	标准筛分法
比表面积		378.5	Cerato and Lutenegger[14]
阳离子交换量/(cmol·kg^{-1})			ASTM D 7503
Ca^{2+}		22.74	
Mg^{2+}		1.41	
Na$^+$		53.39	
K$^+$		0.53	
总数		78.07	

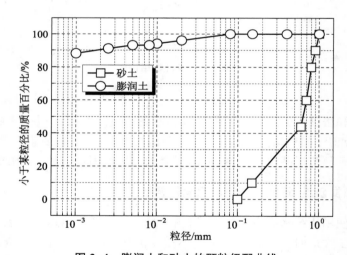

图 2-4　膨润土和砂土的颗粒级配曲线

　　南京砂土砂粒部分的粒径 d_{60} 和有效粒径 d_{10} 分别为 0.7 mm 和 0.25 mm，$d_{30}=0.5$ mm，不均匀系数 $C_u=7$，曲率系数 $C_c=1.43$，级配良好。该砂土的主要化学成分及含量见表 2-4。

表 2-4　南京砂土主要化学成分及含量

化学成分	CaO	SiO$_2$	Al$_2$O$_3$	MgO	SO$_3$	K$_2$O	MnO	Fe$_2$O$_3$	烧失量
质量百分数/%	0.41	48.73	35.76	0.06	0.07	0.15	0.11	6.13	8.58

　　粒化高炉矿渣粉主要物理指标见表 2-5，其主要化学成分及含量见表 2-6。氧化镁的

主要物理化学指标见表 2-7,其主要化学成分及含量见表 2-8。

表 2-5　粒化高炉矿渣粉主要物理指标

物理指标	比表面积/(m² · g⁻¹)	碱度	pH(水土比 1：1)
粒化高炉矿渣粉	0.256 4	1.871	12.21

表 2-6　粒化高炉矿渣粉主要化学成分及含量

化学成分	CaO	SiO₂	Al₂O₃	MgO	SO₃	TiO₂	K₂O	Na₂O	MnO	Fe₂O₃	BaO
质量百分数/%	38.9	33	15.3	7.54	2.84	0.92	0.37	0.28	0.27	0.27	0.11

表 2-7　氧化镁的主要物理化学指标

物理化学指标	含量/%	活性/s	比表面积/(m² · g⁻¹)	密度/(g · cm⁻³)	pH(水土比 10：1)
轻质氧化镁	77.6	90～100	28.023 0	3.58	10.71

表 2-8　氧化镁的主要化学成分及含量

化学成分	CaO	SiO₂	Al₂O₃	MgO	SO₃	K₂O	MnO	Fe₂O₃	BaO	Cl	P₂O₅
质量百分数/%	0.84	1.09	0.38	96.5	0.26	0.011	0.019	0.19	0.18	0.3	0.059

参照组所用水泥为 OPC 42.5 型普通硅酸盐水泥,其主要化学成分及含量见表 2-9。

表 2-9　OPC 42.5 型水泥主要化学成分及含量

化学成分	CaO	SiO₂	Al₂O₃	MgO	SO₃	TiO₂	K₂O	Na₂O	MnO	Fe₂O₃	BaO	其他
质量百分数/%	48	26.3	12.1	0.9	2.87	0.51	1.09	0.02	0.05	3.22	0.037	4.9

2. 制备方法

制备 MSB 竖向屏障回填料的步骤如下:称取适量干料充分拌和,包括风干的砂土、膨润土、GGBS、MgO;加入适量自来水,用搅拌机搅拌至完全均匀得到回填料。搅拌后的回填料分五层依次填入模具(直径 50 mm、高 100 mm),用聚乙烯袋进行封口,以避免水分流失,并置于标准环境(相对湿度 95%,温度 22℃)下养护至设计龄期(7 d、14 d、28 d、60 d、90 d 和 120 d)。对比组水泥-土(Ref)、水泥-膨润土-土(CB)和水泥-矿渣-膨润土-土(CSB)的试样制备同上所述。

2.3　微观结构表征

扫描电镜试验(SEM)是对试样微观结构及形态的直观显示,其工作原理为基于 X 射线照射试样表面所发生的物理效应。能谱分析(Energy Dispersive X-ray Spectroscopy, EDS)可有效表征物质局部范围内的元素分布,通过检测物质的特征射线,利用能谱曲线的波峰确定对应元素,并根据波峰强弱确定元素含量。基于 X 射线能谱仪的面扫描分析功能(EDS-Mapping),可获得典型元素在选定微观区域的浓度分布。通过扫描电镜结合能谱分析(SEM-EDS),可评估聚合物改性剂在膨润土中的分布情况、聚合物与膨润土结合所形成的三维空间结构的形式,确认微观结构所属物质形态,进而分析改性剂对阻隔材料土体结构及防渗特性的影响。

聚磷酸盐改性膨润土 SEM 试验试样包括钙基膨润土(CaB),2%、8%六偏磷酸钠改良钙基膨润土(2% SHMP-CaB、8% SHMP-CaB)和对照组钠基膨润土(NaB)。前三种试样制样方法为:取 2 g 土样与去离子水按土水比 1：10 盛装于离心管,于翻转仪中翻转 24 h 后静置 80 d,待离心管中沉积物稳定后移除上清液,将沉积物冷冻干燥、喷金制得 SEM 样品。钠基膨润土膨胀性能较钙基膨润土优越,制样时取 0.2 g 土样,采用 1：100 土水比,其余步骤与钙基膨润土相同。

聚阴离子纤维素改性材料的 SEM 样品取自改进滤失试验滤饼试样(详见第 3 章节)。小心地掰开滤饼后收集内部自然断面约为 1 cm² 的试块,将试块进行冻干、喷金处理制得 SEM 样品。

MSB 材料 SEM 样品取自养护 90 d 的 MSB 竖向屏障净浆,试样同样采取冻干、喷金处理得到 SEM 样品。

2.3.1 聚磷基分散剂改性材料 SEM 试验

图 2-5 为各试样扫描电镜放大 500 倍至 8 000 倍的照片。图 2-5(a)显示放大 500 倍时钠基膨润土颗粒间存在较小的孔隙,整体上颗粒细小且均匀分散、结构较致密。从放大 8 000 倍的照片中可以看出,土颗粒以片状卷边形态存在,土片间有一定联结,土片排列结构无明显方向性。与钠基膨润土相比,放大 500 倍的钙基膨润土呈现出边界明显、棱角分明的团聚体,且粒间孔隙较大[见图 2-5(b)]。从放大 8 000 倍照片中可见钙基膨润土由聚集成团或相互堆叠的层状土片构成,片层边界不明显,片层间联结紧密,孔隙空间不发育。经 2%六偏磷酸钠改良后[见图 2-5(c)],放大 500 倍的钙基膨润土中仍存在较大团聚体,但与图 2-5(c)中相同倍数照片比较可知,六偏磷酸钠的改良作用使聚集于团聚体上的土片剥落分离,表现为改良后团聚体尺寸显著减小、颗粒边界模糊,且团聚体间出现许多片层土体填充孔隙,土体结构较改良前均匀致密。放大 8 000 倍后可见团聚体由面面堆叠的层状土片构成,片层边界明显。图 2-5(d)显示,六偏磷酸钠掺量增加至 8%,放大 500 倍照片中絮凝的团聚体完全消失,土体颗粒细小均匀,颗粒间未观察到显著孔隙,结构较钠基膨润土致密。放大 8 000 倍的照片显示改良钙基膨润土颗粒以独立片层结构形式存在,片层卷边结构明显,孔隙不发育。

NaB,500 倍

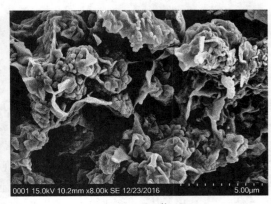
NaB,8 000 倍

(a) 钠基膨润土

CaB,500 倍　　　　　　　　　　　　　CaB,8 000 倍

（b）钙基膨润土

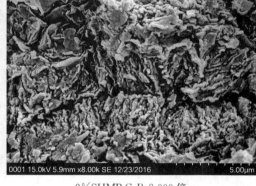

2%SHMP-CaB,500 倍　　　　　　　　2%SHMP-CaB,8 000 倍

（c）2%六偏磷酸钠改良钙基膨润土

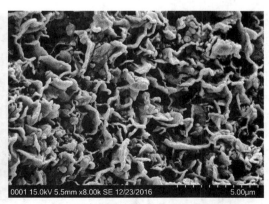

8%SHMP-CaB,500 倍　　　　　　　　8%SHMP-CaB,8 000 倍

（d）8%六偏磷酸钠改良钙基膨润土

图 2-5　钠基膨润土和六偏磷酸钠改良前、后钙基膨润土试样扫描电镜照片

2.3.2 聚阴离子纤维素改性材料 SEM-EDS 及 Mapping 测试

1. 改性膨润土材料微观结构表征

（1）SEM 表征

图 2-6 为未受污染的改良前后膨润土试样放大 500 倍的扫描电镜照片。受滤饼形成过程中压力作用的影响，未改良土 CB[图 2-6(a)]呈致密的层状分布，土片层间相互联结，颗粒以团簇状卷边形态存在，颗粒间孔隙尺寸较小。经聚阴离子纤维素改良的膨润土 PB 中存在明显的三维空间交联网络结构[图 2-6(b)]，该网络结构为聚合物吸水膨胀后形成的水凝胶[10]，该凝胶联结相邻土颗粒，并占据大部分粒间孔隙，使渗流通道更加狭窄、曲折，有利于试样渗透系数的降低。与 PB 试样相似，黄原胶吸水后形成的凝胶在改良膨润土 XB 试样中也形成三维空间交联网络结构[图 2-6(c)]，起到黏结颗粒、封堵孔隙的作用。

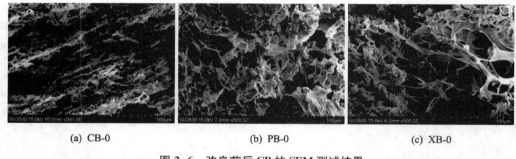

(a) CB-0   (b) PB-0   (c) XB-0

图 2-6 改良前后 CB 的 SEM 测试结果

图 2-7 为受 $Pb(NO_3)_2$ 污染的改良前后膨润土试样放大 500 倍的扫描电镜照片。在 15 mmol/L 的 Pb 溶液作用下[图 2-7(a)]，CB 试样的土颗粒呈不规则排列，土体边缘的团簇状卷边形态消失，颗粒间孔隙尺寸较大，说明膨润土颗粒发生了收缩变形、膨胀量减小。受 40 mmol/L 的 Pb 溶液作用后[图 2-7(b)]，PB 试样中的三维空间交联网络结构几乎消失，颗粒间仅有少量丝絮状结构物。这是由于聚合物中的羟基、羧基等官能团与铅离子发生螯合吸附作用，加上三维网络内外明显的溶质浓度差异，导致聚合物水凝胶失水、膨胀能力降低，凝胶结构不明显。但颗粒间的丝絮状结构物仍可黏结颗粒，使粒间孔隙不因膨润土、聚合物的失水收缩而增大，这有利于维持试样的低渗透性。在 40 mmol/L 的 Pb 溶液作用下，黄原胶改性试样 XB 中的三维空间网络结构同样消失[图 2-7(c)]，颗粒间残留部分细

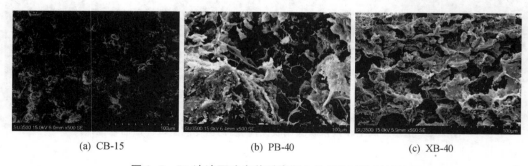

(a) CB-15   (b) PB-40   (c) XB-40

图 2-7 Pb 溶液下改良前后膨润土的 SEM 测试结果

丝状聚合物。该丝絮状聚合物结构联结了相邻的膨润土颗粒,粒间孔隙较小、结构致密,有助于维持 XB 试样较低的渗透系数。

（2）EDS 分析

① PB 和 XB 试样 EDS 分析

图 2-8(a)(b)分别为改良土 PB 和 XB 试样的 EDS 照片和谱图。表 2-10 为改良土 PB 和 XB 的 EDS 分析中的化学元素含量分析结果。图 2-8(a)中 PB 试样左幅照片的区域 1 呈现出三维网络状、蓬松、波浪形的膜结构体,而区域 2 则呈现出典型的膨润土结构,土体结构较为致密,颗粒间孔隙尺寸较均匀。EDS 结果显示,区域 1 内碳元素（C）的含量分析分数高达 55.72%（质量分数为 45.65%）,铝元素（Al）和硅元素（Si）含量则分别为 0.81% 和 2.39%;而区域 2 内 C 含量降至 19.58%,Al 和 Si 含量分别上升至 13.81% 和 34.64%。这表明区域 1 内的物质以聚合物为主,而 EDS 元素分析中发现的少量无机矿物成分为聚合物水凝胶下层覆盖的少量膨润土,区域 2 内的物质则以膨润土等无机矿物为主,同时含有少量的聚阴离子纤维素。

图 2-8(b)中左幅照片为 XB 试样的 EDS 测试区域 1 和区域 2 的位置示意。其中区域 1 疑似为纤薄、光滑的黄原胶水凝胶,其边缘处可见丝絮状物体,区域 2 则疑似为膨润土团聚体。EDS 分析结果显示,区域 1 内 C 含量高达 40.42%,Al 和 Si 含量则分别为 5.18% 和 14.57%;而区域 2 内 C 含量降至 20.88%,Al 和 Si 含量则分别上升至 8.37% 和 21.27%。这验证了区域 1 内的物质为黄原胶,而区域 2 内的物质为聚合物和膨润土共同结合的产物,二者含量基本一致。

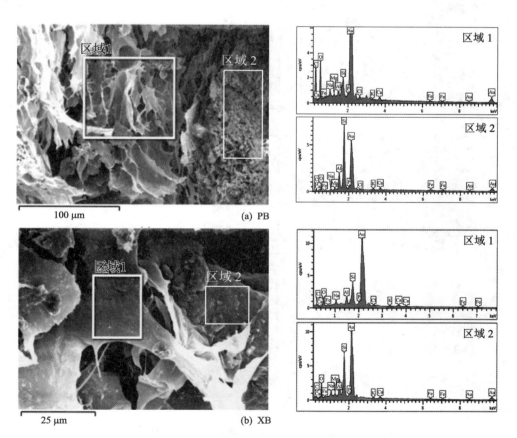

图 2-8　改良土 PB 和 XB 的 EDS 分析照片和谱图

表 2-10　未污染的改良土 PB 和 XB 的 EDS 分析结果

试样及测试区域		化学元素含量/%							
		C	O	Al	Si	Na	K	Mg	Ca
PB-0	区域1(点)	55.72	37.91	0.81	2.39	1.65	0.00	0.33	1.19
	区域2(点)	19.58	24.72	13.81	34.64	2.72	1.14	0.98	2.41
XB-0	区域1(点)	40.42	31.81	5.18	14.57	3.74	0.60	0.96	2.70
	区域2(点)	20.88	42.20	8.37	21.27	3.40	0.68	0.95	2.26

② 铅污染后的 PB 和 XB 试样的 EDS 分析

图 2-9(a)～(d)分别为 40 mmol/L 的 Pb(NO₃)₂溶液污染的改良土 PB-40 和 XB-40

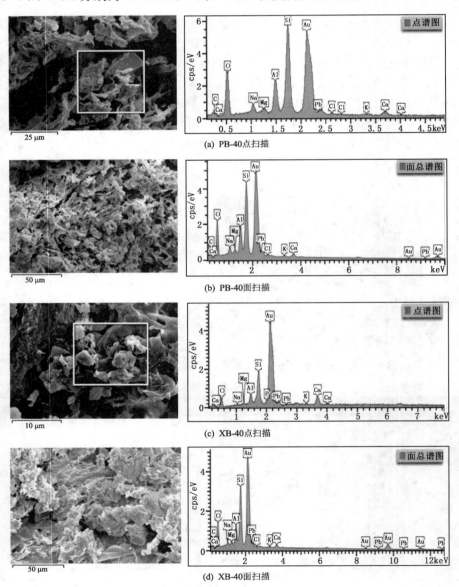

(a) PB-40点扫描

(b) PB-40面扫描

(c) XB-40点扫描

(d) XB-40面扫描

图 2-9　铅污染的改良土 PB 和 XB 的 EDS 分析照片和谱图

试样的 EDS 照片和谱图。图 2-9(a)(b)两幅照片分别为试样的测试点扫描和面扫描的结果。其中点扫描区域内可见长方体晶体结构,疑似为重金属 Pb 被吸附后所产生的氢氧化物沉淀。EDS 元素分析结果显示(见表 2-11):点扫描区域内的 C 含量为 23.49%,Al 和 Si 含量则分别为 6.24% 和 17.00%,Pb 含量为 0.56%;面扫描区域内的 C 含量为 23.27%,Al 和 Si 含量则分别为 6.57% 和 17.14%,Pb 含量为 0.85%。图 2-9(c)(d)两幅照片分别为铅污染 XB 试样的测试点扫描和面扫描的结果。点扫描区域内的 C 含量为 34.10%,Al 和 Si 含量则分别为 4.97% 和 13.81%,Pb 含量为 0.70%;面扫描区域内的 C 含量为 32.05%,Al 和 Si 含量则分别为 5.39% 和 15.84%,Pb 含量为 0.55%。上述结果说明 PB-40 和 XB-40 试样中均吸附了一定量的重金属 Pb,但其具体分布需通过 EDS Mapping 进行分析。

表 2-11　铅污染后的改良土 PB 和 XB 的 EDS 分析结果

试样及测试区域		化学元素含量/%								
		C	O	Al	Si	Na	K	Mg	Ca	Pb
PB-40	区域 1(点)	23.49	48.03	6.24	17.00	2.19	0.24	0.85	1.26	0.56
	区域 2(面)	23.27	47.35	6.57	17.14	2.16	0.47	1.08	1.10	0.85
XB-40	区域 1(点)	34.10	42.73	4.97	13.81	0.99	0.50	1.01	1.19	0.70
	区域 2(面)	32.05	42.44	5.39	15.84	1.16	0.47	0.83	1.27	0.55

(3) 典型元素分布

① 未污染的 PB-0 和 XB-0 试样

图 2-10(a)和(b)分别为未污染的改良土 PB-0 和 XB-0 试样的典型元素总体分布图。改良土 PB-0 和 XB-0 试样的各元素的 Mapping 分布分别如图 2-11 和图 2-12 所示。对于 PB-0 试样,Si 元素和 Al 元素多集中在右半区域。与之形成鲜明对比的是,C 元素多集中分布在左半区域,右半区域分布较少。此结果再次验证了扫描电镜分析中的推断,三维交联、波浪形的膜结构体为黄原胶,而右半区域则为被聚合物包裹的膨润土团聚体。黄原胶吸水膨胀形成凝胶,一部分填充了膨润土孔隙,另一部分则包裹覆盖了膨润土颗粒,使颗粒间相互黏结,因此形成孔隙尺寸较小、连通孔隙更曲折的改良膨润土滤饼结构。对于 XB-0 试样,Si、Al、O 和 Na 相关性较好,这说明此高亮区域内以蒙脱石为主,或夹有少量高岭石和伊利石等。此外,C 元素与上述元素相关性较好,说明聚阴离子纤维素均匀分布在膨润土

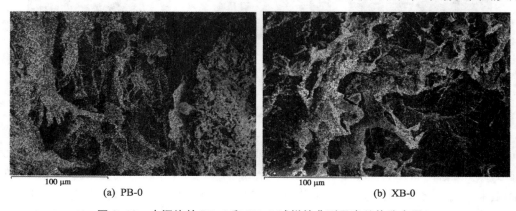

100 μm　　　　　　　100 μm

(a) PB-0　　　　　　　　　　(b) XB-0

图 2-10　未污染的 PB-0 和 XB-0 试样的典型元素总体分布图

中，并与之充分结合。Ca 元素的 Mapping 分布中，可见一高亮度集中的点，结合其外观形态，判断其可能为碳酸钙、氧化钙等难溶性沉淀物。

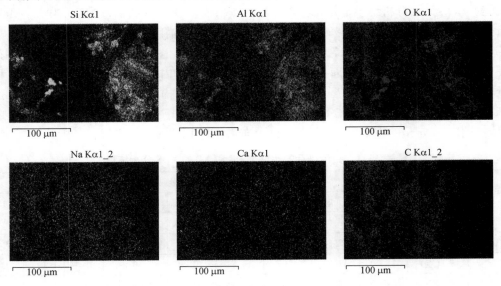

图 2-11　未污染的 PB-0 试样的典型元素详细分布

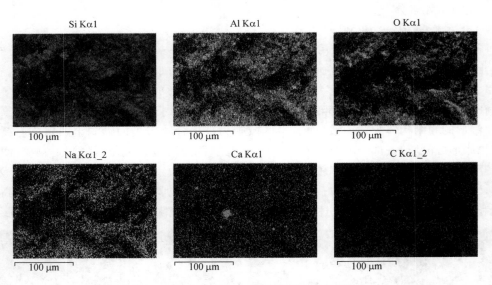

图 2-12　未污染的 XB-0 试样的典型元素详细分布

② 铅污染后的改良土 PB-40 和 XB-40 试样

图 2-13(a)和(b)分别为重金属铅污染的改良土 PB-40 和 XB-40 试样的典型元素总体分布图。PB-40 和 XB-40 试样的各元素的 Mapping 分布分别如图 2-14 和图 2-15 所示。对于 PB-40 试样，Si、Al、O 和 C 元素的 Mapping 分布相关性较高，说明聚合物均匀分布在膨润土中，二者结合较为充分。Pb 元素的分布与上述元素较为一致，说明改良土 PB 的吸附点位分布较为均匀。Pb 元素 Mapping 图中有若干高亮集中点，判断可能为氢氧化铅等

难溶沉淀物。对于 XB-40 试样，Si、Al、O 和 C 元素的 Mapping 分布情况与 PB-40 试样类似，上述 4 种元素的分布相关性较高，说明黄原胶均匀分布在膨润土中，二者结合较为充分。Pb 元素也与 Si、Al 和 C 元素的分布较为一致，说明黄原胶改良膨润土 XB 的吸附点位分布也较为均匀，可良好地吸附重金属铅。Pb 和 Ca 元素分布中均可见高亮集中点，判断可能为二者的碳酸盐、氢氧化物等难溶性沉淀。此外，XB-40 试样中的金属元素中，Pb、Mg 和 Ca 的元素分布较为密集，而 Na 和 K 元素分布较稀少，说明改良土 XB-40 中发生了较为充分的离子置换效应，膨润土层间的一价阳离子 Na^+、K^+ 被二价阳离子 Pb^{2+}、Mg^{2+} 和 Ca^{2+} 所置换。

(a) PB-40　　　　　　　　　　　　　(b) XB-40

图 2-13　铅污染的 PB-40 和 XB-40 试样的典型元素总体分布图

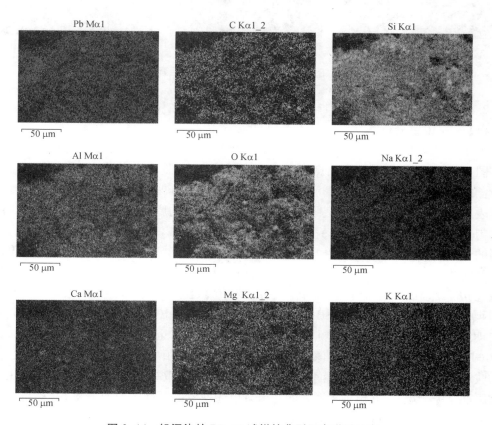

图 2-14　铅污染的 PB-40 试样的典型元素详细分布

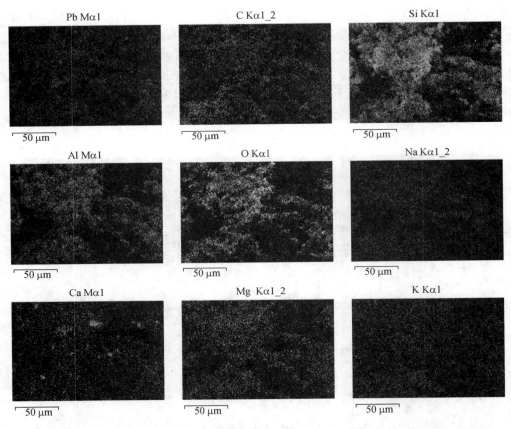

图 2-15   铅污染的 XB-40 试样的典型元素详细分布

2. 改良回填料微观机理分析 SEM-EDS

(1) 扫描电镜分析

① 铅污染前后未改良回填料 SB 的 SEM 结果

图 2-16 为铅污染前后未改良回填料 SB 的扫描电镜照片。如图 2-16(a)所示,在放大 100 倍的未污染的 SB 试样中,膨润土水化较为充分,已将砂颗粒完全包裹住;砂颗粒之间通过其表层的水化膨润土相连,但图像中仍可观察到少许的膨润土抱团现象(因制样时搅拌不均匀等原因,有少量膨润土未完全水化,导致外部水化膨润土包裹了膨润土干粉)。在未污染的 SB 试样放大 2 000 倍后,可清晰观察到照片上的砂颗粒被一层膨润土所覆盖,砂颗粒之间的孔隙被水化膨胀的膨润土填充。膨润土水化较为充分,膨润土团聚体边缘可见团簇状卷边形态,因而渗流孔道狭窄、曲折,试样渗透系数较小。对于受 50 mmol/L 的 $Pb(NO_3)_2$ 溶液污染的回填料 SB,在图 2-16(c)所示放大 100 倍的照片中,观察到膨润土发生了明显的失水收缩,部分砂颗粒未被水化的膨润土完全包裹,出现"裸露"现象。在图 2-16(d)所示放大 2 000 倍的图像中,可清晰观察到相邻的两个砂颗粒间的膨润土发生了明显的收缩变形,砂颗粒表层的膨润土出现了部分剥落,相邻颗粒连接不紧密,颗粒间的孔隙未被膨润土完全填充,并出现了明显的孔隙。上述现象的原因为当回填料 SB 被重金属 Pb污染后,其膨润土层间的阳离子被 Pb^{2+} 置换,而相对于 Na^+、K^+ 等可交换阳离子,Pb^{2+} 的

水化半径较小、价位较高,导致双电层压缩,吸水膨胀性能降低,在宏观上表现为失水收缩、颗粒间孔隙增大,因而增大了回填料 SB 的渗透系数。

(a) 未污染,100倍　　　　　　　(b) 未污染,2 000倍

(c) 50 mmol/L Pb污染,100倍　　　(d) 50 mmol/L Pb污染,2 000倍

图 2-16　铅污染前后未改良回填料 SB 的 SEM 结果

② 铅污染前后改良回填料 PSB 的 SEM 结果

图 2-17 为铅污染前后改良回填料 PSB 的扫描电镜照片。如图 2-17(a)所示,未污染的改良回填料 PSB 在放大 100 倍照片中,其中的改良土(即 PB)水化较为充分,已将砂颗粒完全包裹住,甚至出现水化改良土 PB 将多个颗粒共同包裹的现象,颗粒间连接较为紧密,砂颗粒间的孔隙被水化膨胀的改良土所填充,未见尺寸较大的孔隙。在图 2-17(b)所示放大 2 000 倍的照片中,可清晰观察到相邻砂颗粒间的连接情况。与未改良回填料 SB 不同,改良回填料 PSB 的砂颗粒表面覆盖的物质较为顺滑,充满光泽,判断可能为聚阴离子纤维素与膨润土的混合物水化后所形成的表层覆盖物。砂颗粒之间由胶体状的物体所连接,此物体疑似为聚合物吸水膨胀后形成的聚合物水凝胶。对于 500 mmol/L 的 $Pb(NO_3)_2$ 溶液污染的改良回填料 PSB,在图 2-17(c)所示放大 100 倍的照片中,仍能观察到大部分砂颗粒被水化的改良膨润土 PB 所覆盖,未见明显的砂颗粒"裸露"现象。但与未污染的 PSB 相比,可见其砂颗粒间孔隙填充不充分,存在较多不严密的"嵌缝"(即颗粒之间虽存在连接,但仍存在较多缝隙)。在图 2-17(d)所示放大 2 000 倍的试样照片中,可清晰观察到颗粒仍被改良膨润土所包裹。在相邻的砂颗粒之间,虽然能观察到少许"叶片"状聚合物水凝胶,但聚合

物水凝胶并未将两个砂颗粒充分连接。与污染前的试样相比,改良膨润土水化膨胀性能已显著降低,因此颗粒间虽有连接,但已出现部分孔隙,因此污染后,PSB 试样的渗透系数有所增大。将 50 mmol/L 的重金属 Pb 作用的 SB 试样与 500 mmol/L 的重金属 Pb 作用的 PSB 试样对比分析发现,改良回填料试样未发生膨润土剥落现象,砂颗粒之间仍由聚合物分子链相连接。这在一定程度上减少了连通孔隙的数量和尺寸,因而改良回填料 PSB 试样(500 mmol/L)的渗透系数仍低于 SB 试样(50 mmol/L),二者渗透系数分别为 2.3×10^{-10} m/s 和 3.5×10^{-9} m/s,相差了一个数量级。

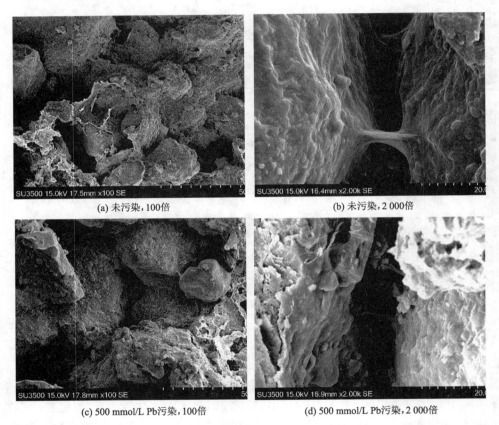

(a) 未污染,100倍

(b) 未污染,2 000倍

(c) 500 mmol/L Pb污染,100倍

(d) 500 mmol/L Pb污染,2 000倍

图 2-17　铅污染前后改良回填料 PSB 的 SEM 结果

③ 铅污染前后改良回填料 XSB 的 SEM 结果

图 2-18 为铅污染前后改良回填料 XSB 的扫描电镜照片。如图 2-18(a)所示放大 100 倍的照片中,未污染的改良回填料 XSB 中的改良膨润土(即 XB)水化较为充分,已将砂颗粒完全包裹住,甚至出现多个颗粒共同包裹的现象。颗粒间连接较为紧密,砂颗粒间的孔隙被水化膨胀的改良土所填充,但可观察到部分颗粒间存在些许孔隙。在图 2-18(b)所示放大 2 000 倍的照片中,可清晰观察到相邻砂颗粒间的连接情况。与 PSB 试样相似,改良回填料 XSB 的砂颗粒表面覆盖的物质较为顺滑,充满光泽,这是由于其表面物质为黄原胶与膨润土混合物水化后形成的。砂颗粒之间可观察到由疑似可流动、黏性较大的胶状的物体所连接,此物体主要成分可能以聚合物水凝胶为主。对于 500 mmol/L 的 $Pb(NO_3)_2$ 溶液污

染的 XSB 试样,在图 2-18(c)所示放大 100 倍的照片中,仍能观察到大部分砂颗粒被水化的改良膨润土 XB 所覆盖,未见明显的砂颗粒"裸露"现象。但与污染前相比,可观察到砂颗粒表面覆盖的膨润土厚度变薄,部分砂颗粒间的孔隙填充不充分,存在较多不严密的"嵌缝"。在图 2-18(d)所示放大 2 000 倍的试样照片中,可清晰观察到颗粒仍被改良膨润土所包裹。相邻的砂颗粒之间的孔隙部分被聚合改良膨润土所填充,因此污染后,XSB 试样的渗透系数有所增大。与 500 mmol/L 的重金属 Pb 作用的 PSB 试样相似,相同溶液作用的改良回填料 XSB 试样未发生膨润土剥落现象,砂颗粒之间仍存在一定的相互连接,减缓了连通孔隙的数量和尺寸的增大,导致渗透系数虽有增长,但与未改良回填料相比,增长幅度较小。柔性壁渗透试验的结果表明,改良回填料 XSB 试样(500 mmol/L)的渗透系数同样仍低于 SB 试样(50 mmol/L),这与 SEM 试验分析结果一致。

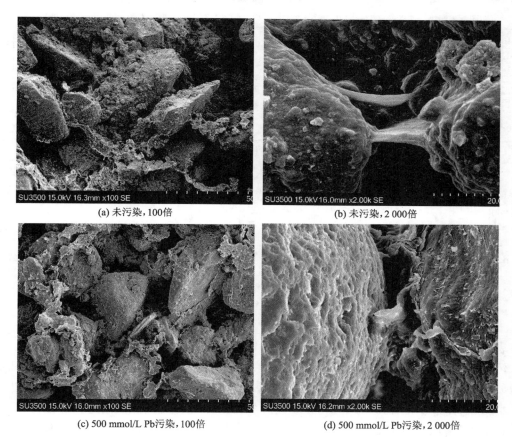

(a) 未污染,100倍　　　　　　　　(b) 未污染,2 000倍

(c) 500 mmol/L Pb污染,100倍　　　　(d) 500 mmol/L Pb污染,2 000倍

图 2-18　铅污染前后改良回填料 XSB 的 SEM 结果

(2) EDS 分析

在对改良前后、污染前后的隔离墙回填料试样的 SEM 结果进行分析后,采用能谱分析仪(EDS)对 SEM 分析过程中的假设进行验证,有利于得到更确切的研究结论。图 2-19 为重金属铅污染前后改良回填料 PSB 和 XSB 试样的 EDS 照片和谱图,重点研究污染前后的改良回填料试样中砂颗粒间连接处的形态及成分变化。对于未污染的 PSB 试样,其砂颗粒间连接部位的物质呈现出较为舒展的薄膜结构,判断其主要成分为聚合物水凝胶。而对于

500 mmol/L 铅污染的 PSB 试样,其砂颗粒连接部位则为部分剥落状态的改良膨润土团聚体。对于未污染的 XSB 试样,其砂颗粒间连接部位可观察到疑似黏稠、顺滑的膜结构,判断可能为聚合物吸水后形成的凝胶。而对于 500 mmol/L 铅污染的 XSB 试样,其砂颗粒连接部位虽仍观察到疑似聚合物水凝胶的物质,但因其受重金属作用后,吸水膨胀能力、黏度均有所下降,因此并未将两个砂颗粒完全黏结,而是在颗粒间出现了一个狭长的孔隙。

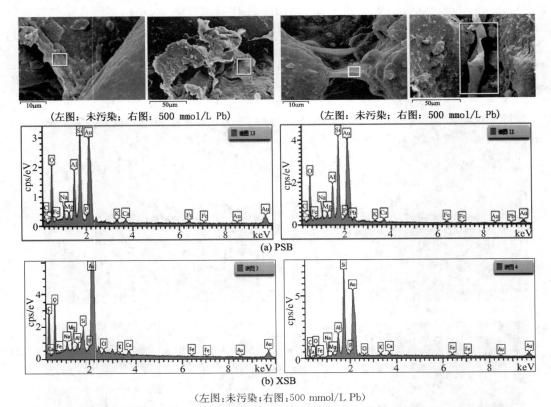

图 2-19 铅污染前后 PSB 和 XSB 的 EDS 照片和谱图

表 2-12 为重金属铅污染前后改良回填料 PSB 和 XSB 试样的典型元素分析结果。对于未污染的改良回填料 PSB 试样,其 C 元素(表征聚合物)的含量为 21.77%,Al 元素和 Si 元素(表征膨润土)分别为 7.23% 和 15.74%,表明此部位为膨润土与聚合物的混合物,为二者吸水膨胀后的共同产物。对于 500 mmol/L 铅污染 PSB 试样的颗粒间连接部位,其 C 元素的含量为 25.91%,Al 元素和 Si 元素分别为 4.69% 和 15.78%,Pb 元素含量为 0.98%,说明了此部位为聚合物改良膨润土团聚体,受到重金属作用同样发生了收缩变形,导致颗粒间孔隙有一定程度增大。对于未污染的改良回填料 XSB 试样,其 C 元素的含量高达 52.97%,Al 元素和 Si 元素仅分别为 1.31% 和 2.79%,说明此部位的连接物质绝大部分为聚合物凝胶,对颗粒之间起到了良好的黏结作用。对于 500 mmol/L 铅污染的 XSB 试样的颗粒间连接部位,EDS 元素分析结果显示,其中 C 元素的含量为 30.99%,Al 元素和 Si 元素分别为 5.39% 和 16.98%,Pb 元素含量为 1.55%,说明此部位的聚合物改良膨润土中的聚合物含量较高,但在受到重金属 Pb 作用后,改良膨润土亦发生了失水收缩现象,导致颗

粒间连接不紧密,产生了一定的孔隙。

表 2-12　铅污染前后 PSB 和 XSB 的典型元素分析结果

试样及污染状况		化学元素含量/%								
		C	O	Al	Si	Na	K	Mg	Ca	Pb
PSB	未污染	21.77	49.00	7.23	15.74	3.15	0.78	1.26	0.92	—
	500 mmol/L Pb	25.91	47.35	4.69	15.78	1.13	0.30	1.10	0.96	0.98
XSB	未污染	52.97	36.85	1.31	2.79	3.32	0.89	0.95	0.92	—
	500 mmol/L Pb	30.99	41.92	5.39	16.98	0.85	0.17	0.88	0.90	1.55

2.3.3　碱激发材料 SEM-EDS 及 Mapping 试验

1. 扫描电镜分析

MSB 隔离屏障材料扫描电镜照片(1 000～30 000 倍)如图 2-20 所示。经过 90 d 养护后[见图 2-20(a)～(c)],MSB 竖向屏障净浆基质中存在大量雪花片状膨润土[15]。净浆中的膨润土水化后完整充填基质的孔隙,有利于降低竖向屏障渗透系数。MSB 竖向屏障净浆样品的水化产物主要有小颗粒状的 Ht[16-17]、C-S-H 的结晶体、小针状的 AFm 以及 MgO 水化形成的 Mg(OH)$_2$[见图 2-20(d)～(e)]。

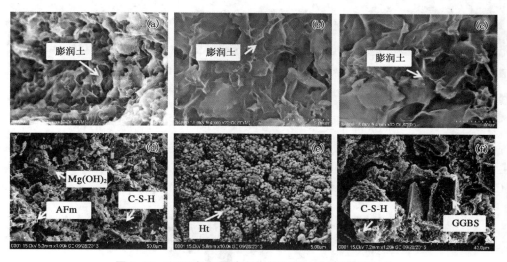

图 2-20　MSB 竖向屏障净浆 SEM 图(常规养护 90 d)

图 2-21 为 MSB 竖向屏障经过污染液[Na$_2$SO$_4$(30 mmol/L)和 Pb-Zn(0.1 mg/L Pb ＋ 5 mg/L Zn)]的渗透作用后的扫描电镜 SEM 结果。从图 2-21(a)～(d)中可发现存在大量的雪花状膨润土、水泥凝胶 C-S-H 和 Ht 胶结在砂土颗粒之间。此结果可证实 MSB 竖向屏障中的膨润土并未完全溶解,MSB 在较低的 pH 环境有利于降低竖向屏障渗透系数。从图 2-21(e)可看出 90 d 养护之后的试样,仍有部分未反应的 GGBS 颗粒存在。经过硫酸盐浸泡的净浆样品 SEM 结果如图 2-21(g)所示,表明在硫酸盐的侵蚀作用下,在 MSB 基质中生成部分结晶度良好的棒状 AFt 和碎屑状的单晶结构 AFm。而 Pb-Zn 溶液渗透后的结果如

图 2-21(h)~(i)所示,图中可看到近似菱形的 $Zn(OH)_2$[18] 和球状的 $Pb(OH)_2$[19],以及穿插在水化产物之间的膨润土。

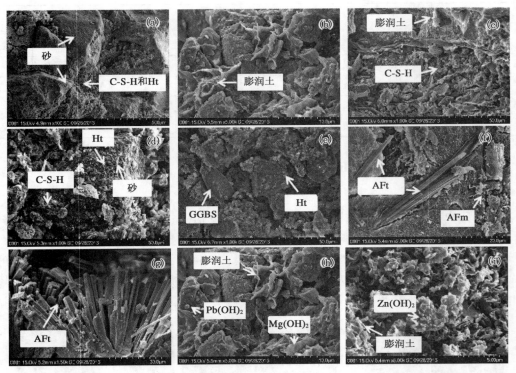

图 2-21　MSB 竖向屏障常规养护(a~e)及经过 Na_2SO_4(f~g)和 Pb-Zn 渗透试样(h~i)的 SEM 图

2. 能谱分析

针对上述 MSB 竖向屏障常规养护及经过 Na_2SO_4 和 Pb-Zn 渗透后的特征产物(具有明显特征的颗粒状、针状或团聚状晶体),进行能谱分析测试,并进行打点测定其化学成分。按生成产物化学方程式将元素间的含量之比转化为元素质量比,并根据反应产物的 Ca-Si-Al、Ca-Si-Mg 和 Ca-Mg-Al 体系划分,结果如三元相图 2-22 所示。

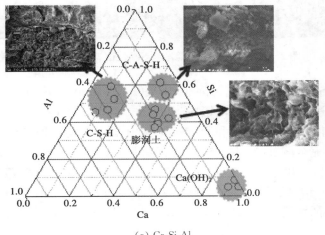

(a) Ca-Si-Al

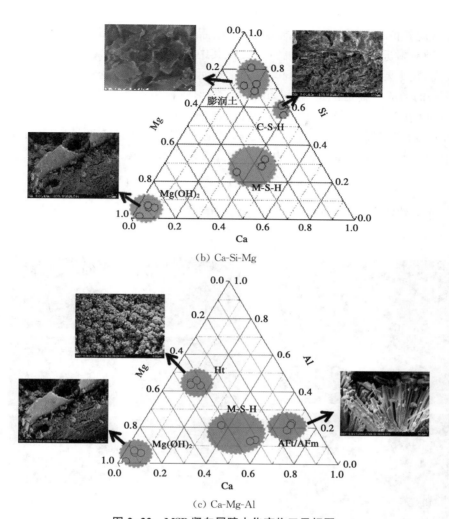

(b) Ca-Si-Mg

(c) Ca-Mg-Al

图 2-22　MSB 竖向屏障水化产物三元相图

从 Ca-Si-Al 体系结果来看,MSB 竖向屏障水化产物 C-S-H 的钙/硅比为 Ca/Si≈0.65~0.81,此结果小于普通水泥水化生成的 C-S-H 中钙/硅比(0.87~1.5)[20-21]。通过对比发现,膨润土的测定 Ca∶Si∶Al≈0.6∶0.4∶0.4。另外,Ca(OH)₂中 Ca 的质量分数接近 1,而无其他 Si 和 Al 的结果,与理论值一致。在 Ca-Si-Mg 体系中发现,存在少量的同时存在 Ca、Si、Mg 三种元素的产物,其 Ca∶Si∶Mg≈0.6∶0.4∶0.6。Mg(OH)₂中 Mg 的质量分数接近 1,而无其他 Si 和 Al 的结果,与理论值一致。而在 Ca-Mg-Al 体系中,水化产物 Mg∶Al≈0.8~1.2。

上述 MSB 竖向屏障常规养护后试样的微观特征形态不明显,较难通过 SEM 和单点的 EDS 确定典型形态矿物。另外,已证实经过 Na₂SO₄和 Pb-Zn 渗透后,硫酸根或者 Pb-Zn 与 MSB 竖向屏障表面矿物进行反应。本文采用对 MSB 竖向屏障面区域 EDS 及元素 Mapping 分析相结合的方式,确定常规养护微观产物及 Na₂SO₄和 Pb-Zn 渗透后的微观产物。为避免样品表面水化产物和颗粒矿物在制样过程中受到喷碳处理过程的污染,需直接对试样样品的断面进行测试。可延长扫描时间,避免元素高亮反差不明显。

对于常规养护 90 d 的 MSB 竖向屏障试样样品(图 2-23),SEM 中可见源于原材料土体中的砂粒,砂粒附近附着颗粒状矿物。可发现其中的 Mg 和 Si 元素及 Mg 和 Al 元素分布相关性较高,其主要反应如式(2-2)和式(2-3)所示。可推断该产物水化硅酸镁(M-S-H)和水滑石(Ht)的形成过程是:第一阶段,MgO 溶解形成自由态 Mg^{2+};第二阶段,GGBS 中的 Si-O 和 Al-O 在碱环境中解离并生成硅酸根[$H_2SiO_4^{2-}$ 和 $Al(OH)_2^-$];第三阶段,足够的碱性环境和足够的自由态 Mg^{2+} 与 $H_2SiO_4^{2-}$ 和水化硅酸镁(M-S-H)和水滑石(Ht)。而对于低钙/硅比(Ca/Si)的无定型 C-S-H 也可从 Mapping 中推断出。

$$Mg^{2+} + Si\text{-}O(GGBS) + OH^- \longrightarrow M\text{-}S\text{-}H + H_2O \tag{2-2}$$

$$4Mg^{2+} + 2Al(OH)_2^-(GGBS) + 10OH^- + 3H_2O \longrightarrow Mg_4Al_2(OH)_{14} \cdot 3H_2O(Ht) \tag{2-3}$$

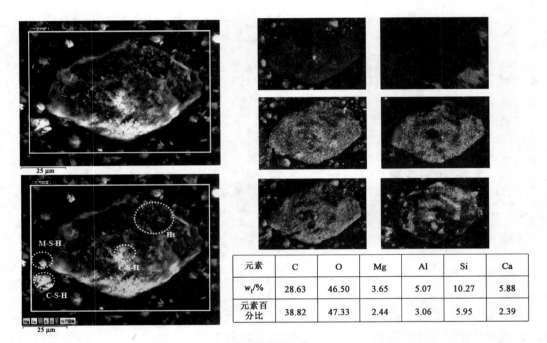

元素	C	O	Mg	Al	Si	Ca
w_t/%	28.63	46.50	3.65	5.07	10.27	5.88
元素百分比	38.82	47.33	2.44	3.06	5.95	2.39

图 2-23　MSB 竖向屏障常规养护 Mapping 结果

经过 Na_2SO_4 渗透后的 MSB 竖向屏障试样样品如图 2-24 所示。SEM 界面区域主要存在的是无定型矿物,高亮区域主要为黏土矿物的 Si-O。图中存在少量的 C 元素,可能主要是样品在养护和渗透过程中,部分源于空气和自来水中的 C 元素进入试验参与矿物反应。另外,含 S 的元素分布较少,且未发现在局部区域存在同步亮起的情况。表明含 S 的矿物较少,生成量较低。在足够浓度的硫酸根作用下,水化产物中仅有少量的水化铝酸钙(C-A-H)与硫酸根进行反应,形成结晶物水化硫铝酸钙(AFt)。

经过 Pb-Zn 渗透后的 MSB 竖向屏障试样样品如图 2-25 所示。扫描区域主体以雪花状的膨润土为主和少量不明显的 Ht,Pb 和 Zn 元素均匀分布于该区域表面。可推断 Pb-Zn 可以被 MSB 结果显示,Pb-O 元素同步亮起,在扫描区域内高亮显示关系较好,可判定 Pb 主要形成含 O 的结合物,如碳酸铅($PbCO_3$)和氧化铅(PbO_2)。而 Zn-Ca 元素同步亮起表明 Zn 主要以锌酸钙($Ca[Zn(OH)_3]_2 \cdot 2H_2O$)的形式存在于 MSB 竖向屏障中,结果与 XRD 可相互印证。

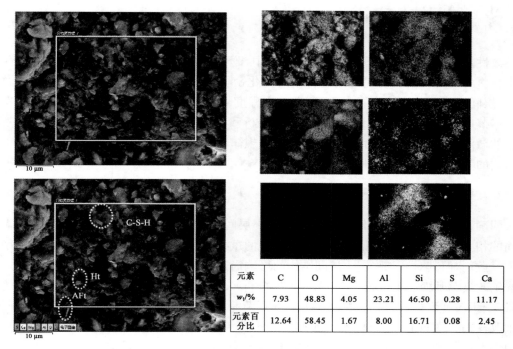

元素	C	O	Mg	Al	Si	S	Ca
w_t/%	7.93	48.83	4.05	23.21	46.50	0.28	11.17
元素百分比	12.64	58.45	1.67	8.00	16.71	0.08	2.45

图 2-24　MSB 竖向屏障 Na_2SO_4 渗透后 Mapping 结果

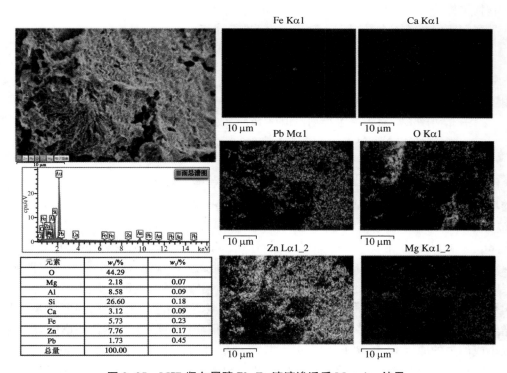

元素	w_t/%	w_t/%
O	44.29	
Mg	2.18	0.07
Al	8.58	0.09
Si	26.60	0.18
Ca	3.12	0.09
Fe	5.73	0.23
Zn	7.76	0.17
Pb	1.73	0.45
总量	100.00	

图 2-25　MSB 竖向屏障 Pb-Zn 溶液渗透后 Mapping 结果

2.4 层间结构表征

改性剂添加至钙基膨润土或钠化膨润土中,改善了膨润土基本工程性质。这些改性膨润土材料的宏观特性的表现与微观特性的变化密切相关。评价改良前后钙基膨润土微观结构、层间结构及矿物结构的变化,可在一定程度上推断和验证改性剂对膨润土的改良机理。本节通过 SEM 试验、XRD 分析、FTIR 分析和 Zeta 电位测试,探讨了改良前后钙基膨润土的微观结构、表面基团和表面电势的变化规律,提出了各改性剂的改良机制,明确了微观结构的变化与宏观特性间的相互联系。

2.4.1 六偏磷酸钠改性材料 XRD 试验

明确改良前、后钙基膨润土晶层间距及土层间结构的变化,可判断六偏磷酸钠与膨润土间的相互作用,是研究六偏磷酸钠改良机理的重要手段之一。六偏磷酸钠虽然是常用的黏土分散剂,但其对钙基膨润土层间结构的影响尚未完全明朗。本书对钙基膨润土和六偏磷酸钠改良钙基膨润土进行了 X-射线衍射分析(XRD),探讨改良前、后土体层间结构的变化,进一步揭示改良机理。试验试样为 2.3 章节制备所得的经研磨过筛的 2%、8%六偏磷酸钠改良钙基膨润土(2%SHMP-CaB、8%SHMP-CaB)。此外,将钙基膨润土于 105 ℃烘箱中烘干,研磨过 75 μm 筛,制得素土试样(CaB)作为对比,试样用量均约为 5 g。试验采用美国 Thermo Fisher Scientific 公司的 X'TRA 型 X-射线衍射仪进行,试验过程中采用 Cu-Kα 辐射,采样步长 0.02°,扫描速度 2(°)/min,扫描范围为 3°至 65°。

晶层间距 d 按布拉格定律(Bragg's Law)进行计算:

$$d = \frac{n\lambda}{2\sin\theta} \tag{2-4}$$

式中:d——蒙脱石晶层间距,单位:nm;

n——衍射级数,对于一级衍射[即(001)面]取为 1;

λ——铜靶的 X 射线波长,λ=0.154 056 2 nm;

θ——衍射半角,单位:°。

图 2-26 为改良前、后钙基膨润土的 XRD 试验结果。从图中可看出,随六偏磷酸钠掺量的增加,$d_{(001)}$ 特征峰的位置逐渐向右侧移动。CaB、2% SHMP-CaB 和 8% SHMP-CaB 的 2θ 分别等于 5.82°、6.04°和 7.46°,根据式(2-4)计算所得晶层间距分别为 1.52 nm、1.46 nm 和 1.18 nm(见表 2-13),表明蒙脱石晶层间距随六偏磷酸钠掺量的增加而减小。这一现象与钠基膨润土经大分子聚合物改良后,晶层间距增大的规律有所不同,说明改良剂通过插层方式撑开土体晶层间距的改良机理并不适用于六偏磷酸钠改良钙基膨润土情况。

从图 2-26 还可看出,六偏磷酸钠掺量由 0 增加至 2%,$d_{(001)}$ 特征峰的强度显著减小,掺量增至 8%,$d_{(001)}$ 特征峰由多个衍射峰叠加而成,特征峰区域平缓。XRD 图谱中 $d_{(001)}$ 特征峰减小或消失的原因有:①黏土片层间距过大(如层叠结构中片层间距>8 nm);②黏土团聚体被完全分离成分散片状,不再出现层叠排列结构[22-25]。本章节中,2%SHMP-CaB 的

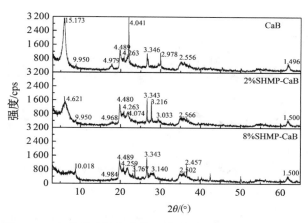

图 2-26　六偏磷酸钠改良前、后钙基膨润土 XRD 测试结果

$d_{(001)}$ 特征峰强度较 CaB 小，团聚体片层结构处于未完全分离状态，但片层间距增大。8% SHMP-CaB 的 $d_{(001)}$ 特征峰几近消失，此时，团聚体片层结构完全被分离。这一结果与图 2-5(b)～(d)显示的规律相吻合。

表 2-13　改良前、后钙基膨润土晶层间距计算结果

试样	衍射角，2θ/(°)	衍射半角，θ/(°)	晶层间距，d/nm
CaB	5.82	2.91	1.52
2%SHMP-CaB	6.04	3.02	1.46
8%SHMP-CaB	7.46	3.73	1.18

2.4.2　CMC 改性膨润土 XRD 谱图分析

本研究中 CMC 改性膨润土 XRD 谱图如图 2-27 所示，全矿（$d < 75~\mu m$）和黏土矿物（$d < 2~\mu m$）在衍射角 2θ 为 2°～14° 的衍射曲线由图 2-28 给出。试验结果显示，CMC 改性膨润土的蒙脱石黏土矿物(001)面的特征衍射峰位置基本没有改变，但其强度却随膨润土中 CMC 掺量增加呈降低趋势[见图 2-28(a)]。这一现象在黏土矿物衍射曲线中尤为显著，蒙脱石(001)面衍射峰几乎不可辨识。此外，高岭石和伊利石黏土矿物特征峰峰值强度和所对应衍射角均未发生改变。这表明 CMC 分子链主要插层于膨润土中的蒙脱石黏土。综合图 2-27 和 2-28 结果可知，CMC 分子链进入蒙脱石层间后引起部分片层之间的连接破坏，蒙脱石黏土矿物从尺寸较大的团聚体减小为平均尺寸较小的团聚体，并且蒙脱石的层间间距已经增至相当大的程度。因此，在 XRD 谱图中表现为特征峰强度随膨润土中 CMC 掺量增加而减弱，半峰宽增宽，呈现出趋于非晶体的衍射曲线形式。

另一方面，图 2-28 所示 CMC 改性膨润土衍射曲线形式与文献[26-27]报道的剥离型 CMC/蒙脱石（膨润土）复合材料完全平滑的衍射曲线不同（见图 2-29）。原因在于 CMC 改性膨润土的 CMC 掺量存在巨大差异，如表 2-14 所示。研究目的侧重于 CMC/蒙脱石（膨润土）复合材料制备工艺和插层机理时，CMC 与蒙脱石（膨润土）质量比高达 1～10。在工

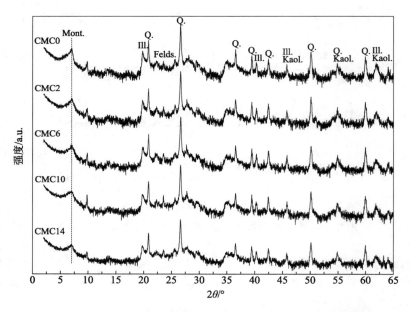

图 2-27　未改性膨润土和本书研究的 CMC 改性膨润土 XRD 谱图

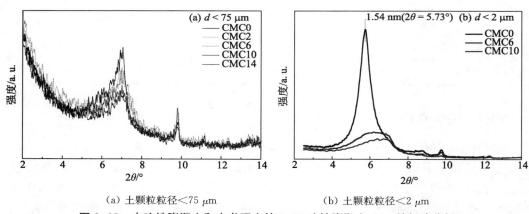

（a）土颗粒粒径＜75 μm　　　　　　　（b）土颗粒粒径＜2 μm

图 2-28　未改性膨润土和本书研究的 CMC 改性膨润土 $d_{(001)}$ 特征峰分析

程应用中,聚合物改性膨润土的聚合物掺量需同时考虑工程性质提升效果和施工可行性,通常聚合物与膨润土质量比不超过 25%[28-32]。针对本研究中 CMC 改性膨润土目标用途为提升土-膨润土竖向隔离屏障防渗性能,CMC 与膨润土质量比为 2%～14%。因此,一方面,尽管聚合物分子链已经存在于蒙脱石片层层间,但蒙脱石层间距变化程度有限[33];另一方面,存在部分蒙脱石片层完成了聚合物改性,被剥离于蒙脱石团聚体,但另一部分蒙脱石片层仍以一定的团聚体形式存在于基体,而聚合物则存在于团聚体之间。这就使得 XRD 谱图中(001)面衍射峰强度和半高宽仅产生有限程度的变化,且聚合物/黏土矿物质量比越高,则(001)面衍射峰强度和半高宽变化程度相对越大,如图 2-30 所示为聚合物与膨润土质量比为 2.5%～20% 的聚合物/黏土矿物复合材料试验研究结果。

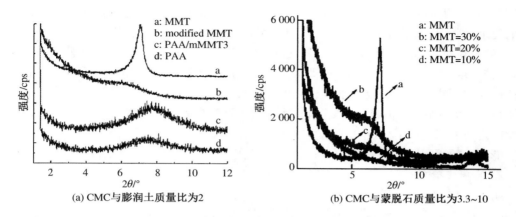

(a) CMC与膨润土质量比为2　　　　　(b) CMC与蒙脱石质量比为3.3~10

图 2-29　已有文献报道的剥离型 CMC/膨润土(蒙脱石)复合材料 XRD 谱图

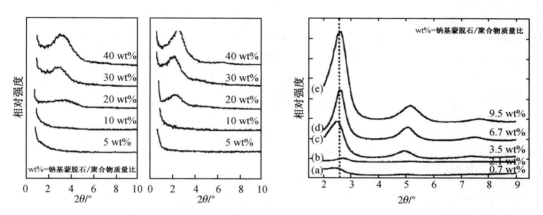

图 2-30　低聚合物/黏土矿物质量比条件下聚合物/黏土矿物复合材料 XRD 谱图:超支化聚酯/钠基蒙脱石复合材料(左幅)[34];合成聚合物(PSPI18)/有机黏土复合材料(右幅)[35]

表 2-14　已有 CMC 改性膨润土(蒙脱石)制备方法及所确定的微观结构类型

目标材料	聚合物/目标材料质量比	搅拌时间/h	搅拌温度/℃	XRD 谱图分析确定的微观结构	参考文献
膨润土	5:3	6	60	插层型	[36]
蒙脱石	2.0	2	70	剥离型	[26]
蒙脱石	3.3~10	2	60	剥离型	[27]

2.4.3　聚阴离子纤维素改性材料

1. XRD 试验步骤

采用固定靶 X 射线粉末衍射仪进行 XRD 测试。依据美国国家标准局(NBS)推荐的侧装样法,试验采用步进扫描的方式,起始角 2.5°,终止角为 65°,步宽 0.02°,波长 0.154 06 nm,计数时间为 5 s。试验所用试样由未经污染的滤饼试样制成,将滤饼进行液氮冷冻、真空冻干和研磨后,取适量(5~10) g 土样过 75 μm 的筛。此外,采用虹吸法筛选出直径 2 μm 以下的黏粒,用于进一步的 XRD 分析。将 40 g 研磨后土样按照 ASTM D442 规范的要求,制成相应掺量的浆液,放入 2 L 的量筒内。依据斯托克沉降公式反算出直径为 2 μm 的土粒对应的量筒刻度后,立即通过虹吸管吸出该刻度线以上的悬浊液体,并将其分别装入 50 mL 的离心管内,离心处理 10 min,转速设为 7 500 r/min。之后将上清液移去,并按照前文所述步骤对剩余土水混合物做冻干、研磨处理,并再次过 75 μm 的标准筛。此时所得土样均为膨润土中的黏粒组,此试样的 XRD 结果剔除了粉粒等杂质的影响,以便分析蒙脱石衍射峰的衍射角、衍射强度等指标。

膨润土的层间距 d 按式(2-4)所示的布拉格定律进行计算。

2. X 射线衍射分析

明确改良前、后膨润土的层间距及层间结构的变化,可判断聚合物与膨润土间的相互作用。聚阴离子纤维素和黄原胶均属于阴离子型聚合物,因此在研究本书所用改良膨润土的机理时,借鉴了阴离子型聚合物/膨润土复合材料插层分析研究方法[37-38]。所谓"复合"作用是指将聚合物(如 PAC、XG 等)分子链插入膨润土(其中的黏土矿物为蒙脱石)层间[33, 39]。形成插层结构的驱动因素主要包括:①通过剪切力(高速搅拌)或热能(水浴加热)将膨润土团聚体中的多层蒙脱石片层剥离成单层的蒙脱石片层,并充分分散,与聚合物均匀混合[40];②聚合物与蒙脱石之间可通过阳离子架桥作用链接,使聚合物分子链进入蒙脱石层间,增大其层间距[41-42]。聚合物/膨润土复合材料的微观结构大致分为插层型和剥离型两种类型[43-45]。

对于普通膨润土材料、插层型聚合物/膨润土复合材料和剥离型聚合物/膨润土复合材料的 XRD 谱图,其结果具有如下特点:①普通的膨润土材料在 XRD 谱图中表现为强 $d_{(001)}$ 面衍射特征峰(第 1 个衍射特征峰位置为蒙脱石),峰值较大,峰形较尖锐。②插层型聚合物/膨润土复合材料的团聚体中仍保持蒙脱石原有的多层、有序片层结构形式,在 XRD 图谱中表现为强 $d_{(001)}$ 面衍射特征峰,但衍射峰值减小,且向左偏移。③剥离型聚合物/膨润土复合材料中的蒙脱石片层结构因受到大量聚合物分子链插入,导致其原有多层、有序的片层结构遭到破坏,呈单层、无序排列形式,故层间距大小不一,在 XRD 谱图上表现为原 $d_{(001)}$ 面衍射特征峰的峰形显著变宽,甚至衍射峰消失。一般地,两种结构的形式主要受聚合物与膨润土的质量比的影响。当膨润土含量较多时(聚合物与膨润土之比小于 2 时),聚合物与膨润土的结合形式以插层结构为主;而当聚合物含量较多时,则多形成剥离型结构。研究结果表明[10, 43],插层型结构和剥离型结构往往共同存在于复合材料中。

基于上述分析,本书对未改良膨润土(CB)、聚阴离子纤维素改良膨润土(PB)和黄原胶改良膨润土(XB)进行了 X 射线衍射分析(XRD),研究改良前后的膨润土层间结构的变化,进一步揭示改良机理。图 2-31 为未改良土 CB,改良土 PB 和改良土 XB 的 XRD 测试结果。全矿($d<75$ μm)和黏土矿物($d<2$ μm)在衍射角 2θ 为 2°~14° 的衍射曲线由图 2-32 给出。蒙脱石黏土矿物衍射特征峰位置基本没变,但三种材料的特征峰峰值强度有所不同,而高岭石和伊利石黏土矿物特征峰峰值强度和所对应衍射角均未发生改变,表明聚合物分子链主要插层于膨润土中的蒙脱石层间。

图 2-32(a)所示结果表明,聚阴离子纤维素改良膨润土 PB 和黄原胶改良膨润土 XB 的蒙脱石黏土矿物(001)面的特征衍射峰位置几乎没有变化,但其衍射峰值强度较未改良土 CB 有所降低。黏土矿物的 X 射线衍射结果[图 2-32(b)]进一步表明,改良土 PB 和 XB 除

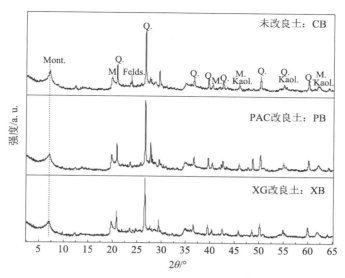

图 2-31 未改良土 CB、改良土 PB 和 XB 的 XRD 测试结果

衍射峰峰值降低外,其 $d_{(001)}$ 衍射特征峰的位置向左偏移。未改良土 CB、改良土 PB 和改良土 XB 的衍射特征峰的 2θ 值分别为 $5.80°$、$5.72°$ 和 $5.70°$,根据式(2-4)计算所得三种材料的蒙脱石层间距分别为 1.52 nm、1.54 nm 和 1.55 nm(见表 2-15)。表明经过 PAC 和 XG 的改良后,改良土形成了插层结构,层间距虽有增大,但增长程度甚微,这与 PB 和 XB 两种改良土中的聚合物含量较少有关(2%)。该结果与 CMC 改良膨润土的研究结果一致,CMC 与膨润土形成了插层结构,CMC 掺量越大,衍射峰强度越小、宽度越大,反之,衍射峰变化越不明显。然而,在图 2-32(b)中 PB 和 XB 的蒙脱石 $d_{(001)}$ 衍射峰的宽度并未发生明显变化,仅有衍射峰值强度降低。因此认为聚合物与膨润土形成了插层结构,未形成剥离型结构。本节所用两种聚合物可与膨润土形成插层结构的原因为:①制备 XRD 测试所用试样由滤饼制成,在滤失试验中的膨润土浆液形成滤饼前,均经过了高速搅拌机旋转搅拌剪切,前文已述,高速搅拌形成的剪切力可为插层提供驱动力;②PAC 和 XG 均为阴离子型聚合物,二者可通过阳离子架桥作用与膨润土层间结合。

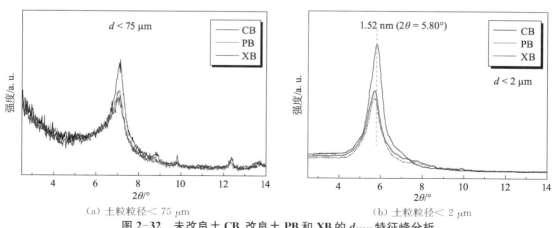

(a)土粒粒径 < 75 μm　　　　　　　　　(b)土粒粒径 < 2 μm

图 2-32 未改良土 CB、改良土 PB 和 XB 的 $d_{(001)}$ 特征峰分析

表 2-15　未改良土 CB、改良土 PB 和 XB 的层间距计算结果

试样	衍射角 2θ /(°)	衍射半角 θ /(°)	层间距 d_{001} / nm
CB	5.80	2.90	1.52
PB	5.72	2.86	1.54
XB	5.70	2.85	1.55

2.4.4　碱激发材料 XRD

XRD 试验主要制样流程如下：将试块置于 30 ℃烘箱中低温风干 24 h。取约 2 g 风干试块，在玛瑙研钵中小心仔细粉磨，然后通过 200 目（75 μm）筛后，取约 20 mg 进行试验。

为使 MSB 竖向屏障的水化产物检测更为准确，采用 MSB 净浆样进行 XRD 测试。为表征污染液[30 mmol/L Na_2SO_4 和 Pb-Zn(0.1 mg/L Pb ＋ 5 mg/L Zn)]作用下的产物变化，采用 MSB 相容性试验之后的试样（详见第 4 章）进行微观产物检测，并分析其 XRD 图谱及主要水化产物，获取可能存在的矿物如表 2-16 所示。结果表明，除了通过热反应动力学计算出的水化产物（如水化硅酸钙 C-S-H、水滑石 Ht、钙矾石 AFt 等），也有大量 Pb 和 Zn 结合的矿物（铅辉石、锌酸钙、铅酸钙等）。

表 2-16　XRD 检测物相分析汇总

名称	化学式	标记	名称	化学式	标记
水滑石	$Mg_6Al_2(CO_3)(OH)_{16} \cdot 4H_2O$	Ht	钙矾石	$3CaO \cdot Al_2O_3 \cdot 3CaSO_4 \cdot 32H_2O$	AFt
膨润土	$Al_2O_3 \cdot 4(SiO_2) \cdot H_2O$	Be	铅辉石	$PbSiO_3$	PS
水镁石	$Mg(OH)_2$	M	水合碳酸铅	$Pb_3(CO_3)_2(OH)_2$	PCO
石膏	$CaSO_4 \cdot 2H_2O$	G	锌酸钙	$CaZn(OH)_6 \cdot 2H_2O$	CaZ
方解石	$CaCO_3$	Cal	二硅酸铅	$Pb_3Si_2O_7$	P_3S_2
氢氧化钙	$Ca(OH)_2$	CH	硅酸铅	Pb_2SiO_4	P_2S
水化硅酸钙	$CaO \cdot SiO_2 \cdot H_2O$	C-S-H	铝酸铅	$Pb_2Al_2O_5$	PA
氧化镁	MgO	MgO	氧化铅	PbO	P
水化铝酸钙	$CaO \cdot Al_2O_3 \cdot 10H_2O$	C-A-H	硅酸镁	Mg_2SiO_4	MS
水合硅酸镁	$Mg_3Si_2O_5(OH)_4$	M-S-H	无水芒硝	Na_2SO_4	TH
石英	SiO_2	Q	铅酸钙	$CaPbO_3$	CP
硫酸镁	$MgSO_4$	MgS	白铝铅矿	$Pb_2Al_4(CO_3)_4(OH)_8 \cdot 3H_2O$	D

MSB 净浆样 XRD 图谱及主要水化产物结果如图 2-33 所示。主要产物水化硅酸钙（C-S-H）的主要峰值出现在 27.23°（2θ）和 30°（2θ）附近，此处 C-S-H 为低钙硅比的水化硅酸钙[21, 46]，由于有较高含量的方解石（Cal）影响，其峰值与碳酸钙交叉重合。水滑石（Ht）主要峰值出现在 11.5°（2θ）、23°（2θ）、36.5°（2θ）和 39.5°（2θ）附近。所有试样中，膨润土（Be）的特

征峰出现在 $2\theta\approx5°\sim7°$，表明净浆试样中膨润土并未被完全溶解。净浆中 MgO 峰值较强 $[40.5°(2\theta)]$，表明净浆样品中的 MgO 并未完全消耗。MgO 水解产物水镁石（M）的特征峰出现在 $2\theta\approx18.5°$。由于 M-S-H 结晶度比较低，净浆样中并未观察到 M-S-H 的存在。氢氧化钙和钙矾石（AFt）的特征峰分别出现在 $2\theta\approx34.2°$、$2\theta\approx22.8°$ 和 $49.5°$ 处。

在相同 GGBS-MgO 掺量（5%）下，随着膨润土掺量由 5% 增长至 15%，CH 特征峰 $2\theta\approx$ $34.2°$ 处峰值增强。主要原因是膨润土掺量提高后提供更多 Ca 离子，可促使 $\{Ca^{2+}\}$ 的活度增加，从而反应向生产更多的 CH 方向进行。而 MS5B5 中无法检测出碳酸镁（$2\theta\approx39.5°$）可能由于 Mg 处于非饱和状态，Mg 倾向于先生成 Ht 等吉布斯自由能较低的水化产物。在相同膨润土掺量下（MS5B10 vs. MS10B10），特征峰 $2\theta\approx34.2°$ 和 $2\theta\approx39.5°$ 两处峰值明显增强。

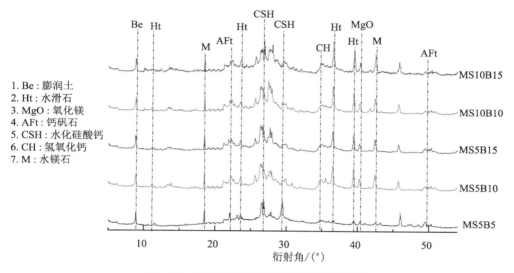

图 2-33　MSB 竖向屏障净浆试样 XRD 图谱

经过污染液 Na_2SO_4（30 mmol/L）渗透后的微观产物如图 2-34（a）所示。与对应的 MSB 净浆样相比，可发现 $2\theta\approx20.8°$ 和 $26.7°$ 处的石英（Si）。由于大量的硫酸根进入孔隙液并参与矿物生成，可从图 2-34 中发现钙矾石 AFt 的特征峰值 $2\theta\approx49.5°$ 增强。在特征峰值 $2\theta\approx18.5°$ 可发现微弱的 $MgSO_4$。对比分析相同 GGBS-MgO 掺量下提高膨润土含量，蒙脱石（Be）在 MS10B10 中特征峰微弱，而在 MS10B15 中较为明显。

对于污染液 Pb-Zn（0.1 mg/L Pb ＋ 5 mg/L Zn），Pb 以碳酸铅（$PbCO_3$）和过氧化铅（PbO_2）为主，衍射角分别为 $28.9°$ 和 $35.2°$。原因为 $PbCO_3$ 主要在碱性环境下产生，随着 Pb-Zn 混合溶液的持续渗透，试样与自来水中的部分 HCO_3^- 反应形成溶解度十分低的碳酸铅（$PbCO_3$）。在 XRD 图谱中并未发现碳酸锌（$PbCO_3$）。根据反应动力学可知，碳酸铅（$PbCO_3$）的吉布斯自由能约为碳酸锌（$ZnCO_3$）的 1/3。导致 HCO_3^- 浓度较低的情况下，碳酸铅（$PbCO_3$）优先生成。Zn 主要以锌酸钙 $[CaZn(OH)_6\cdot2H_2O]$ 的形式存在于 MSB 竖向屏障中，其特征峰值与过氧化铅（PbO_2）相互重合[47]。

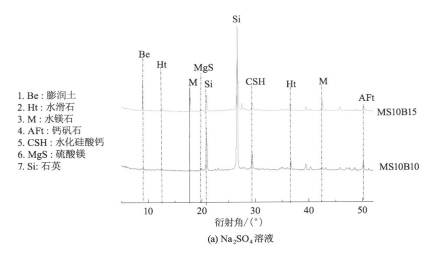

(a) Na₂SO₄溶液

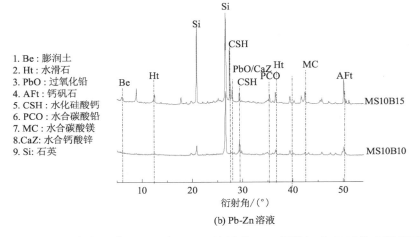

(b) Pb-Zn 溶液

图 2-34 MSB 竖向屏障 Na₂SO₄和 Pb-Zn 渗透后 XRD 图谱(MS10B10 和 MS10B15)

 2.5 **傅里叶红外光谱表征**

2.5.1 六偏磷酸钠改性材料 FTIR 试验

傅里叶红外光谱分析(FTIR)的基本原理为:采用频率连续变化的红外光照射物质时,物质分子因吸收某些特定频率的红外光,发生分子振动能级和转动能级的跃迁,产生红外吸收光谱,根据图谱信息可确定物质分子结构和鉴别化合物成分。通过 FTIR 试验对比改良前、后钙基膨润土基团的类型和活性,可在一定程度上揭示六偏磷酸钠与钙基膨润土之间的相互作用机制。本节用于 FTIR 试验的试样与 XRD 试验相同,测试仪器为 NEXUS-870 红外光谱仪。

图 2-35 为改良前、后钙基膨润土的 FTIR 测试结果。钙基膨润土 FTIR 图谱分析结果

如表 2-17 所示。图 2-35(a)中，3 626 cm^{-1}处观测到蒙脱石结构的—OH 伸缩振动(结合水)，表明膨润土晶格中含有结晶水；3 439 cm^{-1}和 1 640 cm^{-1}处存在—OH 的伸缩振动和弯曲振动(自由水)，反映了膨润土层间吸附水的存在；1 037 cm^{-1}处的吸收峰为 Si—O 伸缩振动；典型的 AlAlOH、AlFeOH 和 AlMgOH 弯曲振动则分别位于 915 cm^{-1}、839 cm^{-1} 和 794 cm^{-1}处；Al—O—Si 和 Si—O—Si 弯曲振动发生于 520 cm^{-1} 和 467 cm^{-1}。六偏磷酸钠改良前、后，钙基膨润土 FTIR 图谱基本一致，但改良土部分特征吸收峰所对应的波数明显增大，为增色位移[见图 2-35(b)(c)]。如经 2%和 8%六偏磷酸钠改良后，钙基膨润土结构中—OH 伸缩振动由 3 626 cm^{-1}增为 3 627 cm^{-1}；自由水—OH 伸缩振动由 3 439 cm^{-1} 增大至 3 440 cm^{-1}和 3 443 cm^{-1}，自由水—OH 弯曲振动由 1 640 cm^{-1}增加到 1 643 cm^{-1}。此外，AlAlOH、AlFeOH 和 Al—O—Si 的弯曲振动波数亦增加了 2~5 cm^{-1}。以上增色位移现象表明，膨润土对磷酸盐的吸附为化学吸附[4]。

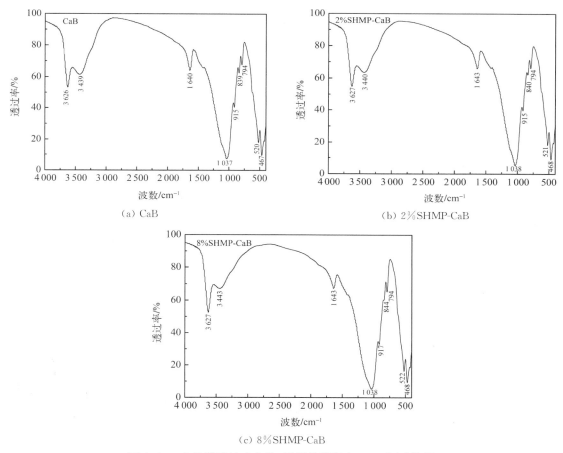

(a) CaB

(b) 2%SHMP-CaB

(c) 8%SHMP-CaB

图 2-35　六偏磷酸钠改良前、后钙基膨润土 FTIR 测试结果

　　磷酸根吸附到 Al-OH 基团的机理包括：①磷酸根与土体结构表面—OH 发生离子交换作用；②土体表面矿物分解产生 Al^{3+}，进而引发沉淀作用。因此，磷酸根可通过形成内层配合物或形成 Al-O-P-OH 表面沉淀物的方式强烈吸附于膨润土上，可能存在的分子结构如图 2-36 所示。

表 2-17　钙基膨润土 FTIR 试验分析结果

波数/cm^{-1}	基团及振动类型
3 626	土体结构的—OH 伸缩振动(结合水)
3 439，1 640	H_2O 的—OH 伸缩振动(自由水)
1 037	Si—O 伸缩振动
915	AlAlOH 弯曲振动
839	AlFeOH 弯曲振动
794	AlMgOH 弯曲振动
520	Al—O—Si 弯曲振动
467	Si—O—Si 弯曲振动

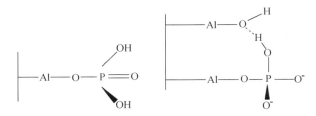

图 2-36　磷酸根与土体表面基团结合的分子结构[4]

2.5.2　CMC 改性膨润土 FTIR 光谱分析

图 2-37 为 CMC、未改性膨润土和 CMC 改性膨润土 FTIR 光谱结果。为进一步明确 CMC 插层效果，表 2-18 汇总了 CMC、未改性膨润土和 CMC 改性膨润土 FTIR 光谱中基团振动模式及其所对应振动谱带。结合 CMC 分子结构(见图 2-1)和基团标准谱图分析[48-49]，FTIR 光谱给出 CMC 基团的特征振动模式包括：①位于 2 918 cm^{-1} 的烷基 CH_2 基团反对称伸缩振动[ν(CH_2)]谱带；②位于 1 605 cm^{-1} 和 1 420 cm^{-1} 的 COO—基团对称伸缩振动[ν(COO—)]谱带；③位于 1 327 cm^{-1} 的羧酸 C—OH 化学键(羧酸羧基上的 OH 与羰基的 C 原子直接相连，键长 0.131 nm)面内弯曲振动[δ(C—OH)]谱带；④位于 1 269 cm^{-1} 的羧酸 C—OH 化学键伸缩振动[ν(C—OH)]谱带；⑤位于 1 056 cm^{-1} 的与烷基 CH_2 相连的 C—O 伸缩振动[ν(C—O)]谱带；⑥位

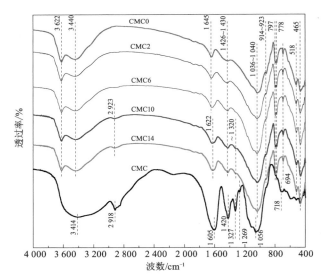

图 2-37　CMC、未改性膨润土、CMC 改性膨润土 FTIR 光谱

于 718 cm^{-1} 的 COO—基团弯曲振动［δ(COO—)］谱带。此外,与羧基 COOH 基团相连的 CH$_2$ 基团产生伸缩振动［ν(CH$_2$)$_{COOH}$］同样位于 1 420 cm^{-1}。位于 3 414 cm^{-1} 的宽振动谱带则是由于 CMC 中液态水的伸缩振动。

表 2-18　CMC、未改性膨润土、CMC 改性膨润土振动模式和对应波数

振动模式	振动谱带/cm^{-1}					
	CMC	CMC0	CMC2	CMC6	CMC10	CMC14
ν(O—H)	—	3 622	3 622	3 622	3 622	3 622
ν(H$_2$O)	3 414	3 440	3 440	3 440	3 440	3 440
ν(CH$_2$)	2 918	—	—	—	2 923	2 923
ν(COO—)	1 605	—	—	—	—	—
δ(H$_2$O)		1 645				
ν(COO—)与δ(H$_2$O)联动	—		1 640	1 638	1 624	1 622
ν(COO—)、ν(CH$_2$)$_{COOH}$	1 420					
ν(CO$_3^{2-}$)		1 430	1 430			
ν(COO—)、ν(CH$_2$)$_{COOH}$ 和 ν(CO$_3^{2-}$)联动				1 429	1 426	1 426
δ(C—OH)	1 327				1 317	1 320
ν(C—OH)	1 269					
ν(C—O)	1 056					
ν(Si—O—Si)		1 036				
ν(C—O)与ν(Si—O—Si)联动			1 038	1 040	1 040	1 040
δ(Al—OH)		914	917	918	917	923
ν(SiO$_2$)	—	797、778、694	797、778、694	797、778、694	797、778、694	797、778、694
δ(COO—)	718					
δ(Si—O—Al)	—	520	520	518	518	518
δ(Si—O—Si)	—	465	465	465	465	465

注:表中 ν 表示伸缩振动,δ 表示弯曲振动。

对于未改性膨润土(CMC0 试样),3 622 cm^{-1} 处出现尖锐的 O—H 基团伸缩振动［ν(O—H)］谱带;3 440 cm^{-1} 和 1 645 cm^{-1} 为膨润土层间吸附水所引起的 O—H 伸缩振动［ν(H$_2$O)］谱带;1 036 cm^{-1} 反映了蒙脱石黏土矿物中硅氧四面体中 Si—O—Si 反对称伸缩振动［ν(Si—O—Si)］[50-51];797 cm^{-1}、778 cm^{-1} 和 694 cm^{-1} 为膨润土中石英(SiO$_2$)的 Si—O—Si 对称伸缩振动［ν(Si—O—Si)］振动谱[52]。此外,位于 1 430 cm^{-1} 和 914 cm^{-1} 的振动谱带较弱,分别反映 CO$_3^{2-}$ 的伸缩振动［ν(CO$_3^{2-}$)］和蒙脱石或高岭石黏土矿物中 Al—OH 所产生的弯曲振动［δ(Al$_2$OH)］[50]。位于 520 cm^{-1} 和 465 cm^{-1} 的振动谱带归因于铝氧八面体 Si—O—Al 和 Si—O—Si 的弯曲振动［δ(Si—O—Al)、δ(Si—O—Si)］[50, 53]。

CMC 改性膨润土改性效果评价可结合前述 CMC 和未改性膨润土 FTIR 光谱进行分析。CMC 改性膨润土的 FTIR 光谱显示,当膨润土中 CMC 掺量增至 10% 时,光谱上出现 2 923 cm^{-1} 和 1 317～1 320 cm^{-1} 振动谱带,表明存在烷基 CH$_2$ 基团反对称伸缩振动和羧酸

C—OH 化学键面内弯曲振动。与 CMC0 试样结果相比，CMC 改性膨润土原 1 645 cm⁻¹、1 430 cm⁻¹ 和 1 036 cm⁻¹ 处振动谱带显著地向邻近 CMC 试样振动谱带偏移（见表 2-18），且位移量随膨润土中 CMC 掺量增加而增大。这分别表明 CMC 改性膨润土中 ν(COO—) 与 δ(H₂O)、ν(COO—)[包括 ν(CH₂)$_{COOH}$ 与 ν(CO₃²⁻)]，以及 ν(C—O) 与 ν(Si—O) 产生振动耦合[33,49]。由此可以判断羧甲基纤维素分子链（—CH₂—COOH）插层于 CMC 改性膨润土中。此外，由于 CMC 在 914 cm⁻¹ 振动频率处不存在振动谱带，因此 δ(Al—OH) 引起的 914 cm⁻¹ 所对应振动谱带随膨润土中 CMC 掺量增加而减弱，并且振动频率出现明显红移。然而，CMC 改性膨润土 FTIR 光谱上未在位于 1 269 cm⁻¹ 和 718 cm⁻¹ 处发现由 ν(C—OH) 和 δ(COO—) 引起的振动谱带。另一方面，CMC 改性后表征 ν(SiO₂)、δ(Si—O—Al) 和 δ(Si—O—Si) 的振动谱带未发生位移改变（见表 2-18）。

综合 XRD 谱图和 FTIR 光谱分析，本研究认为 CMC 改性作用下实现了 CMC 分子链插层膨润土中蒙脱石黏土片层。结合表 2-14 所给出各类微观结构所对应 XRD 谱图特点，可认为 CMC 改性膨润土黏土颗粒具有部分插层和部分剥离共存的微观结构。

2.5.3 聚阴离子纤维素改性材料 FTIR 分析

图 2-38 为未污状态下未改良土 CB、改良土 PB 和改良土 XB 的 FTIR 测试结果。为进一步明确 PAC 和 XG 的插层效果，表 2-19 中总结了聚阴离子纤维素 PAC、黄原胶 XG 以及三种膨润土的 FTIR 谱图中各试样的基团振动模式及其对应的振动谱带。由图可知，PAC 的主要特征吸收峰包括位于 3 434 cm⁻¹ 处的醇羟基 ν(OH) 伸缩振动，位于 2 918 cm⁻¹ 处的烷基 ν(—CH₂) 伸缩振动，分别位于 1 580 cm⁻¹ 处和 1 425 cm⁻¹ 处的羧基 ν(COO—) 反对称和对称伸缩振动，位于 1 103 cm⁻¹ 处的醚基 ν(C—O—C) 伸缩振动，位于 608 cm⁻¹ 处的宽吸收峰为 δ(OH) 面外弯曲振动。XG 的主要吸收峰包括：位于 3 442 cm⁻¹ 处的醇羟基 ν(OH) 伸缩振动，位于 2 922 cm⁻¹ 处的烷基 ν(—CH₂) 伸缩振动，分别位于 1 631 cm⁻¹ 和 1 419 cm⁻¹ 处的羧基 ν(COO—) 反对称和对称伸缩振动，位于 1 091 cm⁻¹ 处的醚基 ν(C—O—C) 伸缩振动，位于 610 cm⁻¹ 处的宽吸收峰为 δ(OH) 面外弯曲振动。

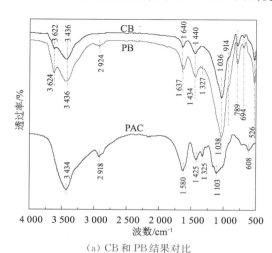
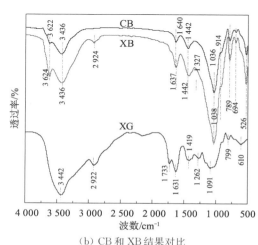

（a）CB 和 PB 结果对比　　　　　　（b）CB 和 XB 结果对比

图 2-38　未改良土 CB、改良土 PB 和 XB 的 FTIR 测试结果

未改良膨润土 CB 试样在 3 622 cm^{-1} 处出现了尖锐的羟基 ν(OH) 的伸缩振动，此处的羟基为 Al—OH；位于 3 436 cm^{-1} 处和 1 640 cm^{-1} 处的吸收峰为膨润土层间的结合水所引起的 ν(H$_2$O) 伸缩振动；位于 1 430 cm^{-1} 处的吸收峰为膨润土中碳酸根的 ν(CO$_3^{2-}$) 伸缩振动；位于 1 036 cm^{-1} 处的吸收峰表征了蒙脱石片层中硅氧四面体中 Si—O—Si 键的 ν(Si—O—Si) 反对称伸缩振动；789 cm^{-1} 和 694 cm^{-1} 处出现的吸收峰为膨润土中石英的 ν(Si—O—Si) 对称伸缩振动；914 cm^{-1} 处的较弱吸收峰则为黏土矿物中的 Al—OH 所产生的 δ(Al$_2$OH) 弯曲振动；位于 526 cm^{-1} 处的吸收峰为蒙脱石中铝氧八面体的 δ(O—Al—O) 弯曲振动。

表 2-19　聚合物和膨润土的振动模式及吸收峰位

振动模式	吸收峰位 / cm^{-1}						
	PAC	XG	CB	PB	XB	PB-40	XB-40
ν(O—H)	3 434	3 442	3 622	3 624	3 624	3 624	3 624
ν(H$_2$O)	—	—	3 436	3 436	3 432	3 436	3 432
ν(CH$_2$)	2 918	2 922	—	2 924	2 924	2 924	2 924
δ(H$_2$O)	—	—	1 640	—	—	—	—
ν(COO—)	1 580	1 631	—	—	—	—	—
ν(COO—) 与 δ(H$_2$O) 联动	—	—	—	1 637	—	1 630	—
ν(COO—)、ν(CH$_2$)$_{COOH}$	1 425	1 419	—	—	—	—	—
ν(CO$_3^{2-}$)	—	—	1 430	—	—	—	—
ν(COO—)、ν(CH$_2$)$_{COOH}$ 和 ν(CO$_3^{2-}$) 联动	—	—	—	1 440	1 434	1 438	1 440
δ(C—OH)	1 325	1 262	—	1 327	—	—	—
ν(C—O—C)	1 103	1 091	—	—	—	—	—
ν(Si—O—Si)	—	—	1 036	—	—	—	—
ν(C—O—C) 与 ν(Si—O—Si) 联动	—	—	—	1 038	1 036	1 038	1 038
δ(Al—OH)	—	—	922	922	922	922	922
ν(SiO$_2$)	—	—	787	—	—	—	—
δ(COO—)	—	744	—	—	—	—	—
ν(SiO$_2$) 与 δ(COO—) 联动	—	—	—	787	787	787	787
δ(OH)	608	610	—	—	—	—	—
δ(Si—O—Al)	—	—	526	526	526	526	526
δ(Si—O—Si)	—	—	465	465	465	465	465

注：ν 为伸缩振动，δ 为弯曲振动。

改良膨润土 PB 试样位于 2 924 cm^{-1} 处出现了特征吸收峰,表明改良土中存在烷基 (CH$_2$)基团;位于 1 637 cm^{-1} 处的吸收峰更为尖锐明显,此处羧基的 ν(COO—)伸缩振动与膨润土层间结合水的 δ(H$_2$O)弯曲振动耦合;位于 1 327 cm^{-1} 处的吸收峰为醇羟基的 δ(C—OH)弯曲振动;位于 1 038 cm^{-1} 处的吸收峰向左偏移,且更加尖锐明显,此处为 ν(C—O—C)与 ν(Si—O—Si)的伸缩振动耦合,表明改良土中存在羧酸中的羰基官能团。对于改良膨润土 XB 的 FTIR 谱图,位于 2 924 cm^{-1} 处出现了特征吸收峰,表明改良土 XB 中存在烷基(CH$_2$)基团;位于 1 637 cm^{-1} 处的吸收峰更为尖锐明显,此处羧基的 ν(COO—)伸缩振动与膨润土层间结合水的 δ(H$_2$O)弯曲振动耦合;位于 1 038 cm^{-1} 处的吸收峰向左偏移,且更加尖锐强烈,此处为 ν(C—O—C)与 ν(Si—O—Si)的伸缩振动耦合,表明改良土中存在羧酸中的羰基官能团。

综合 XRD 谱图和 FTIR 光谱分析,本研究认为 PAC 和 XG 改良作用下,形成了聚合物分子链与膨润土(蒙脱石)片层的插层结构,结合聚合物/层状硅酸盐复合材料微观结构的定义[33],认为改良土 PB 和 XG 的黏土颗粒具有部分插层和部分剥离共存的微观结构。

此外,图 2-39 为聚合物改良膨润土受 Pb(NO$_3$)$_2$ 溶液污染前后的 FTIR 结果。图 2-39(a)中的改良土 PB 的 FTIR 结果显示,在受到重金属 Pb 作用后的 PB-40 试样,位于 3 622 cm^{-1} 处的羟基 ν(O—H)伸缩振动强度减弱,表明层间结合水减少;位于 3 440 cm^{-1} 的膨润土结合水中的羟基伸缩振动 ν(H$_2$O)强度减弱,表明膨润土层间吸附水的含量减少;位于 1 627 cm^{-1} 处的 ν(COO—)伸缩振动与结合水的 δ(H$_2$O)弯曲振动耦合,强度减弱,表明改良土 PB-40 中的部分羧基与重金属发生了螯合吸附,因此振动减弱;位于 1 038 cm^{-1} 处的 ν(C—O—C)伸缩振动与 ν(Si—O—Si)伸缩振动耦合,强度减弱,亦反映了改良土中的羧基因螯合吸附作用,振动减弱。对于图 2-39(b)中的改良土 XB,其污染前后的 FTIR 谱图亦出现了上述规律。

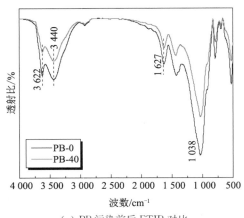
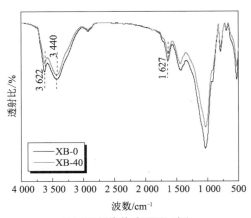

(a) PB 污染前后 FTIR 对比　　　　　　　　(b) XB 污染前后 FTIR 对比

图 2-39　铅污染前后改良土 PB 和 XB 的 FTIR 测试结果

2.5.4　碱激发材料 FTIR

傅里叶红外光谱是研究物质的结构及其化学与物理性质最常用的物理方法之一,常用于化合物的定性及结构分析。

进行上述微观试验前,需对测试块进行分割、干燥和喷碳等处理,具体步骤包括:①分割试块。取样方法与 X 射线衍射试验一样,收集试样内部碎片,从中按照 SEM、MIP 和 FTIR 试验的要求小心地掰开大约为 1 cm³ 拥有自然断面的试块。在整个选取试样的过程中要注意其新鲜的自然断面不被碰撞、敲击和用手触摸。②冻干。采用冻干的方法避免试样在风干或者烘干的干燥过程中发生收缩,进而影响原有的微观结构。采用液氮作为低温制冷剂,试样切好后放入 100 mL 塑料瓶中,在塑料瓶中注满液氮使试样急速冷却,然后立刻放入冻干机中。试验使用南京先欧 -18N 普通型冷冻干燥机,在放入试样前先启动压缩泵使冻干机温度达到 -80 ℃,然后放入经过液氮冷冻的试样,再打开真空泵进行抽真空。试样在冻干机中进行抽真空 24 h 以上可以认为试样已经完全冻干。③喷碳。为了使试样表面产生良好的导电性,需要在试样表面镀金或喷碳,以防止试样表面电荷积聚产生放电现象,影响图像质量。由于金的峰值与本研究待测元素锌存在部分重合,故非碳化试样采用喷碳的方法,而对于碳化试样,不进行镀金和喷碳处理,以免掺加的碳粉对碳化试样结果造成影响。其中 MIP 和 FTIR 只需要进行步骤①和②的处理即可。

傅里叶红外光谱可有效鉴别水化产物中的官能团波动,定性和半定量分析水化产物的共价键形成,进而验证上述水化产物的类型。从图 2-40 可知,H—O—H 官能团分支较宽,主要分布在 1 650 cm⁻¹ 和 3 500～3 620 cm⁻¹,表明水化产物中可能存在水镁石[$Mg(OH)_2$]和氢氧化钙[$Ca(OH)_2$]。在 1 424～1 430 cm⁻¹ 有 —CO_3^{2-} 的官能团波动,此处可能有碳酸铅($PbCO_3$)或者碳酸镁($MgCO_3$)产物的形成[54]。经过 Pb-Zn 渗透后有—CO_3^{2-} 的官能团峰值高于 Na_2SO_4 渗透试样。而在 1 116～1 118 cm⁻¹ 处有硫酸根(—SO_4^{2-})官能团波动,此处主要由钙矾石(AFt)构成[55-56]。且在 Na_2SO_4 渗透后的硫酸根(—SO_4^{2-})官能团波动幅度增大。此结果可证明 Na_2SO_4 渗透后的 MSB 竖向屏障中钙矾石(AFt)生成量增加。在 980 cm⁻¹ 处有 Si—O 官能团波动,此处主要可能有 C-S-H 形成。在 690 cm⁻¹ 处有 Al—O 官能团波动[57],可推断为形成了 Ht 等含 Al 和 Mg 的水化产物。依据其他学者的研究结果,在 530 cm⁻¹ 处有 Si—O—X 官能团波动,可能由 Mg 嵌入 Si—O 中形成的波动,可判定形成了 M-S-H。

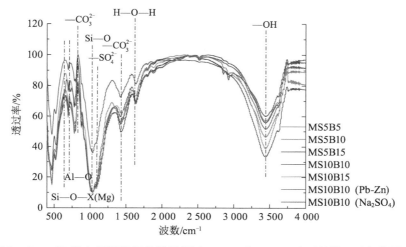

图 2-40　MSB 竖向屏障常规养护及经过 Na_2SO_4 和 Pb-Zn 渗透的傅里叶红外图谱

2.6 表面电位和黏粒粒径表征

Zeta 电位可表征胶态体系分散的稳定性，是对颗粒间引力/斥力强度的度量。Zeta 电位绝对值越低，颗粒越倾向于凝聚或絮凝，体系分散性差；反之，分散作用可抵抗聚集作用，体系分散、稳定。测量步骤为：(1)在塑料瓶中将测试土样与去离子水配成 1% 的浆液[土水比＝1∶10(质量比)]，旋紧瓶盖；(2)将塑料瓶和浆液置于翻转仪中翻转 24 h 后，取混合均匀的土浆用去离子水稀释 100 倍；(3)取稀释浆液 20～30 mL，在 Zeta-Meter 3.0＋电位测量仪上进行 Zeta 电位测量。每组试样制备两个平行样，平行样测试结果的标准差和变异系数分别小于 1.3 mV 和 0.3%。

2.6.1 六偏磷酸钠改性材料 Zeta 电位

图 2-41 为改良前、后膨润土试样和砂-膨润土试样的 Zeta 电位测试结果。由图可知，钙基膨润土颗粒表面呈负电势($\zeta = -4.6$ mV)，经 2% 六偏磷酸钠改良后，钙基膨润土试样 Zeta 电位变为 -10.8 mV，表明改良作用增强了土颗粒表面负电势，体系分散性和稳定性得到提高。六偏磷酸钠改良后，钙基膨润土大颗粒被分离，土粒尺寸减小(见图 2-5)。因此，本研究增强的负电势除受带负电的磷酸根影响外，亦与改良后土颗粒粒径尺寸变化有关。改良前、后，砂-膨润土试样中 Zeta 电位变化规律与膨润土试样相同，但负电势的增强幅度相对

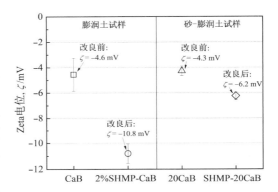

图 2-41 六偏磷酸钠改良前、后钙基膨润土材料的 Zeta 电位

较小，这可能与砂-膨润土试样悬液中膨润土含量较低有关。

2.6.2 聚阴离子纤维素改性材料 Zeta 电位

Zeta 电位可表征黏粒胶体表面的电负性，是对颗粒间引力/斥力强度的度量。Zeta 电位的绝对值越大，颗粒电负性越强，颗粒间越倾向于分散、稳定；反之，颗粒表面电负性越小，颗粒之间越倾向于絮凝、团聚。图 2-42 为受 $Pb(NO_3)_2$ 溶液污染前后的 CB、PB 和 XB 试样的 Zeta 电位测试结果。对于未污染的三种试样，改良土 PB 和改良土 XB 的 Zeta 电位显著高于未改良土 CB，CB、PB 和 XB 三者的数值依次为 -37.1 mV、-53.7 mV 和 -44.4 mV(详见表 2-20)，表明聚合物的改良作用增强了土颗粒表面负电势，膨润土浆液体系的分散性和稳定性得到提高。经过 PAC 和 XG 改良后，膨润土的 Zeta 电位降低的原因为 PAC 和 XG 聚合物均为阴离子型聚合物，聚合物分子链本身带较多的负电荷，因此添加到膨润土中，进一步降低了改良土的负电势。此外，胶体体系的 Zeta 电位与粒子尺寸密切相关，尺寸越小，体系 Zeta 电位绝对值越高。膨润土分别经过聚阴离子纤维素和黄原胶改良后，部分膨润土颗粒被插入层间的聚合物分子链撑开，并形成剥离结构，导致土粒粒径

减小,这一推断将通过黏粒粒径分布进行验证。

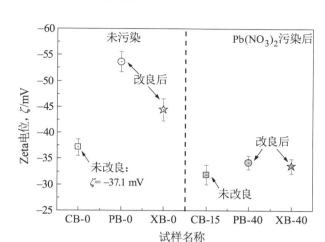

图 2-42　污染前后 CB、PB 和 XB 的 Zeta 电位

表 2-20　污染前后 CB、PB 和 XB 的 Zeta 电位结果参数统计

试样名称	Zeta 电位,ζ / mV			平均值 ζ / mV	标准差 SD_ζ / mV	变异系数 Cov / %	误差限 / mV
	平行样 1	平行样 2	平行样 3				
CB-0	−38.0	−36.4	−37.0	−37.1	0.66	−1.8	1.6
PB-0	−52.5	−54.5	−54.0	−53.7	0.85	−1.6	2
XB-0	−44.0	−45.6	−43.5	−44.4	0.90	−2.0	2.1
CB-15	−31.4	−31.2	−33.1	−31.9	0.85	−2.7	1.9
PB-40	−33.5	−33.9	−34.8	−34.1	0.54	−2.8	1.3
XB-40	−33.6	−32.8	−34.2	−33.5	0.57	−1.7	1.4

在受到重金属 Pb 作用后,三种试样的 Zeta 电位均明显降低,且三者的 Zeta 电位数值差异减小,CB、PB 和 XB 三者的数值依次为−31.9 mV、−34.1 mV 和−33.5 mV,三种试样 Zeta 电位两两之间的差值均不超过 2.2 mV。这是由于三种膨润土受到污染后,膨润土吸附了一定量的重金属 Pb,带负电的膨润土颗粒与聚合物分子链通过铅离子(Pb^{2+})的架桥作用结合,且分子链上的羟基(—OH)、羧基(—COOH)与 Pb^{2+} 配位,形成了螯合吸附作用,而阳离子桥接作用和螯合吸附均为不可逆过程,因此上述两种吸附方式均中和(降低)颗粒的负电势。

2.6.3　聚阴离子纤维素改性材料黏粒粒径分布

图 2-43 为马尔文激光粒度仪测定的未改良土 CB、改良土 PB 和 XB 的黏粒(2 μm)粒径分布结果。由图可知,经聚合物改良后,PB 和 XB 的黏粒粒径分布曲线整体向右偏移,即二者的黏粒粒径整体上减小。结合 XRD 测试分析结果,经过聚阴离子纤维素和黄原胶改良后,膨润土与聚合物形成插层型或剥离型共存的结构。其中的部分蒙脱石黏土矿物从尺

寸较大的团聚体变为平均尺寸较小的团聚体，甚至为单层的蒙脱石片层，因此在改良后膨润土的黏粒粒径整体减小。

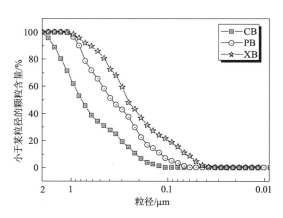

图2-43　未改良土CB、改良土PB和XB的黏粒粒径分布

此外，在经聚合物改良后，PB和XB的自由膨胀指数（SI）、比表面积（SSA）和Zeta电位均有不同程度的增大，这与XRD测试、黏粒粒径分布的结果相一致。聚合物改良膨润土的自由膨胀指数增大、黏粒粒径尺寸更小，意味着当其应用在防渗隔离屏障时，具有更小的孔隙，渗流路径更狭小、曲折，渗透系数更低。此外，改良土的Zeta电位绝对值更高，将有助于增强材料的吸附性能。

热反应动力学与孔隙分布特征表征

MSB竖向隔离屏障材料的水化产物及其在污染物作用下可能发生的化学反应机理可通过热反应动力分析（TDA）进行揭示，从而明确MSB竖向屏障材料与污染物相互作用的机理。

1. 热反应动力学分析

热反应动力学（Thermodynamic Analysis，TDA）是一种有效预测水泥凝胶材料反应发生与否和反应程度的重要手段，也可通过热反应动力学方法推断和分析MSB竖向屏障材料、水泥基竖向屏障材料与污染物相互作用的稳定性。通过化学反应动力方程（2-5）可知，化学反应的吉布斯（Gibbs）反应自由能（ΔG_r，kJ/mol）与反应温度T、反应压力p和反应物质的量n密切相关。单位摩尔反应吉布斯自由能（ΔG_f^0，kJ/mol）可定义为1 mol反应产物在298.15 K和1个大气压条件（1×10^5 Pa）下释放的能量。在计算各个反应产物过程中，可认为氧气（O_2）和氢离子（H^+）的ΔG_f^0为零。其他常规反应产物如C-S-H、AFt和Ht等的ΔG_f^0可从文献及化学反应数据库中获取。对于实际过程中反应的吉布斯自由能（ΔG_r^0），可根据反应温度T、反应压力p和反应物质的量n进行计算。当$\Delta G_r^0 < 0$时，表示反应可自发进行；$\Delta G_r^0 \geqslant 0$，表示该反应需要额外提供能量。反应吉布斯自由能ΔG_r^0的计算方程可依据式（2-6）[58]

$$dG = -SdT + V\,dp + \sum_i u_i dn_i \qquad (2\text{-}5)$$

$$\Delta G_r^0 = \sum u_i \Delta G_f^0 = -RT\ln K_{s0} \qquad (2\text{-}6)$$

式中：S和ν——反应常量；

T,p和n——反应温度（K）、反应压力（Pa）和反应物质的量（mol）；

u_i——反应计量系数；

R——常数，8.314 J/(mol·K)；

K_{s0}——该反应方程的反应平衡常数，即反应产物的溶解度。

K_{s0} 可用来表征反应的进行程度，与液相中的离子活动系数有关。K_{s0} 越大，表明该反应进行程度越高，且该反应趋向于进行方向。以反应方程 $CaSO_4 \cdot 2H_2O \rightarrow Ca^{2+} + SO_4^{2-} + 2H_2O$ 为例，其中石膏的 K_{s0} 计算公式如式（2-7）所示。

$$K_{s0} = e^{\frac{-\Delta G_r^0}{RT}} = \frac{\{CaSO_4 \cdot 2H_2O\}}{\{Ca^{2+}\}\{SO_4^{2-}\}\{H_2O\}^2} \tag{2-7}$$

对于较复杂的反应，对应的 ΔG_f 计算公式如式（2-8）和式（2-9）所示：

$$m\text{A} + n\text{B} + r\text{C} + \cdots \rightarrow s\text{T} \tag{2-8}$$

$$\Delta G_f = \Delta G_r^0 + RT\ln\left\{\frac{\text{T}^s}{\text{A}^m \cdot \text{B}^n \cdot \text{C}^r \cdots}\right\} = RT\ln\left\{\frac{IAP}{K_{s0}}\right\} = RT\ln\beta \tag{2-9}$$

式中：IAP——离子活度积；

　　　β——饱和指数。

当 $\beta = 1$ 表明固液相已达到平衡状态；当 $\beta > 1$ 表示溶液处于过饱和状态；当 $\beta < 1$ 表示溶液中液相未达到平衡。以上所有反应均发生在恒定温度，即反应熵（S）为恒定常量。

考虑试验 MSB 竖向屏障的反应物质和接触的污染液（Na_2SO_4 和 Pb-Zn），可通过 Visual Minteq 3.1 和统计调研初步预判可能存在的化学反应矿物。各个化学反应矿物相对应的热动力学参数如表 2-21 所示。室内试验温度 $T = 20\ ℃$，气压为标准大气压 $p = 1 \times 10^5\ Pa$。通过公式（2-9）和统计分析[59]，该温度和压力下各个可能存在的矿物反应方程的 ΔG_f 结果如表 2-22 所示。标准养护条件下，常规水泥基竖向屏障（Ref、CB 和 CSB）中反应 1～3（表 2-22 中）可自发进行；对于 MSB 竖向屏障，GGBS 可在 MgO 碱性激发作用下发生 Ca—O、Mg—O、Al—O—Al、Si—O—Si 和 Al—O—Si 断键重组，生成系列水化产物。通过反应动力学可知，反应 4 无法自发进行。MgO 颗粒与水体接触充当电子（e）供体[60-61]，溶液呈碱性环境，导致 GGBS 发生断键重组。

表 2-21　矿物和元素反应的吉布斯自由能统计表[62-63]

矿物种类	$\Delta G_r/(kJ \cdot mol^{-1})$	矿物种类	$\Delta G_r/(kJ \cdot mol^{-1})$
$OH^-(aq)$	−157.34	$H_2O(aq)$	−237.19
$SO_4^{2-}(aq)$	−744.44	$Ca^{2+}(aq)$	−553.52
$Ca(OH)_2(s)$	−898.48	$MgO(s)$	−569.23
$CaSO_4 \cdot 2H_2O(s)$	−1 797.04	$Mg(OH)_2(s)$	−833.56
$SiO(OH)_3^-(aq)$	−1 253.98	$Al(OH)_4^-$	−1 295.2
$Mg^{2+}(aq)$	−454.89	CO_3^{2-}	−527.83
OH-hydrotalcite	−6 365.50	CO_3-hydrotalcite	−6 342.97

（续表）

矿物种类	$\Delta G_r/(kJ \cdot mol^{-1})$	矿物种类	$\Delta G_r/(kJ \cdot mol^{-1})$
Tobermorite-I	$-4\ 370.50$	Tobermorite-II	$-3\ 277.87$
$CaCO_3(s)$	$-1\ 129.00$	$MgCO_3(s)$	$-1\ 029.72$
$CaMg(CO_3)_2(s)$	$-2\ 161.78$	SO_4^{2-}	-742.0
$Pb^{2+}(aq)$	-71.4	$Zn^+(aq)$	-147

竖向屏障与污染溶液接触时，当竖向屏障遭到外界硫酸根侵蚀（如 Na_2SO_4 溶液）会产生大量的石膏，如反应 $10\sim11$ 所示，在孔隙液中 Ca 和 Al 存在时，会产生一定量的钙矾石（AFt）。当在外界 Pb-Zn 溶液的作用下，自由态的 Pb 和 Zn 离子会与碱性孔隙液生成 $Pb(OH)_2$ 和 $Zn(OH)_2$ 悬浊液。在实际地下水环境下（富含大量 HCO_3^-），$Pb(OH)_2$ 和 $Zn(OH)_2$ 会自发生成 $PbCO_3$ 和 $ZnCO_3$。反应 $15\sim16$ 中的 $MgCO_3$ 和 $CaCO_3$ 沉淀无法自发进行，该反应需要从外界吸收热量。

根据反应动力学可知，吉布斯自由能 ΔG_r^0 负值越大，表示反应进行的优先级越高。因此，当孔隙液中的 Mg^{2+} 不充足时（假定其他离子如 Ca^{2+}、Al^{3+} 等充足），反应式优先级先后顺序为 $9>8>7>6>5$。如对比反应 5 的水镁石 $Mg(OH)_2$ 和反应 8 的水滑石 Ht 反应平衡常数 K_{s0} 计算结果如式(2-10)和式(2-11)所示。

$$K_{s0}(Brucite) = e^{\frac{-\Delta G_r^0}{RT}} = e^{25.8} = \frac{\{Mg(OH)_2\}}{\{Mg^{2+}\}\{OH^-\}^2} \tag{2-10}$$

$$K_{s0}(Hydrotacite) = e^{\frac{-\Delta G_r^0}{RT}} = e^{132.7} = \frac{\{Mg_4 \cdot Al_2(OH)_{14} \cdot 3H_2O\}}{\{Mg^{2+}\}^4 \{Al(OH)_4^-\}^2 \{CO_3^{2-}\}\{OH^-\}^4 \{H_2O\}^3} \tag{2-11}$$

式中未饱和 $\{Mg^{2+}\}$ 的活度 <1，而 $\{Mg(OH)_2\}$、$\{Mg_4 \cdot Al_2(OH)_{14} \cdot 3H_2O\}$ 和 $\{H_2O\}$ 假定为 1。当 $\{Mg^{2+}\}$ 的活度由 0 增长至某一定值，反应方程 8 比 5 先达到平衡状态。与此类似，当孔隙液中 Ca^{2+} 不充足时（假定其他离子如 Mg^{2+}、Al^{3+} 等充足），反应式 1 将优先于反应式 2 和 3 发生。

表 2-22　反应产物的吉布斯自由能统计表[62-66]

反应序号	反应产物	反应方程	$\Delta G_r/(kJ \cdot mol^{-1})$
1	Tobermorite-I (C-S-H)	$2Ca^{2+}+2.4SiO(OH)_3^-+1.6H_2O \longrightarrow [Ca(OH)_2]_2 \cdot (SiO_2)_{2.4}(H_2O)_2(s)+0.4H_2O$	-650.57
2	Tobermorite-II (C-S-H)	$1.5Ca^{2+}+1.8SiO(OH)_3^-+1.2OH^- \longrightarrow [Ca(OH)_2]_{1.5} \cdot (SiO_2)_{1.8}(H_2O)_{1.5}(s)+0.3H_2O$	-72.78
3	C-A-S-H	$2Ca^{2+}+2Al(OH)_4^-+Si(OH)_4^-+OH^-+2H_2O \longrightarrow 2CaO \cdot Al_2O_3 \cdot SiO_2 \cdot 8H_2O(s)$	-126.49
4	Mg^{2+}	$MgO+H_2O \longrightarrow Mg^{2+}+2OH^-$	36.85
5	$Mg(OH)_2$	$Mg^{2+}+2OH^- \longrightarrow Mg(OH)_2$	-63.99
6	M-S-H	$3Mg^{2+}+6OH^-+4SiO_2 \longrightarrow 3MgO \cdot 4SiO_2 \cdot 3H_2O(s)$	-299.58

（续表）

反应序号	反应产物	反应方程	$\Delta G_r/(kJ \cdot mol^{-1})$
7	CO_3-hydrotalcite	$4Mg^{2+} + 2Al(OH)_4^- + CO_3^{2-} + 4OH^- + 3H_2O \longrightarrow$ $Mg_4Al_2(OH)_{12} \cdot CO_3 \cdot 3H_2O(s)$	-301.44
8	OH-hydrotalcite	$4Mg^{2+} + 2Al(OH)_4^- + 6OH^- + 3H_2O \longrightarrow$ $Mg_4Al_2(OH)_{14} \cdot 3H_2O(s)$	-328.99
9	$CaMg(CO_3)_2$	$Mg^{2+} + Ca^{2+} + 2HCO_3^- \longrightarrow CaMg(CO_3)_2(s) + 2H^+$	-434.58
10	$CaSO_4 \cdot 2H_2O$	$Ca(OH)_2(s) + SO_4^{2-} + 2H^+ \longrightarrow CaSO_4 \cdot 2H_2O(s)$	-154.12
11	$CaSO_4 \cdot 2H_2O$	$Ca^{2+} + SO_4^{2-} + 2H_2O \longrightarrow CaSO_4 \cdot 2H_2O(s)$	-24.7
12	AFt	$6Ca^{2+} + 2Al(OH)_4^- + 3SO_4^{2-} + 4OH^- + 26H_2O \longrightarrow$ $Ca_6[Al(OH)_6]_2(SO_4)_3 \cdot 26H_2O$	-44.9
13	$PbCO_3$	$Pb^{2+} + HCO_3^- \longrightarrow PbCO_3(s) + H^+$	-625.3
14	$ZnCO_3$	$Zn^{2+} + HCO_3^- \longrightarrow ZnCO_3(s) + H^+$	-174.85
15	$MgCO_3$	$Mg^{2+} + HCO_3^- \longrightarrow MgCO_3(s) + H^+$	12.01
16	$CaCO_3$	$Ca^{2+} + HCO_3^- \longrightarrow CaCO_3(s) + H^+$	11.36

2. MSB 材料 MIP 表征

MIP 是将样品放入饱和腔室后，使样品被汞包围，增加汞压使汞从试样表面孔隙压入。如果孔隙结构连续，当汞穿透最小孔径及大孔隙时即可得到汞压；如果孔隙结构不连续，汞可能会击破孔隙壁进入孔隙结构。压汞试验可测得部分中孔以及大孔的孔径分布。由于汞对一般固体不润湿，通过外压使得汞进入孔隙，压力越大，能进入的孔径越小，通过测量不同压力下孔中汞的量，即可知道相应孔径的孔体积。

本研究针对试样累积进汞量、孔隙分布结构的变化影响，定量分析竖向屏障材料的孔径大小及孔隙体积变化。试验采用 AutoPore Ⅳ 9510 全自动压汞仪进行测试，最大压力为 241 MPa。汞液在压力 p 下能够进入的土中孔隙直径 d 通过毛细管压力公式（2-12）计算得到：

$$d = -\frac{4\tau \cos \alpha}{p} \tag{2-12}$$

式中：d——土中孔隙直径（μm）；

　　　τ——汞液的表面张力（N/m）（本试验温度 25℃ 下为 4.84×10^{-4} N/mm）；

　　　α 和 p 分别为汞与土接触角（°）和施加的最大压力（MPa），本试验中分别为 139° 和 413 MPa。

养护 90 d 龄期下不同组分的 MSB 竖向屏障的累计进汞量如图 2-44 左图所示。从图中可以看出，在相同 GGBS-MgO 的掺量下，MSB 竖向屏障最终累计进汞量随着膨润土掺量的增长而显著增长。由于 MSB 竖向屏障在满足相同的坍落度下，较高膨润土竖向屏障（MS5B15）含水率更高，导致孔隙更大。而在相同膨润土掺量下，MS10B10 的累计进汞量小于 MS5B10。其主要由于 GGBS-MgO 增加后的水化产物 C-S-H 和 Ht 量增大，从而充填孔隙结构。

将 0.01～1 000 μm 的每个区间进行划分，可获得 MSB 竖向屏障孔隙分布图，如图 2-44 右图所示。从图中可知，MSB 竖向屏障孔隙主要分布在 0.2～0.4 μm、10～12 μm 和

100～200 μm 三个区间。当提高膨润土的掺量由 5％到 15％，位于 10～12 μm 和 100～200 μm 两区间的峰值均增大，而 GGBS-MgO 增加后这两个区间曲线下降。0.2～0.4 μm 区间的峰值无明显变化规律。

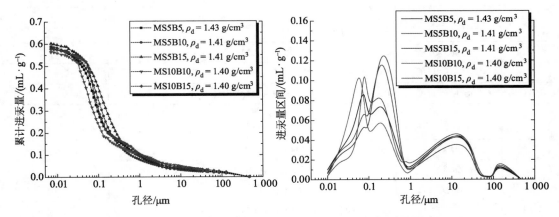

图 2-44 MSB 竖向屏障的累计进汞量(左)和孔隙区间图(右)

团聚体内部孔隙、团聚体间孔隙以及裂隙孔隙间存在孔隙直径界限，其中团聚体内部孔隙和团聚体间孔隙的直径界限值为 0.01 μm，而团聚体间孔隙和裂隙孔隙之间的直径界限值为 10 μm[67]。此外，根据孔隙直径大小差异，团聚体间孔隙能够进一步划分为三个不同径组：小于 0.01 μm、0.01～10 μm 和大于 10 μm。按照这一标准区分，可得到 MSB 竖向屏障中不同类型孔隙的体积分布和分布百分比情况，如图 2-45 所示。明显可见，随着膨润土掺量由 5％增长到 15％，MSB 竖向屏障中的孔隙总体积稳步增大，由 0.575 mg/L(MS5B5)增长至 0.596 mg/L(MS5B15)。团聚体间孔隙和裂隙孔隙的体积，尤其是团聚体间孔径为 0.01～10 μm 的孔隙体积随 MSB 掺量增长而增长的幅度最为明显。而团聚体内部孔隙体积随膨润土掺量增长出现一定程度的减小，但降幅较小。团聚体间孔隙体积的变化对试样总孔隙影响显著。而在相同膨润土掺量条件下，增加 GGBS-MgO 的掺量由 5％到 10％，总孔隙由 0.588 mg/L(MS5B10)降低至 0.561 mg/L(MS10B10)。其中 0.01～10 μm 孔径的孔隙体积随 MSB 掺量增长而减少的幅度十分明显。

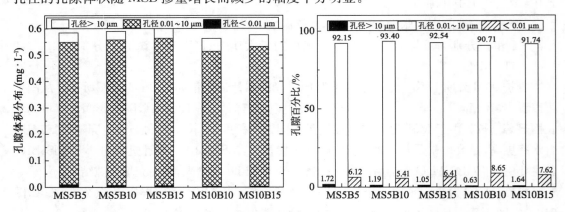

图 2-45 MSB 竖向屏障中不同类型孔隙的体积分布(左)和孔隙分布百分比(右)

2.8　改性机理分析

2.8.1　聚磷酸盐改性机理分析

综合六偏磷酸钠改良前后钙基膨润土微观特性的变化规律,认为六偏磷酸钠与钙基膨润土间相互作用的机理包括:(1) 离子交换作用。六偏磷酸钠中的 Na^+ 与钙基膨润土表面的 Ca^{2+}、Mg^{2+} 发生离子交换[68],增加了膨润土双电层厚度。(2) 化学吸附作用。磷酸根阴离子与土体表面裸露的铝原子、—OH 基团等相互作用,形成络合的阴离子(内层配合物)[4],土体表面负电势增强,进而增大土粒间斥力及土粒双电层厚度。(3) 空间位阻稳定作用(steric stabilization)。首先,六偏磷酸根与 Ca^{2+} 发生强烈络合作用,形成 1∶1 络合物,弱化了 Ca^{2+} 对土颗粒的絮凝作用[68];其次,偏磷酸根通过羟基与膨润土结合,在膨润土表面组成保护膜,有效防止土颗粒面-面缔合的形成[3, 69]。

已有关于聚合物改性钠基膨润土的报道指出,改性机理可分为三类[22-23, 70-71]:聚合物以层插方式介入黏土矿物片层,将土体片层撑开,间距增大(层插型);聚合物层插于黏土片层中,伴随有黏土片层的边-边缔合(层插-絮凝型);聚合物将黏土完全分离成单片结构(剥离型)。文献[72—73]则将聚合物改性钠基膨润土机理分为层插型、层叠剥离型和分散剥离型。

偏磷酸盐中可包含约 90% 的链状高分子多聚磷酸盐和约 10% 以不同程度聚合的环状偏磷酸盐[74-76]。参考聚合物对膨润土的改性机理类型,六偏磷酸钠对钙基膨润土的改良机理可分成层叠排列型和分散排列型(如图 2-46 所示)。改良前[图 2-46(a)],钙基膨润土片层呈面-面缔合或边-面缔合的团聚-絮凝结构;少量(≤2%)六偏磷酸钠作用下[图 2-46(b)],部分片层被分离,面-面缔合的片层间距被撑开,整体结构呈团聚-反絮凝的有序排列;继续增加六偏磷酸钠掺量[如 8%,图 2-46(c)],原本团聚的片层被完全分离成分散-反絮凝的分散排列结构。分散状态的膨润土具有尺寸较小、分布较均匀的孔隙,可增加渗透液的绕流路径[如图 2-47(b)所示],有利于膨润土材料渗透系数的降低及吸附性能的提高。

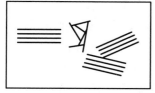

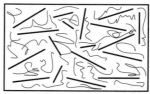

黏土片层

磷酸盐长链

(a) 团聚-絮凝　　　　(b) 团聚-反絮凝,层叠排列　　　　(c) 分散-反絮凝,分散排列

图 2-46　改良土体片层分离状态示意图

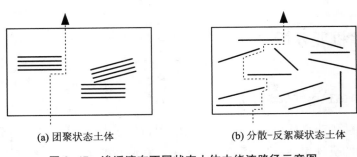

(a) 团聚状态土体　　　　　　　　　　(b) 分散-反絮凝状态土体

图 2-47　渗透液在不同状态土体中绕流路径示意图

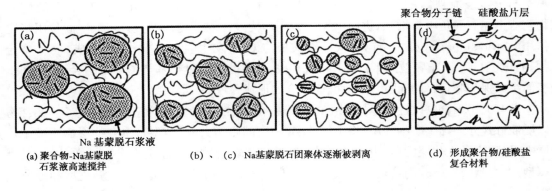

(a) 聚合物-Na基蒙脱　　　　(b)、（c）Na基蒙脱石团聚体逐渐被剥离　　　(d)　形成聚合物/硅酸盐
　　石浆液高速搅拌　　　　　　　　　　　　　　　　　　　　　　　　　　　复合材料

图 2-48　聚合物/硅酸盐片层"复合"过程示意图[77]

2.8.2　CMC 改性机理分析

　　CMC 改性膨润土本质上属于聚合物/层状硅酸盐复合材料。这里的聚合物特指阴离子聚合物。因此,其改性机理分析可以借鉴聚合物/层状硅酸盐复合材料插层分析研究方法。所谓"复合"作用是指将聚合物(例如 CMC)分子链插入层状硅酸盐(例如膨润土中蒙脱石黏土矿物片层)层间[33]。而这一插入作用可拆分为 2 个同步进行的过程(见示意图 2-48):(1) 通过剪切力(高速搅拌)或聚合热将层状硅酸盐剥离成纳米级基本结构单元,并使之均匀分散至聚合物基体[40];(2) 聚合物与层状硅酸盐(黏土矿物)间发生离子交换,由此使黏土矿物层间距增至允许聚合物分子链插入的程度[42]。聚合物/层状硅酸盐复合材料制备工艺中,"复合"作用具体的实现方法可分为插层聚合法和聚合物插层法 2 大类。其中,插层聚合法指先将聚合物单体分散,插层进入硅酸盐片层,而后引发原位聚合,利用聚合过程所释放的热量抵消硅酸盐片层间库仑力,进而实现硅酸盐片层与聚合物基体的复合。聚合物插层法则指聚合物熔体或溶液与层状硅酸盐混合,利用力化学或热力学作用使层状硅酸盐剥离成纳米尺度的片层,从而实现层状硅酸盐均匀分散于聚合物基体中。本研究中 CMC 改性膨润土制备即采用了聚合物插层法。CMC 分子链与膨润土的理想聚合物插层过程可通过示意图 2-49 简化表述。

　　聚合物/层状硅酸盐复合材料微观结构则可大致分为插层型和剥离型,如示意图 2-50 所示。插层型聚合物/层状硅酸盐复合材料的团聚体单元中层状硅酸盐保持其原有有序片

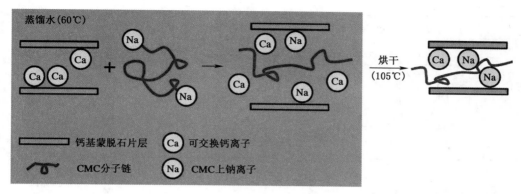

图 2-49 本研究中 CMC 改性膨润土的理想聚合物插层过程示意图[78]

层结构形式。这类复合材料的 XRD 谱图表现出强(001)面衍射峰,且衍射峰右移。剥离型聚合物/层状硅酸盐复合材料中层状硅酸盐有序片层结构由于大量聚合物分子链插入遭到破坏,呈无序形式。此时,硅酸盐片层间距可超出 X 射线衍射仪最小入射角 θ 所能确定的层间距 d。以 2θ 最小值为 $2°$ 为例,可测最大层间距为 4.4 nm。这在 XRD 谱图上表现为原(001)面衍射峰处的峰形显著变宽,甚

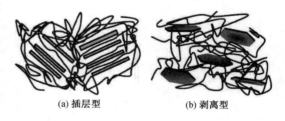

图 2-50 聚合物/层状硅酸盐复合材料微观结构示意图[78]

至难以分辨(001)面衍射峰。在插层型和剥离型 2 类理想微观结构基础上又可根据硅酸盐片层近程和远程有序的程度将两者细分为部分、有序和无序插层/剥离型等微观结构,通常所制备的材料均表现这些微观结构。表 2-23 汇总了常见聚合物/硅酸盐片层复合材料 XRD 谱图特点及所对应的微观结构案例。

表 2-23 各种聚合物/硅酸盐片层复合材料 XRD 谱图特点及其所对应的微观结构观测案例

微观结构	改性前层状硅酸盐 XRD 谱图	聚合物/层状硅酸盐 复合材料 XRD 谱图	透射电子显微镜(TEM) 观测微观结构案例[79]
相分离型	2θ	2θ	2 μm
有序插层型	2θ		25 nm

（续表）

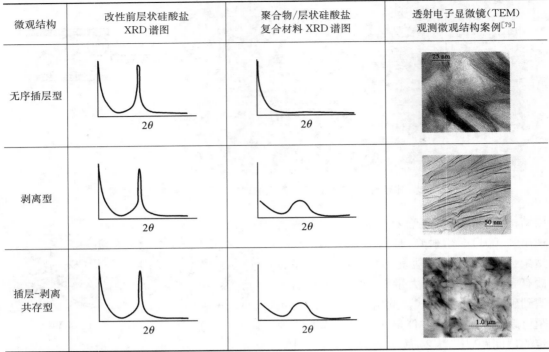

微观结构	改性前层状硅酸盐 XRD 谱图	聚合物/层状硅酸盐 复合材料 XRD 谱图	透射电子显微镜（TEM） 观测微观结构案例[79]
无序插层型	2θ	2θ	25 nm
剥离型	2θ	2θ	50 nm
插层-剥离 共存型	2θ	2θ	1.0 μm

注：典型的 TEM 图中的黑线和阴影团为层状矿物片层。

以聚合物/蒙脱石复合材料为例，说明表 2-23 中各型微观结构。在相分离型（phase-separated）的聚合物/蒙脱石复合材料中，由于蒙脱石片层所构成的团聚体未被聚合物分子链插层进入其层间，仍保持其原有团聚体形式。因此，其 XRD 谱图中仍保持有显著的蒙脱石（001）面特征衍射峰，且衍射峰所对应衍射角 2θ 与未改性蒙脱石试验结果一致。在插层型聚合物/蒙脱石复合材料中，若为有序插层型结构，则 XRD 谱图中通常出现多个对应于蒙脱石（001）面的特征衍射峰，不同衍射峰分别对应于聚合物分子链插层于蒙脱石层间后所产生的不同程度扩大的层间距。若为无序插层型结构，则 XRD 谱图上仅出现一个特征衍射峰，峰值出现的位置由于蒙脱石层间距的扩大呈左移趋势，并且由于复合材料体系中蒙脱石片层层间距的不均匀性，导致这一衍射峰强度减弱，半峰宽增宽，呈宽泛的衍射峰。对于剥离型聚合物/蒙脱石复合材料，无序和有序剥离结构下 XRD 谱图均不出现蒙脱石（001）面特征衍射峰，衍射曲线呈较平坦的曲线。此外，已有试验研究结合 XRD 和 TEM 分析指出单纯采用"插层"或"剥离"并不准确，实际中聚合物/黏土矿物复合材料微观结构普遍属于插层-剥离共存[22,80-82]。这一微观结构所对应的 XRD 谱图最大的特点是（001）面特征衍射峰强度减弱、宽度增大，并且由于多个较弱的衍射峰叠加使得衍射曲线出现一定的非晶体特征。

上文明确了结合 XRD 谱图分析评价聚合物/层状硅酸盐复合材料微观结构的研究方法。除此之外，已有研究可提供聚合物分子各种基团的振动分析和标准振动谱带，因此傅里叶变换红外光谱分析成为评价聚合物/层状硅酸盐复合材料中聚合物插层效果普遍使用的分析手段。以聚合物/黏土矿物复合材料插层效果评价为例，通过对比聚合物、未改性黏土矿物（见图 2-51）和聚合物/黏土矿物复合材料 FTIR 光谱，重点考察：（1）聚合物/黏土矿物复合材料 FTIR 光谱是否存在聚合物特有的振动谱带及其强弱。(2)聚合物/黏土矿物复合材料 FTIR 光谱中黏土矿物特征振动谱带位移。显然,聚合物成功插层时,该聚合物/黏土矿物复合材料 FTIR 光谱存在聚合物特征基团所对应的振动谱带,并且聚合物分子链插层的量越多,则该振动光谱越强烈;黏土矿物特征振动谱带倾向于向邻近聚合物特征振动谱带偏移。图 2-52 所示的即为聚吡咯/蒙脱石(2∶1 型黏土矿物)复合材料和 PEO/高岭石(1∶1 型黏土矿物)复合材料 FTIR 光谱案例。

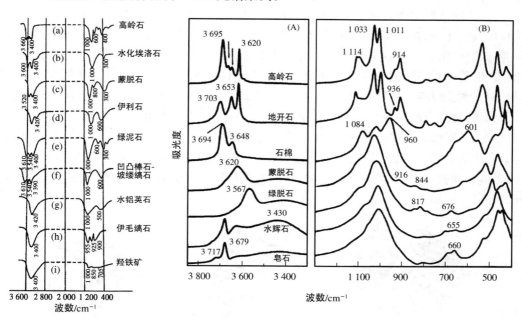

图 2-51　典型黏土矿物 FTIR 光谱图[50, 83]

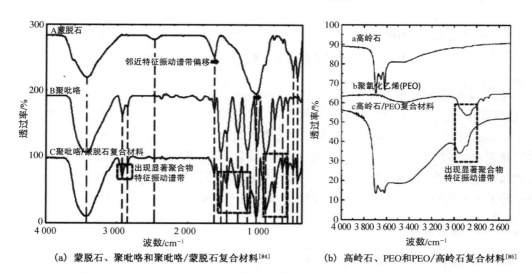

(a) 蒙脱石、聚吡咯和聚吡咯/蒙脱石复合材料[84]　　(b) 高岭石、PEO 和 PEO/高岭石复合材料[85]

图 2-52　聚合物、黏土矿物与聚合物/黏土矿物复合材料 FTIR 光谱对比

2.8.3　聚阴离子纤维素改性机理分析

综合以上聚阴离子纤维素和黄原胶改良前后膨润土微观特性的变化规律及相关文献调研结果,认为上述两种聚合物对膨润土的改良机理包括:(1)插层及剥离作用(见图2-53)。聚合物分子链在剪切力或聚合热作用下,插入膨润土双电层间,增大了层间距,使膨润土与聚合物的结合更稳定。当聚合物含量超过30%,层间聚合物分子链数量增多,导致膨润土片层之间完全剥离,形成剥离型改良膨润土。(2)阳离子架桥作用。阴离子型聚合物与带负电的膨润土颗粒之间,通过二价及以上的阳离子(如 Ca^{2+}、Mg^{2+}、Pb^{2+} 和 Zn^{2+} 等)进行结合,阳离子起到架桥作用。由于单个聚合物分子长链上含有大量的羧基、羟基等官能团(带负电),可同时形成多个阳离子桥,形成不可逆的结合过程。(3)螯合吸附作用。FTIR试验结果表明,两种改良膨润土 PB 和 XB 均同时具有膨润土和聚合物的基团吸收峰。而聚合物含有的羧基($-COO^-$)、羟基($C-H\cdots O$)等官能团,可与重金属 Pb^{2+}、Zn^{2+} 等进行配位,形成螯合吸附作用,从而减少重金属对膨润土双电层的影响。(4)减小黏粒粒径,增大比表面积,增加吸附点位。经过改良后,形成插层和剥离型共存的结构,部分膨润土团聚体层间被剥离后,团聚体尺寸减小,导致改良膨润土的黏粒粒径整体减小,进而增大了比表面积,增加了吸附点位。

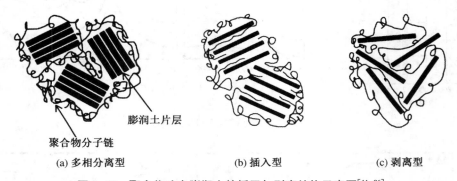

膨润土片层

聚合物分子链

(a) 多相分离型　　　　　　(b) 插入型　　　　　　(c) 剥离型

图 2-53　聚合物改良膨润土的插层与剥离结构示意图[44, 86]

此外,根据本研究中 SEM、EDS 及 EDS Mapping 等试验结果,结合相关文献的研究分析,发现了聚合物在膨润土中还起封堵孔隙、黏结颗粒的作用。一方面,当改良膨润土充分水化后,其中的聚合物吸水膨胀,形成三维网络状的聚合物水凝胶,并填充了绝大部分颗粒间的孔隙,起到了封堵孔隙的作用。另一方面,聚合物水凝胶与膨润土颗粒相连,对颗粒间起到黏结作用。在遇到浓度较高的重金属污染物时,聚合物水凝胶虽然同样失水收缩,填充孔隙的效果降低,但此时聚合物分子链仍对膨润土团聚体起到黏结作用[31, 77]。

2.8.4　碱激发材料改性机理分析

MgO 激发 GGBS-膨润土竖向屏障体系的反应机理如图 2-54 和图 2-55 所示,其叙述如下:

第一阶段为 GGBS 与 MgO 相互作用。第一步,MgO 与水发生水化反应,并生成 Mg^{2+} 和 OH^-;第二步,当不存在 GGBS 时,MgO 水化后生成的 Mg^{2+} 和 OH^- 将很快达到饱和,

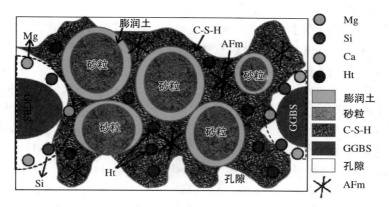

图 2-54　MSB 竖向屏障水化概念图

沉淀析出 $Mg(OH)_2$，而当遇到 GGBS 时，OH^- 破坏 GGBS 的玻璃体，断裂其中的 Si—O 键 Al—O 键，即加速 GGBS 的水解；第三步，GGBS 水解后，其中的 Ca、Si、Al、O 等生成 Ⅰ 级水化产物，即 C-S-H/CASH 为主的水化产物，可能生成部分 AFt。与此同时，Mg^{2+} 参与了水滑石的生成。因为 Mg^{2+} 和 OH^- 均参与 GGBS 的水化反应，所以没有足够 Mg^{2+} 沉淀生成 $Mg(OH)_2$。GGBS-MgO 水化生成的 C-S-H/CASH 等凝胶可以有效地将土颗粒进行包裹和连接。其中 C-S-H 为主要胶结产物，由于 GGBS-MgO 水化还会生成数量可观的水滑石和 AFt，可以更加有效地填充孔隙，从而提高竖向屏障的力学强度。

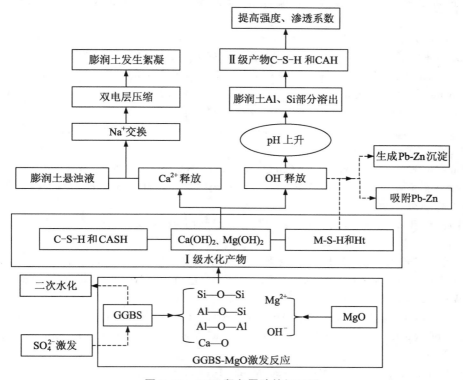

图 2-55　MSB 竖向屏障的机理图

第二阶段为水化产物与膨润土相互作用。第一步,来自 GGBS-MgO 体系中的 Ca^{2+} 与膨润土悬浊液作用,膨润土颗粒表面的 Na^+ 与 Ca^{2+} 发生离子交换,进而膨润土颗粒发生絮凝,使得 MSB 竖向屏障中的土颗粒、砂颗粒和未反应的 GGBS-MgO 颗粒均匀分布,整体和易性提高。第二步,来自 GGBS-MgO 体系中的 OH^- 释放后形成的碱性环境可使得膨润土中的部分 Al、Si 溶出,形成 II 级水化产物 C-S-H 和 CAH。这部分水化产物也可提高 MSB 墙体的抗压强度和渗透特性。

当 MSB 与 Na_2SO_4 相互作用时:(1) SO_4^{2-} 参与未完全反应的 GGBS-MgO 体系中,与自由态 Ca、Al 形成部分 AFt 充填竖向屏障的孔隙结构;(2) SO_4^{2-} 激发 GGBS 颗粒,促使未完全反应的 GGBS 颗粒二次水化,形成新的 I 级水化产物 C-S-H 等[87]。在 Pb-Zn 溶液作用下,膨润土的双电层会出现明显的压缩,进而影响所有竖向屏障的渗透系数[88]。Pb 和 Zn 离子也会显著抑制水泥中的火山灰反应,导致竖向屏障中形成的微孔数目增多[89-90]。MSB 竖向屏障形成的水化产物 Ht 可吸附大量的 Pb 和 Zn,进而削弱重金属对膨润土双电层的影响[91]。

参考文献

[1] Lambe T W. The improvement of soil properties with dispersants[J]. Boston Society Civil Engineers Journal,1954,41(2):184-207.

[2] Chilingar G V. Study of the dispersing agents[J]. Journal of Sedimentary Research,1952,22(4):229-233.

[3] Lagaly G, Ziesmer S. Colloid chemistry of clay minerals:The coagulation of montmorillonite dispersions[J]. Advances in Colloid and Interface Science,2003,100:105-128.

[4] Olu-Owolabi B I, Unuabonah E I. Adsorption of Zn^{2+} and Cu^{2+} onto sulphate and phosphate-modified bentonite[J]. Applied Clay Science,2011,51(1/2):170-173.

[5] Deng A, Mcbride L. Hydraulic conductivity of Hindmarsh clay amended by polymeric additive[C]// 7th International Congress on Environmental Geotechnics:ICEG2014. Melbourne, Australia, 2014.

[6] Adebowale K O, Unuabonah I E, Olu-Owolabi B I. The effect of some operating variables on the adsorption of lead and cadmium ions on kaolinite clay[J]. Journal of Hazardous Materials,2006,134 (1/2/3):130-139.

[7] 吴军虎,陶汪海,王海洋,等. 羧甲基纤维素钠对土壤团粒结构及水分运动特性的影响[J]. 农业工程学报,2015,31(2):117-123.

[8] 杨玉玲. 六偏磷酸钠改良钙基膨润土系竖向隔离墙防渗控污性能研究[D]. 南京:东南大学,2017.

[9] Scalia J. Bentonite-polymer composites for containment applications[D]. Wisconsin:The University of Wisconsin-Madison,2012.

[10] Tian K, Benson C H, Likos W J. Hydraulic conductivity of geosynthetic clay liners to low-level radioactive waste leachate[J]. Journal of Geotechnical and Geoenvironmental Engineering,2016,142 (8):04016037.

[11] Barast G, Razakamanantsoa A R, Djeran-Maigre I, et al. Swelling properties of natural and modified bentonites by rheological description[J]. Applied Clay Science,2017,142:60-68.

[12] 崔英德，黎新明，尹国强，等. 绿色高吸水树脂[M]. 北京：化学工业出版社，2008:36-37.

[13] Gruskovnjak A, Lothenbach B, Winnefeld F, et al. Hydration mechanisms of super sulphated slag cement[J]. Cement and Concrete Research, 2008,38(7): 983-992.

[14] Cerato A B, Lutenegger A J. Determination of surface area of fine-grained soils by the ethylene glycol monoethyl ether(EGME) method[J]. Geotechnical Testing Journal, 2002,25(3):315-321.

[15] Mercy M A, Rock P A, Casey W H, et al. Gibbs energies of formation for hydrocerussite $[Pb(OH)_2 (PbCO_3)_2]$ and hydrozincite $\{[Zn(OH)_2]_3(ZnCO_3)_2(s)\}$ at 298 K and 1 bar from electrochemical cell measurements[J]. American Mineralogist, 1998,83(7/8): 739-745.

[16] Bhattacharyya K G, Gupta S S. Adsorptive accumulation of Cd (II), Co (II), Cu (II), Pb (II), and Ni (II) from water on montmorillonite: Influence of acid activation[J]. Journal of Colloid and Interface Science, 2007,310(2): 411-424.

[17] Yang Y L, Reddy K R, Du Y J, et al. Sodium hexametaphosphate (SHMP)-amended calcium bentonite for slurry trench cutoff walls: workability and microstructure characteristics[J]. Canadian Geotechnical Journal, 2017,55(4): 528-537.

[18] Pu L, Unluer C. Durability of carbonated MgO concrete containing fly ash and ground granulated blast-furnace slag[J]. Construction and Building Materials, 2018,192: 403-415.

[19] Unluer C, Al-Tabbaa A. Enhancing the carbonation of MgO cement porous blocks through improved curing conditions[J]. Cement and Concrete Research, 2014,59: 55-65.

[20] Wang S D, Scrivener K L. Hydration products of alkali activated slag cement[J]. Cement and Concrete Research, 1995,25(3): 561-571.

[21] Haha M B, Lothenbach B, Le S G, et al. Influence of slag chemistry on the hydration of alkali-activated blast-furnace slag-Part II: Effect of Al_2O_3[J]. Cement and Concrete Research, 2012,42(1): 74-83.

[22] Alexandre M, Dubois P. Polymer-layered silicate nanocomposites: Preparation, properties and uses of a new class of materials[J]. Materials Science and Engineering: R: Reports, 2000, 28 (1/2): 1-63.

[23] Tjong S C. Structural and mechanical properties of polymer nanocomposites[J]. Materials Science and Engineering: R: Reports, 2006, 53(3/4): 73-197.

[24] Ray S S, Okamoto M. Polymer/layered silicate nanocomposites: a review from preparation to processing[J]. Progress in polymer science, 2003, 28(11): 1539-1641.

[25] Kasimatis K G, Torkelson J M. Well-exfoliated, kinetically stable polypropylene-clay nanocomposites made by solid-state shear pulverization[C]//PMSE Preprints (American Chemical Society), 2004: 173-174.

[26] Qiu H X, Yu J G. Polyacrylate/(carboxymethylcellulose modified montmorillonite) superabsorbent nanocomposite: preparation and water absorbency[J]. Journal of applied polymer science, 2008, 107 (1): 118-123.

[27] 邱海霞，于九皋，林通. 羧甲基纤维素钠蒙脱土纳米复合膜的制备及性能[J]. 高分子学报，2004，1 (3)：419-423.

[28] Katsumi T, Ishimori H, Onikata M, et al. Long-term barrier performance of modified bentonite materials against sodium and calcium permeant solutions[J]. Geotextiles and Geomembranes, 2008, 26(1): 14-30.

[29] Di Emidio G. Hydraulic and chemicO-osmotic performance of polymer treated clays[D]. Ghent, Belgium: Ghent University, 2010.

［30］Erdoğan B，Demirci Ş. Activation of some Turkish bentonites to improve their drilling fluid properties ［J］. Applied Clay Science，1996，10(5)：401-410.

［31］Menezes R R，Marques L N，Campos L A，et al. Use of statistical design to study the influence of CMC on the rheological properties of bentonite dispersions for water-based drilling fluids［J］. Applied Clay Science，2010，49(1/2)：13-20.

［32］Malusis M A，Emidio G D. Hydraulic Conductivity of Sand-Bentonite Backfills Containing HYPER Clay［C］//GeO-Congress，2014：1870-1879.

［33］漆宗能，尚文宇. 聚合物/层状硅酸盐纳米复合材料理论与实践［M］. 北京：化学工业出版社，2002.

［34］Plummer C J G，Garamszegi L，Leterrier Y，et al. Hyperbranched polymer layered silicate nanocomposites［J］. Chemistry of Materials，2002，14(2)：486-488.

［35］Ren J-X，Silva A S，Krishnamoorti R. Linear viscoelasticity of disordered polystyrene-polyisoprene block copolymer based layered-silicate nanocomposites［J］. Macromolecules，2000，33：3739-3746.

［36］穆英啸. 改性膨润土吸附剂的合成及性能研究［D］. 南宁：广西大学，2012.

［37］Fan R D，Liu S Y，Du Y J，et al. Chemical Compatibility of CMC-Treated Bentonite Under Heavy Metal Contaminants and Landfill Leachate［C］//The International Congress on Environmental Geotechnics，Singapore，2018：421-429.

［38］Fan R，Du Y，Reddy K R，et al. Impacts of presence of heavy metal contamination on chemical compatibility of CMC-treated bentonite［C］//7th China-Japan Geotechnical Symposium：New Advances in Geotechnical Engineering，2018：38-44.

［39］徐文，武小雷，孙伟福. 聚合物/层状矿物纳米复合材料的研究进展［J］. 硅酸盐学报，2016，44(5)：769-779.

［40］Tien Y I，Wei K H. Hydrogen bonding and mechanical properties in segmented montmorillonite/polyurethane nanocomposites of different hard segment ratios［J］. Polymer，2001，42(7)：3213-3221.

［41］Deng Y J，Dixon J B，White G N，et al. Bonding between polyacrylamide and smectite［J］. Colloids and Surfaces A：Physicochemical and Engineering Aspects，2006，281(1/2/3)：82-91.

［42］Stutzmann T，Siffert B. Contribution to the adsorption mechanism of acetamide and polyacrylamide on to clays［J］. Clays and Clay Minerals，1977，25(6)：392-406.

［43］范日东. 重金属作用下土—膨润土竖向隔离屏障化学相容性和防渗截污性能研究［D］. 南京：东南大学，2017.

［44］Tian K，Likos W J，Benson C H. Pore-Scale Imaging of Polymer-Modified Bentonite in Saline Solutions［C］//GeO-Chicago，2016：468-477.

［45］刘学贵，刘长风，高品一，等. 聚丙烯酰胺改性膨润土防渗材料的制备及其表征［J］. 新型建筑材料，2012，39(4)：10-13.

［46］Liu S S，Han W W，Li Q. Hydration Properties of ground granulated blast-furnace slag（GGBS）under different hydration environments［J］. Materials Science，2017，23(1)：70-77.

［47］Yi Y，Liska M，Al-Tabbaa A. Initial investigation into the use of GGBS-MgO in soil stabilisation［C］//Grouting and Deep Mixing，2012.：444-453.

［48］Wiley J H，Atalla R H. Band assignments in the Raman spectra of celluloses［J］. Carbohydrate Research，1987，160：113-129.

［49］翁诗甫. 傅里叶变换红外光谱分析［M］. 2版. 北京：化学工业出版社，2010.

［50］Madejová J. FTIR techniques in clay mineral studies［J］. Vibrational Spectroscopy，2003，31(1)：1-10.

［51］Tyagi B，Chudasama C D，Jasra R V. Determination of structural modification in acid activated montmorillonite clay by FT-IR spectroscopy [J]. Spectrochimica Acta Part A: Molecular and Biomolecular Spectroscopy, 2006, 64(2): 273-278.

[52] Reig F B, Adelantado J V G, Moreno M C M M. FTIR quantitative analysis of calcium carbonate (calcite) and silica (quartz) mixtures using the constant ratio method. Application to geological samples[J]. Talanta, 2002, 58(4): 811-821.

[53] Posiva. Bentonite Mineralogy, 2004-02[R]. Finland: Posiva, 2004.

[54] Wu D P, Jiang Y, Liu J L, et al. Template route to chemically engineering cavities at nanoscale: a case study of $Zn(OH)_2$ template[J]. Nanoscale Research Letters, 2010, 5(11): 1779-1787.

[55] Perera W N, Hefter G, Sipos P M. An Investigation of the Lead(II)-Hydroxide System[J]. Inorganic Chemistry, 2001, 40(16):3974-3978.

[56] Yu P, Kirkpatrick R J, Poe B, et al. Structure of calcium silicate hydrate (C-S-H): near-, mid-, and far-infrared spectroscopy[J]. Journal of the American Ceramic Society, 1999, 82(3): 742-748.

[57] Fernandez L, Alonso C, Hidalgo A, et al. The role of magnesium during the hydration of C_3S and CSH formation. Scanning electron microscopy and mid-infrared studies[J]. Advances in Cement Research, 2005, 17(1): 9-21.

[58] Du Y J, Jiang N J, Liu S Y, et al. Engineering properties and microstructural characteristics of cement-stabilized zinc-contaminated kaolin[J]. Canadian Geotechnical Journal, 2014, 51(3): 289-302.

[59] Zhou A N, Huang R Q, Sheng D C. Capillary water retention curve and shear strength of unsaturated soils[J]. Canadian Geotechnical Journal, 2016, 53(6): 974-987.

[60] Wu H L, Ni J, Zeng L, et al. Durability of Alkali-Activated Slag-Bentonite Cutoff Wall Exposed to Sodium Sulfate and Pb-Zn Solution: Towards a Sustainable Geoenvironment[C]//GeO-Shanghai, 2018: 1626-1634.

[61] Jin F, Gu K, Al-Tabbaa A. Strength and hydration properties of reactive MgO-activated ground granulated blastfurnace slag paste[J]. Cement and Concrete Composites, 2015, 57: 8-16.

[62] Damidot D, Lothenbach B, Herfort D, et al. Thermodynamics and cement science[J]. Cement and Concrete Research, 2011, 41(7): 679-695.

[63] Zheng J R, Sun X X, Guo L J, et al. Strength and hydration products of cemented paste backfill from sulphide-rich tailings using reactive MgO-activated slag as a binder[J]. Construction and Building Materials, 2019, 203: 111-119.

[64] Tardy Y, Garrels R M. Prediction of Gibbs energies of formation-I. Relationships among Gibbs energies of formation of hydroxides, oxides and aqueous ions[J]. Geochimica et Cosmochimica Acta, 1976, 40(9): 1051-1056.

[65] Amaral L F, Oliveira I R, Salomão R, et al. Temperature and common-ion effect on magnesium oxide (MgO) hydration[J]. Ceramics International, 2010, 36(3): 1047-1054.

[66] Perkins R B. The solubility and thermodynamic properties of ettringite, its chromium analogs, and calcium aluminum monochromate ($3CaO - Al_2O_3 - CaCrO_4 - nH_2O$)[D]. Oregon: Portland State University, 2000.

[67] Ylmén R, Jäglid U, Steenari B M, et al. Early hydration and setting of Portland cement monitored by IR, SEM and Vicat techniques[J]. Cement and Concrete Research, 2009, 39(5): 433-439.

[68] Andreola F, Castellini E, Manfredini T, et al. The role of sodium hexametaphosphate in the dissolution process of kaolinite and kaolin[J]. Journal of the European Ceramic society, 2004, 24(7): 2113-2124.

[69] Lagaly G. Colloid clay science[J]. Developments in Clay Science, 2006, 1: 141-245.

[70] Ray S S, Okamoto M. Polymer/layered silicate nanocomposites: A review from preparation to processing[J]. Progress in polymer science, 2003, 28(11): 1539-1641.

[71] Sinha Ray S, Okamoto K, Okamoto M. Structure - property relationship in biodegradable poly (butylene succinate)/ layered silicate nanocomposites[J]. Macromolecules, 2003, 36: 2355-2367.

[72] Lebaron P C, Wang Z, Pinnavaia T J. Polymer-layered silicate nanocomposites: An overview[J]. Applied Clay Science, 1999, 15(1/2): 11-29.

[73] Malusis M A. Improving the longevity and performance of polyethylene geomembranes used in waste containment barrier applications[C]//The first US-India Workshop on Global Geoenvironmental Engineering Challenges, New Delhi, India, 2007:1-6.

[74] Thilo E. The structural chemistry of condensed inorganic phosphates[J]. Angewandte Chemie International Edition in English, 1965, 4(12): 1061-1071.

[75] Choi I K, Wen W W, Smith R W. The effect of a long chain phosphate on the adsorption of collectors on kaolinite[J]. Minerals Engineering, 1993, 6(11): 1191-1197.

[76] Cini N, Ball V. Polyphosphates as inorganic polyelectrolytes interacting with oppositely charged ions, polymers and deposited on surfaces: Fundamentals and applications[J]. Advances in Colloid and Interface Science, 2014, 209: 84-97.

[77] Hasegawa N, Okamoto H, Kato M, et al. Nylon 6/Na-montmorillonite nanocomposites prepared by compounding Nylon 6 with Na-montmorillonite slurry[J]. Polymer, 2003, 44: 2933-2937.

[78] Ray S S, Bousmina M. Biodegradable polymers and their layered silicate nanocomposites: In greening the 21st century materials world[J]. Progress in materials science, 2005, 50(8): 962-1079.

[79] Morgan A B, Gilman J W. Characterization of polymer-layered silicate (clay) nanocomposites by transmission electron microscopy and X-ray diffraction: A comparative study[J]. Journal of Applied Polymer Science, 2003, 87(8): 1329-1338.

[80] Bharadwaj R K, Mehrabi A R, Hamilton C, et al. Structure-property relationships in crosS-linked polyester-clay nanocomposites[J]. Polymer, 2002, 43(13): 3699-3705.

[81] Lepoittevin B, Devalckenaere M, Pantoustier N, et al. Poly(ε-caprolactone)/clay nanocomposites prepared by melt intercalation: mechanical, thermal and rheological properties[J]. Polymer, 2002, 43 (14): 4017-4023.

[82] Di Gianni A, Amerio E, Monticelli O, et al. Preparation of polymer/clay mineral nanocomposites via dispersion of silylated montmorillonite in a UV curable epoxy matrix[J]. Applied Clay Science, 2008, 42(12): 116-124.

[83] 高国瑞. 近代土质学[M]. 2版. 北京: 科学出版社, 2013.

[84] Anuar K, Murali S, Fariz A, et al. Conducting polymer/clay composites: Preparation and characterization[J]. Issn Materials Science, 2004, 10(3): 255-258.

[85] Gardolinski J E, Carrera L C M, Cantao M P, at al. Layered polymer-kaolinite nanocomposites[J]. Journal of Materials Science, 2000, 35(12): 3113-3119.

[86] Tian K, Benson C H, Likos W J. Hydraulic conductivity of geosynthetic clay liners to low-level radioactive waste leachate[J]. Journal of Geotechnical and Geoenvironmental Engineering, 2016, 142 (8): 04016037.

[87] 李磊, 朱伟, 屈阳, 等. 低渗透污染土水动力弥散参数试验研究[J]. 岩土工程学报, 2011, 33(8): 1308-1312.

[88] Barker P, Esnault A, Braithwaite P A. Containment barrier at Pride Park, Derby, England[C].

International Containment Technology Conference and Exhibition, St. Petersburg (United States), 1997.

[89] Cai G Q, Zhou A N, Sheng D C. Permeability function for unsaturated soils with different initial densities[J]. Canadian Geotechnical Journal, 2014,51(12): 1456-1467.

[90] Wu H L, Jin F, Bo Y L, et al. Leaching and microstructural properties of lead contaminated kaolin stabilized by GGBS-MgO in semi-dynamic leaching tests[J]. Construction and Building Materials, 2018,172: 626-634.

[91] Yi Y L, Liska M, Jin F, et al. Mechanism of reactive magnesia-ground granulated blastfurnace slag (GGBS) soil stabilization[J]. Canadian Geotechnical Journal, 2016, 53(5): 773-782.

第**3**章

竖向阻隔屏障材料
工程特性研究

土-膨润土竖向隔离屏障的基本工程性质包括基本物理指标、施工和易性、渗透特性、压缩特性和强度特性。基本物理指标一般包括竖向阻隔墙施工过程所用膨润土浆液的自由膨胀率、液限和比重等，而这些指标大多与竖向阻隔材料的渗透特性紧密相关。通过研究改性材料对膨润土基本物理指标的影响，可以改善膨润土的品质，提高竖向屏障的防渗能力，从而达到施工要求。施工和易性的研究对象分为泥浆施工和易性和回填料施工和易性。膨润土是泥浆和回填料的重要组成部分，在竖向隔离墙建设过程中，通过向开挖沟槽泵送膨润土泥浆以维持沟槽侧壁的稳定性；隔离墙建造完成后，沟槽中由开挖弃土、膨润土泥浆和膨润土干粉混合而成的回填料组成隔离墙体，阻隔污染物随地下水流动而造成的污染扩散。隔离屏障的渗透系数影响了工后实际防渗控污性能，而压缩特性和强度特性分别表征了屏障抵抗变形和受力破坏的能力。因此隔离屏障的基本工程特性研究是改善竖向阻隔墙性能的重要内容。

◇3.1 基本工程特性研究

3.1.1 自由膨胀率

已有大量文献表明[1-5]，钠基膨润土及其改良土的膨胀指数与渗透系数之间存在负相关关系，即随着膨润土膨胀指数增加，渗透系数减小，且相关性随膨润土种类不同而不尽相同。自由膨胀率是描述膨润土防渗性能的重要参数，也是确定各改性材料掺量的重要依据。通过自由膨胀率试验，能够考察不同污染物金属离子作用下改性膨润土竖向阻隔材料的化学相容性。参考 ASTM D5890[6]规范，自由膨胀率试验步骤为：①在 100 mL 量筒中倒入 90 mL 去离子水；②称取 2 g 烘干的改良膨润土；③用取土匙将土样分次均匀铺撒在量筒水面上，每次撒土量不大于 0.1 g，待土样全部浸湿沉底后再进行下一次铺撒，相邻两次铺撒间隔不小于 10 min；④2 g 土样完全铺撒完毕后，向量筒内注入去离子水冲刷筒壁残余土样,至水位到达 100 mL 刻度;⑤量筒静置水化 16 h 后,读取并记录土样体积读数,即为膨胀指数 SI,单位记为 mL/2g;⑥称取 2 g 风干土的改良膨润土,重复步骤①~⑤。

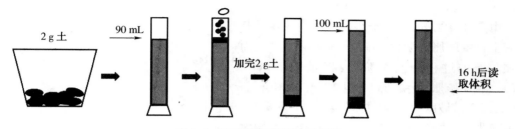

图 3-1　自由膨胀率试验示意图

　　膨胀率指标是膨润土的重要工程特性指标,改性膨润土的膨胀能力直接反映改性后材料的渗透效果,是确定改性材料掺料和评价改性效果的重要依据。膨润土经过六偏磷酸钠改良膨润土(Sodium Hexametaphosphate,简称 SHMP),化学式为 $(NaPO_3)_6$,外观为白色晶粒状固体,粒度为 0.6 mm,比重约为 1.85,水溶液为酸性。六偏磷酸钠改良膨润土中,六偏磷酸钠掺量为六偏磷酸钠质量与膨润土素土干土质量之比,即:

$$C_{SHMP} = \frac{m_{SHMP}}{m_{CB}} \times 100\% \tag{3-1}$$

式中:C_{SHMP}——六偏磷酸钠掺量;

　　　　m_{SHMP}——六偏磷酸钠质量;

　　　　m_{CB}——素土干土质量,未改良膨润土 $C_{SHMP}=0$。

　　张润[7]发现通过这两种工艺制得的膨润土泥浆和回填料在工程性质上无明显差别。根据上述试验流程,可得膨润土经过六偏磷酸钠改良后自由膨胀率的变化。由图 3-2 可知,静置 24 h 后,无论是烘干土还是风干土,CB0、CB2 和 CB4 在蒸馏水中的膨胀指数皆为 14 mL/2 g。去离子水中,SHMP 对膨润土的膨胀能力影响不大。

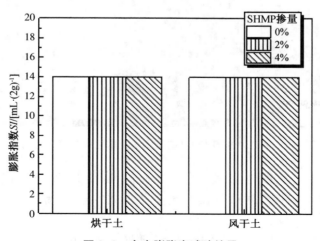

图 3-2　自由膨胀率试验结果

　　杨玉玲[8]将制得的六偏磷酸钠含量为 0.5%~8% 的改良钙基膨润土(简称 SHMP-

CaB)进行自由膨胀率试验,溶液中六偏磷酸钠浓度分别为 2.5 g/L、5 g/L、10 g/L、20 g/L、40 g/L,溶液与膨润土干土质量比为 2∶1。六偏磷酸钠改良膨润土的自由膨胀率测量结果如图 3-3 所示。

由图 3-3 可知,去离子水(DIW)中改良钙基膨润土自由膨胀率随六偏磷酸钠掺量的增加而增加。增加过程分两个阶段:掺量较低(0～1%),自由膨胀率由 6.6 mL/2 g 缓慢增至 7.0 mL/2 g,坡度为 0.40;掺量较高(1%～8%),自由膨胀率急剧升高至 15.0 mL/2 g,坡度增大至 1.14;最大自由膨胀率增量为 127%。自由膨胀率随掺量的增加而增加是由于六偏磷酸钠提供的 Na^+ 置换了膨润土可交换 Ca^{2+},导致膨润土双电层厚度变大,膨胀能力增强。自来水(TW)和去离子水测试条件下改良土自由膨胀率相当,变化趋势一致。由图 3-3 还可看出,钠基膨润土自由膨胀率为 26 mL/2 g,高于改良土和素土,表明改良土膨胀性能仍弱于高质量钠基膨润土。这是由于膨润土表面富集的 Na^+ 对水化的干扰远小于 Ca^{2+}[7]。钠基膨润土表面负电势较强,可控制膨润土表面约 100 Å(约 40 个水分子厚度)范围的水分子排列。与之相反,钙基膨润土表面负电势相对较弱,仅可控制膨润土表面附近约 15 Å(6 个水分子厚度)范围的水分子[7]。试验观测还发现,自来水测试条件下,24 h 后钠基膨润土试样上清液清澈;去离子水测试时,24 h 后仍有部分钠基膨润土细粒悬浮于上清液中,这部分细粒随时间发展逐渐沉积于试样顶面,形成浅色絮状物,如图 3-4 所示。这一现象在改良钙基膨润土中并不显著。

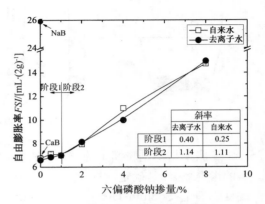

图 3-3　膨润土 24 h 自由膨胀率

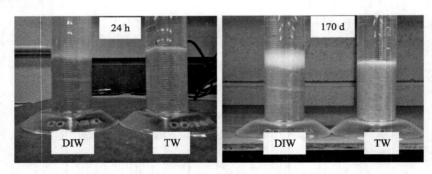

图 3-4　24 h 和 170 d 钠基膨润土水化膨胀情况对比

沈胜强[9]开展聚合物改性膨润土自由膨胀试验,研究两种聚合物聚阴离子纤维素(PB)、黄原胶(XB)不同掺量对改性膨润土膨胀指数的影响,聚合物的掺量设置为 0%、0.5%、1%、2%、4%,试验结果如图 3-5。

从图中可以看出总体上,改良膨润土的 SI 随聚合物掺量的增加呈增大趋势,且相同掺量下,XG 改良土的膨胀指数大于 PAC 改良土。在改良之前,普通膨润土 CB 的 SI 为 15.9 mL/2 g,而当聚合物掺量由 0% 增长至 4% 时,PAC 改良土增长至 22.4 mL/2 g,XG

改良土增长至 24.2 mL/2 g。二者的膨胀指数与典型钠基膨润土的膨胀指数（20～30 mL/2 g）接近[1, 10]。说明经过改良的膨润土，其膨胀特性明显增强，主要原因为 PAC 和 XG 中含有较多的羧基（COO—）、羟基（—OH）等官能团为亲水性基团，使得上述两种聚合物具有极强的亲水性，呈现出吸水膨胀的特性，从而增大了改良膨润土的膨胀指数。

3.1.2　液限

很多学者在研究中发现液限往往可以反映膨润土的持水能力[11-13]，大量实验表明，液限降低意味着膨润土渗透系数的增大。因

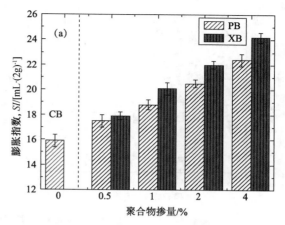

图 3-5　聚合物掺量改良膨润土的膨胀指数

此液限是膨润土的重要物理性质指标，普遍将其用于评价膨润土品质（液限越高，则认为品质越优），其测定方法较膨胀指数更简便。

参照《公路土工试验规程》（JTG E40—2007）[14]中碟式液限仪法进行液限试验。测试步骤如下：

（1）取 100 g 改良膨润土放在调土皿中，加入蒸馏水，用调土刀拌匀；

（2）取部分试样，均匀铺于铜碟前半部，并用调土刀将铜碟前沿试样刮成水平，使最厚处为 10 mm，并用开槽器经蜗形轮的中心，沿铜碟直径将试样划为槽缝清晰的两半；

（3）打开开关，使铜碟反复起落坠击于底座，数记击数，直至槽底两边试样的合拢长度为 13 mm 时，记录击数，并在槽的两边各取不少于 10 g 的试样测定含水率；

（4）将土碟中剩余试样移至调土皿中，再次加水拌匀，并重复步骤（2）～（3）至少 2 次，击数应控制在 15～35 次之间（25 次以上和以下至少各一次）；

（5）整理结果，以击数为横坐标，含水率为纵坐标，在半对数坐标纸上绘制击数与含水率关系图，取曲线上击数为 25 所对应的整数含水率为试样的液限。

1. 改性材料对黏土液限的影响

杨玉玲[8]研究了三种磷酸盐六偏磷酸钠（SHMP）、三聚磷酸钠（STPP）、焦磷酸钠（TSPP）不同掺量与高岭土（B0）、高岭土-膨润土（B5 和 B10）、膨润土（B100）液限间的关系。由图 3-6 可见，总体而言试样液限值随磷酸盐分散剂掺量增加而降低。如六偏磷酸钠掺量从 0 增至 2%，B0、B5、B10、B100 试样液限分别从 32%、41%、52%、331% 降低为 18%、29%、39%、258%。磷酸盐分散剂掺量不大于 0.5%，试样液限随磷酸盐分散剂掺量增加而快速降低，这一趋势与天然黏土液限随磷酸盐分散剂掺量变化的趋势一致[15]，如图 3-7 所示。当磷酸盐分散剂掺量大于 0.5%，B0 试样液限呈增长趋势，B5 和 B10 试样液限仍表现出缓慢降低，而 B100 试样液限降幅仍较明显。图 3-7 还表明，试样液限还受磷酸盐分散剂种类影响，其中六偏磷酸钠对液限降低效果最显著，三聚磷酸钠次之，焦磷酸钠最差。相同磷酸盐分散剂掺量下，膨润土掺量越高，试样液限值越大，这主要与膨润土卓越的持水性能有关。

张润[7]根据《公路土工试验规程》（JTG E40—2007）试验流程，发现膨润土经过六偏磷酸钠改良后自由膨胀率发生了明显的变化，试验结果如图 3-8 所示。随着 SHMP 掺量从

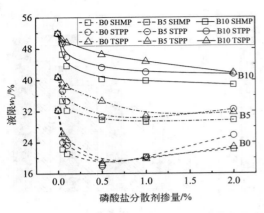

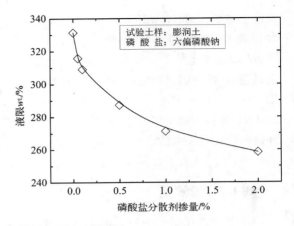

图 3-6　磷酸盐分散剂掺量对试样液限的影响

0.5％增加到 2％,膨润土液限从 254 减小到 239,相比素土,液限减小幅度最大可达 11％。SHMP 的添加减小了膨润土的液限,对膨润土的持水能力有一定程度的削弱作用。这与杨玉玲试验中的结果是一致的。

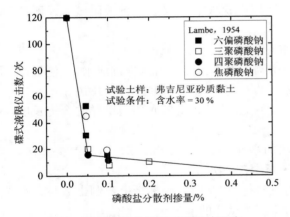

图 3-7　磷酸盐分散剂对液限的影响

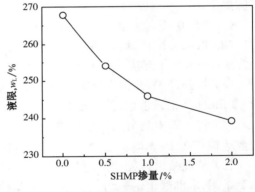

图 3-8　SHMP 掺量与液限关系(平行样个数为 1)

沈胜强[9] 研究了两种聚合物聚阴离子纤维素(PB)、黄原胶(XB)不同掺量对改良膨润土液限的影响,如图 3-9 所示。可以发现,总体上改良膨润土的液限随聚合物掺量的增加呈增大趋势;相同掺量条件下,XG 改良土的液限大于 PAC 改良土。未经改良的膨润土 CB,其液限为 267％,当聚合物掺量由 0％增长至 4％时,PAC 改良土和 XG 改良土的液限分别提高至 375％和 403％,二者液限较改良前显著提高,分别增加了 108 和 136 个百分点。

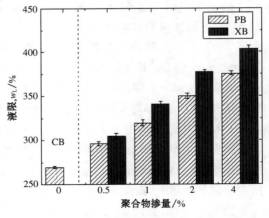

图 3-9　聚合物掺量改良膨润土的液限

2. 砂-膨润土隔离墙材料液限

黏性土由一种状态转到另一种状态的界限含水量称为阿太堡界限[16]。阿太堡界限在土体分类实践方面有极广泛的应用。已有研究表明,阿太堡界限含水量和众多土体基本参数相关联,譬如比表面积、阳离子交换容量、矿物组成、加州承载比(CBR)、强度、膨胀特性、压缩特性等。

土体液限主要受黏粒含量及矿物类型影响。Sivapullaiah[17]等考虑膨润土掺量、砂粒形状及粒径大小对砂-膨润土隔离墙材料液限的影响,有以下几个结论:

① 土体液限并非随黏粒含量增加而线性增大;

② 砂粒形状对砂-膨润土隔离墙材料液限影响甚微,颗粒大小对液限有一定影响;

③ 液限与塑性指数有良好的相关性,与塑限不存在此类相关性。

液限采用碟式液限仪测定,试验需将膨润土水化 24 h 后与砂拌和进行测试。试验结果如图 3-10 所示,从图中可知,对于砂-膨润土隔离墙材料,液限随膨润土掺量增加而增大,并呈现良好的线性相关性。

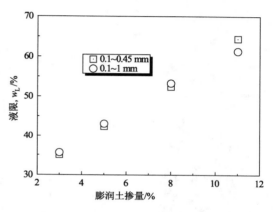

图 3-10　两种级配砂液限关系图

3. 混合土液限与坍落度对应关系

表 3-1 为两种混合土液限与坍落度含水量之间的对应关系。由表可知,阴影区域内对应含水量范围表示满足施工和易性要求(坍落度 100～150 mm)所需的初始含水量。已有学者研究表明膨润土系竖向隔离墙材料液限位于坍落度 100～150 mm 对应含水量之间。陈左波[18]研究表明液限位于该区域下方,较坍落度 100 mm 对应含水量略低,其含水量最大差值不超过 0.05。

表 3-1　两种混合土坍落度与液限对应关系

编号	液限 w_L/%	坍落度/mm	含水量 w_B/%	编号	液限 w_L/%	坍落度/mm	含水量 w_B/%
S1B3	35.0	100	36.8	S2B3	35.6	100	36.2
		125	38.1			125	37.6
		150	39.2			150	39.0
S1B5	42.4	100	45.1	S2B5	43.1	100	45.4
		125	46.8			125	46.7
		150	48.7			150	48.1
S1B8	52.5	100	55.7	S2B8	53.3	100	55.9
		125	57.4			125	57.8
		150	59.0			150	59.5
S1B11	64.6	100	67.6	S2B11	64.3	100	68.4
		125	69.7			125	69.9
		150	71.4			150	71.3

图 3-11 为液限与坍落度含水量归一化关系图。从图中可以看出,砂-膨润土竖向隔离墙材料满足施工和易性的含水量范围介于回填材料液限的 86%～99%。

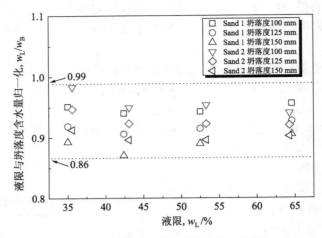

图 3-11　液限与坍落度含水量归一化关系

3.1.3　比重

比重(相对密度)是指在相同体积下土体质量和纯水质量之比,比重试验可以根据 ASTM D854 进行测定。测试土样为烘干土,由于膨润土具有显著膨胀性,一般采用 10 g 土进行比重试验。测试时需将土样置于 100 mL 比重瓶中浸泡 24 h,待膨润土充分水化后进行抽气、注水和称重步骤。

杨玉玲[8]测定其在改性材料六偏磷酸钠掺量为 0.5%、1%、2%、4%、8% 下的改性 CaB 膨润土的比重,比重测试结果如图 3-12 所示。由图 3-12 可看出,膨润土比重随六偏磷酸钠掺量增加呈非线性增加趋势:0～4% 六偏磷酸钠掺量范围内,比重由 2.31 剧烈增加至 2.59,增量达 12%;继续增加掺量至 8%,比重稍微增至 2.60。这一趋势与文献报道聚合物改良钠基膨润土比重变化趋势不一致,且比重数值略低于文献钠基膨润土及其改良土。如 Schenning[19]研究结果表明,经阴离子、阳离子和非离子聚合物改良土比重与素土相当或低于素土;Di Emidio[20]报道改良土(HYPER clay、MSB、DPH GCL)比重均低于素土;Bohnhoff 等[3]也指出改良土(BPN)比重为 2.67,低于素土 2.71。这是由于本研究与文献用于改良膨润土的改良剂种类不同:文献采用羧甲基纤维素钠、碳酸丙烯酯、聚丙烯酸酯等强吸水性大分子聚合物作为改良剂,这些聚合物本身具有较低比重(约为 1.59),可有效撑开矿物层间距,使土体结构变疏松[3, 19-21];本研究所用六偏磷酸钠比重(约为 1.84)较钙基膨润土(2.31)低,但六偏磷酸钠可有效破坏钙基膨润土的絮凝结构,使土体中细粒土含量增多[22],六偏磷酸钠掺量增大时尤为显著,而细粒含量较高的土体往往具有较高比重值,因此本研究中改良土比重随改良剂掺量增加而增大。虽然本研究中素土比重值较文献素土低,鉴于本研究中所有比重测值均由同一方法测定,其随六偏磷酸钠掺量的变化趋势应当是一致的。揭示这一比重变化规律的原因仍需进一步开展微观机理分析。

沈胜强[9]研究了两种聚合物聚阴离子纤维素(PB)、黄原胶(XB)不同掺量对改良膨润土比重的影响,图 3-13 为两种聚合物改良膨润土的比重变化规律。由 3-13 可知,改良膨润土的比重随聚合物掺量的增加呈降低趋势;0～4％的聚合物掺量范围内,PAC 改良膨润土(PB)和 XG 改良膨润土(XB)的比重由改良前的2.72 降低至2.66。这一趋势与文献报道聚合物改良钠基膨润土比重变化趋势一致,改良膨润土的比重均低于素土的比重[1, 19-20, 23]。这是由于聚阴离子纤维素和黄原胶等两种聚合物与文献中所用改良剂,如羧甲基纤维素钠、碳酸丙烯酯、聚丙烯酸酯等强吸水性大分子聚合物类似,具有较低比重(约为 1.35～1.59),可有效撑开矿物层间距,使土体结构变疏松[3, 19-20]。而聚阴离子纤维素和黄原胶的比重分别为 1.26 和 1.24,远小于膨润土(G_s＝ 2.72)。因此,随着聚合物掺量的增大,改良膨润土的比重呈降低趋势。

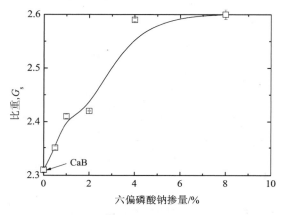

图 3-12　六偏磷酸钠掺量对膨润土比重的影响

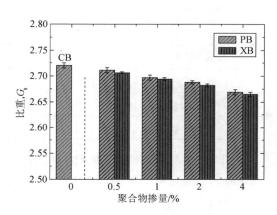

图 3-13　改良膨润土的比重变化

3.1.4　膨润土泥浆的施工和易性

膨润土系竖向隔离工程屏障施工时,一般常采用开挖-回填法施工,该技术是竖向隔离屏障最普遍的施工技术。过程主要包括开挖沟槽、膨润土浆液护壁、混合料拌和,以及混合料回填四部分。施工过程中需要控制浆液的流动性、黏度和密度等泥浆的施工和易性,使得墙体内不至由于施工拌和回填不均匀而出现较大孔隙,以保证形成的滤饼能满足防渗要求的同时浆液所形成的静水压力能保持开挖沟槽的稳定性。

在施工期间采用膨润土浆液代替自来水注入开挖槽体,并用以拌和回填土,其优势表现为:(1)形成大于槽体两侧静水压力的侧向压力以确保开挖槽体的稳定;(2)额外地添加屏障材料膨润土掺量,提高防渗性能;(3)在槽壁上形成一层薄而光滑的膨润土滤饼,以避免施工期间成槽中膨润土浆液向含水层流失。基于此,膨润土浆液的施工和易性控制指标包括浆液的密度、马氏漏斗黏度、滤失量和 pH。美国《统一设施建设指导》(UFGS)对其提出了具体要求,但其中密度和马氏漏斗黏度要求仅给出了下限值。考虑膨润土掺量的成本控制,实际施工过程中可同时参考已有文献建议范围。

1. 未改性膨润土的施工和易性

传统膨润土泥浆由 4％～7％钠基膨润土和 93％～96％水组成,其在隔离墙技术中发挥维持沟槽侧壁稳定的作用。因此要求泥浆必须可有效形成滤饼,同时满足分散性、黏度、密度、滤失量和 pH 的要求。表 3-2 列出新鲜膨润土泥浆和施工过程中泥浆的各参数指标。由表可知，泥浆参数在施工过程中略有增加，这是由于开挖和落土导致泥浆含土量增加、含水率相对降低引起的。

表 3-2　传统钠基膨润土泥浆参数指标[24]

参数	单位	膨润土泥浆	
		新鲜泥浆	沟槽中泥浆
马氏黏度	s	38～45	36～68
密度	g/cm³	1.01～1.04	1.10～1.24，或 1.10～1.36
滤失量	mL	15～30，或＜25	15～70
pH	—	6.5～10	10.5～12
膨润土掺量	%	4～7	约 6
含水率	%	约 93～97	约 78～82
其余成分	%	固体约 2	固体 3～16
10 min 胶凝强度	Pa	7～30，或 7～22	约 24～40

图 3-14 表示膨润土浆液的马氏漏斗黏度 ν、API 滤失量 FL（690 kPa 压力下作用 30 min），以及密度 ρ 随膨润土掺量 w_{CB} 的变化。

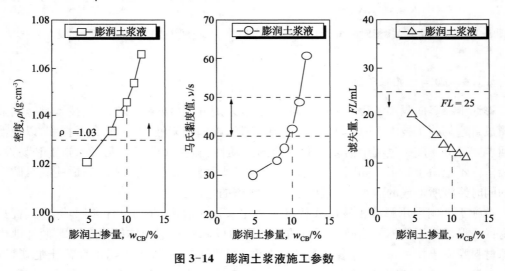

图 3-14　膨润土浆液施工参数

由图可知，膨润土浆液的马氏漏斗黏度和密度均随膨润土掺量增加而增大，API 滤失量随膨润土掺量的变化趋势则与之相反。分析原因为浆液中黏粒含量随膨润土掺量的增加而增加，使其黏度增大；同时膨润土的高膨胀性促使滤失试验得到的膨润土滤饼渗透系数降低，使滤失量减小。已有研究表明，膨润土浆液施工参数控制要求中，马氏漏斗黏度值 ν 需在 40～50 s，API 滤失量 FL 应小于 25 mL，密度 ρ 应大于 1.03 g/cm³[24]。膨润土浆液的膨润土掺量达到 10% 时，其马氏漏斗黏度、API 滤失量和密度均能满足施工和易性要求。

沈胜强[9]研究了不同掺量的普通膨润土对泥浆和易性的影响,如图 3-15 所示。结果表明膨润土掺量为 8% 和 10% 的浆液可以满足施工和易性要求,掺量低于 8% 的膨润土浆液则无法满足要求。为研究聚阴离子纤维素和黄原胶对膨润土的改良效果,选择无法满足和易性要求的膨润土掺量进行研究,即对掺量为 4% 和 6% 的膨润土浆液,经 PAC 和 XG 两种聚合物改良前后的浆液和易性指标进行测试。

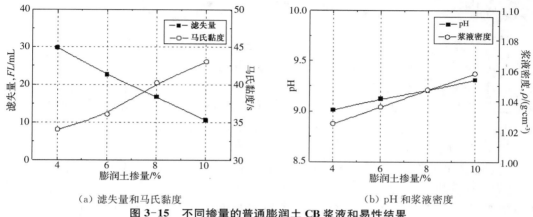

（a）滤失量和马氏黏度　　　　　　　　　　（b）pH 和浆液密度

图 3-15　不同掺量的普通膨润土 CB 浆液和易性结果

2. 改性膨润土泥浆的马氏黏度和滤失液

黏度定义为 1 夸脱(946 mL)泥浆在重力作用下,经由马氏漏斗自由流出所需时间,单位为秒(s)。它是一种表征流体抵抗流动的指标,由颗粒间引力作用(内聚力)和摩擦力两部分构成[24-25],可以衡量泥浆的流动性。马氏黏度试验参照美国石油协会（American Petroleum Institute，API）13B-1 规范（*Recommended practice standard procedure for field testing water-based drilling fluids*）[26]进行。

膨润土泥浆黏度的 80% 由蒙脱土边-面缔合引力作用提供,其余 20% 来源于摩擦[10, 24]。Hutchison 等[27]指出,马氏漏斗所测得的马氏黏度并非泥浆真正的黏度,而是泥浆密度、黏度和抗剪强度等相关特征的综合体现。由于测量方便,膨润土泥浆的马氏黏度是隔离墙最主要设计参数之一,黏度不应过低以保持沟槽稳定性,同时黏度不宜过高以免给施工造成困难[24, 28]。理想状态的膨润土泥浆马氏黏度值约为 40 s。低于此值,泥浆难以形成有效的滤饼,不足以为沟槽侧壁提供足够支撑力;高于此值,泥浆过于黏稠,不易于机械开挖和沟槽回填,施工和易性较差[24, 28]。

滤失量是隔离墙泥浆主要设计参数之一,其大小可反映膨润土持水能力和滤饼抗渗能力的优劣,滤失量衡量了泥浆的稳定性,滤失量试验一般根据 API 13B-1 规范开展。

张润[7]研究了 6%、8%、10%、12% 四种 SHMP 改性剂掺量下膨润土浆液的马氏黏度和滤失量的变化。试验过程中先称取一定的改良膨润土和南京地区自来水,用电动搅拌机高速搅拌 5~10 min 制成泥浆,随后静置水化 24 ~ 48 h,得到膨润土浆液。试验前将充分水化的泥浆再次高速搅拌均匀,确保膨润土没有粘在容器侧壁和底部,随后按照美国石油学会标准（API）[26]进行后续试验。试验设备包括秒表和 201 型马氏漏斗黏度计(如图 3-16 所示),台州市奥突斯工贸有限公司生产的 OTS-1100 无油静音空压机(见图 3-17)与六联式 API 标准滤失仪(见图 3-18),滤失仪腔室内径 76.2 mm,底部配有 40 目的不锈钢滤网,防止滤纸破裂。

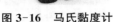
图 3-16　马氏黏度计

图 3-17　无油静音空压机

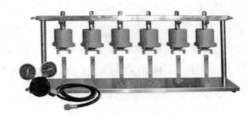
图 3-18　六联式 API 标准滤失仪

不同 CB 和 SHMP 掺量下的马氏黏度试验结果如图 3-19 所示。由图可知,SHMP 掺量一定时,随着 CB 掺量的增加,马氏黏度明显增加;CB 掺量相同的情况下,随着 SHMP 掺量增加,马氏黏度减小,意味着泥浆的水土分离现象明显,膨润土浆液变稀,泥浆流动性增强。由图可知,CB 掺量取 8% 时,SHMP 掺量在 0～8% 内皆可满足设计推荐值;CB 掺量为 12% 和 6% 时,所有改良土的马氏黏度都不满足文献推荐值。

泥浆滤失量试验结果如图 3-20 所示,由图可知,SHMP 掺量一定时,随着 CB 掺量增加,滤失量显著减小,泥浆稳定性增强;CB 掺量一定时,随着 SHMP 掺量增加,滤失量先减小后增加,在 SHMP 掺量为 2% 时达到一个最低值,除了 CB 掺量 6% 的素土外,所有泥浆均满足设计推荐要求。

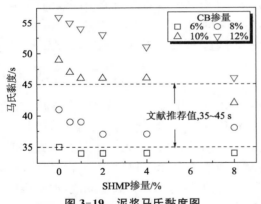
图 3-19　泥浆马氏黏度图

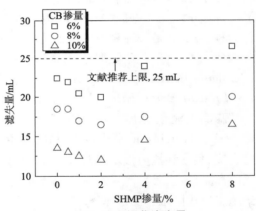
图 3-20　泥浆滤失量

杨玉玲[8]研究了不同膨润土掺量下的不同六偏磷酸钠掺量改性膨润土泥浆马氏黏度和滤失量的变化。试验中钙基膨润土泥浆由自来水和钙基膨润土(CaB)或六偏磷酸钠改良钙基膨润土(SHMP-CaB)组成,其中六偏磷酸钠掺量(按膨润土干土质量计)范围为 0～8%,膨润土掺量(按泥浆质量计)为 15%～30%。膨润土泥浆按以下方法制备:将一定量膨润土与自来水用快速搅拌机高速挡搅拌 5 min,所得泥浆密封于烧杯中静置 24 h,待充分水化后再次高速搅拌 5 min,随后立即对泥浆进行马氏黏度、滤失量的测定。马氏黏土测定设备包括秒表和 201 型马氏漏斗黏度计,其中马氏漏斗黏度计包括马氏漏斗和带 1 夸脱体积刻度的量杯,如图 3-21(a)所示。滤失液测定所用设备为 Fann 公司生产的 SERIES 300 API 型滤失仪,如图 3-21(b)所示。

不同六偏磷酸钠掺量和膨润土掺量下膨润土泥浆的马氏黏度变化结果如图 3-22 所

示。马氏黏度随六偏磷酸钠掺量增加表现出不同程度的增加,总体而言,改良泥浆马氏黏度高于素土泥浆。这与图 3-3 中改良土表现出较高膨胀能力的趋势一致。除 B30 试样外,马氏黏度在 0～2％六偏磷酸钠掺量范围内增幅较小;掺量超过2％后,马氏黏度呈明显增长趋势。泥浆膨润土含量越高,六偏磷酸钠对马氏黏度的影响越显著。例如,六偏磷酸钠掺量由 0 增至 8％,B10,B15,B20 和 B25 泥浆的马氏黏度增量分别为 17％,48％,94％和 61％;对于 B30 泥浆,1％六偏磷酸钠掺量可使马氏黏度增加 50％,进一步提高六偏磷酸钠掺量致使泥浆过于黏稠而无法测量黏度

(a) 马氏漏斗黏度计　　(b) 滤失仪

图 3-21　马氏漏斗黏度计和滤失仪照片

值。特别的,随六偏磷酸钠掺量增大,B15 和 B20 泥浆逐渐达到设计推荐值。此外,相同六偏磷酸钠掺量下,马氏黏度随膨润土掺量增加而增加。如膨润土掺量从 10％增加至 30％,不含六偏磷酸钠泥浆的马氏黏度值由 30 s 增加为 68 s。20％的膨润土增量不足以改善泥浆和易性,而小于 8％的六偏磷酸钠掺量可明显提高泥浆黏度和分散性,使部分泥浆满足隔离墙技术对膨润土泥浆黏度的要求,由此说明,六偏磷酸钠对泥浆黏度的影响较膨润土掺量更显著。

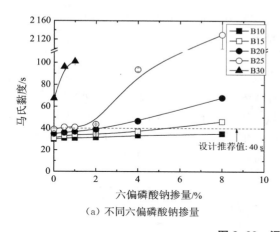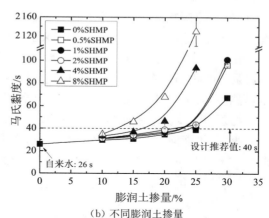

(a) 不同六偏磷酸钠掺量　　　　　　　　　(b) 不同膨润土掺量

图 3-22　泥浆马氏黏度

图 3-23 描述了不同六偏磷酸钠和膨润土掺量下泥浆滤失量变化情况。与马氏黏度变化规律相反,滤失量随六偏磷酸钠和膨润土掺量增加呈现出明显减小的趋势。素土泥浆滤失量范围为 36～117 mL,明显高于设计不满足隔离墙滤失量要求。改良泥浆滤失量范围从 4 mL 至 102 mL,部分满足设计推荐值要求,表明六偏磷酸钠对提高泥浆滤失量特性起积极作用。六偏磷酸钠掺量越低,膨润土掺量对滤失量影响效果越明显。类似的,膨润土掺量越高,六偏磷酸钠对滤失量影响越不显著。总体而言,六偏磷酸钠的影响大于膨润土掺量。Bohnhoff 等[3] 在考察聚合物改良钠基膨润土(BPN)在隔离墙中的应用时,也发现改良土泥浆滤失量远小于素土(CSB)。

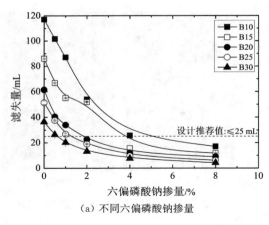

（a）不同六偏磷酸钠掺量

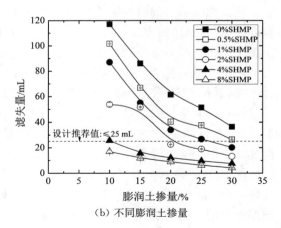

（b）不同膨润土掺量

图 3-23　泥浆滤失量

3. 改性膨润土泥浆的密度和 pH

泥浆密度是隔离墙泥浆的主要设计参数之一，其直接影响沟槽侧壁稳定性。含 4%～8% 钠基膨润土的新鲜泥浆平均密度小于 1.04 g/cm³，稍大于水的密度[24]。沟槽开挖过程中，部分开挖土落入沟槽或悬浮于泥浆中，导致泥浆固体含量和密度增加。砂土地层中开挖的隔离墙，其沟槽内泥浆密度可达 1.34 g/cm³[24]。泥浆密度试验根据 API 13B-1 规范开展。

pH 也是隔离墙泥浆的主要设计参数之一。黏土颗粒表面电荷性质和黏土矿物溶解情况与 pH 密切相关[29]，进一步影响泥浆的稳定性。

张润[7]分析了膨润土（CB）为 6%、8%、10%、12% 四种掺量下 SHMP 改性剂不同掺量下的泥浆密度和 pH 的变化。试验中泥浆密度由潍坊祥意化工有限公司生产的玻璃密度计测量，规格为 1.0～1.1 g/cm³，泥浆 pH 由上海精科雷磁生产的 PHB-4 型便携式酸度计测定。

泥浆 pH 试验结果如图 3-24 所示，CB 掺量一定时，随着 SHMP 掺量增加，泥浆 pH 逐渐减小，其可能原因为 SHMP 的水溶液呈酸性，降低了泥浆的 pH。随着膨润土掺量增加，泥浆 pH 增加，原因为膨润土的水溶液呈碱性。所有泥浆的 pH 均满足施工和易性要求。

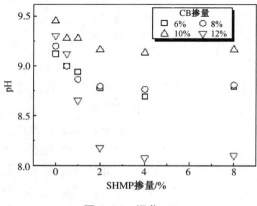

图 3-24　泥浆 pH

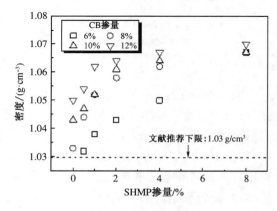

图 3-25　泥浆密度

泥浆密度试验结果如图 3-25 所示,随着 CB 掺量增加,泥浆密度略有增加;CB 掺量相同时,随着 SHMP 掺量增加,泥浆密度大幅增加(0～2%),之后增幅减小,逐渐趋于稳定(2%～8%)。所有泥浆密度均满足文献推荐值。

杨玉玲[8]研究了不同膨润土掺量下的不同六偏磷酸钠掺量的改性膨润土泥浆的 pH 和密度变化。试验中钙基膨润土泥浆由自来水和钙基膨润土(CaB)或六偏磷酸钠改良钙基膨润土(SHMP-CaB)组成,其中六偏磷酸钠掺量(按膨润土干土质量计)范围为 0～8%,膨润土掺量(按泥浆质量计)为 10%～30%。

图 3-26 描绘了不同六偏磷酸钠和膨润土掺量下的泥浆 pH。由图可知,泥浆 pH 在5.8～7.8 范围内,且随六偏磷酸钠掺量增加而降低。这一现象是由偏酸性(4%溶液中pH=5.8)的六偏磷酸钠引起的。相同六偏磷酸钠掺量下,改良泥浆的 pH 随膨润土掺量增大略有降低;素土泥浆 pH 则不受膨润土掺量影响,基本稳定在 7.8。改良泥浆 pH 随膨润土掺量变化的根本原因在于泥浆中的总六偏磷酸钠浓度增加。例如,8%六偏磷酸钠掺量下,1 kg 10%和 30%膨润土泥浆中的总六偏磷酸钠含量分别为 8 g 和 24 g,改良土质量增加带入的酸性六偏磷酸钠较多,减小了泥浆 pH。图 3-26 表明,大部分 4%和 8%六偏磷酸钠改良泥浆不能满足隔离墙泥浆 6.5≤pH≤10 的要求。虽然增加六偏磷酸钠掺量有助于提高泥浆和易性,但同时也会造成 pH 低于推荐值下限。

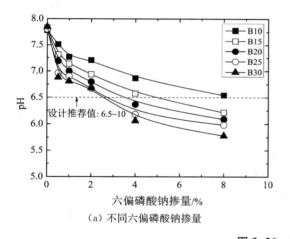
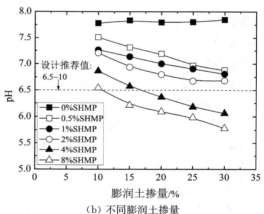

(a) 不同六偏磷酸钠掺量　　　　　　　　　　(b) 不同膨润土掺量

图 3-26　泥浆 pH

图 3-27 为不同六偏磷酸钠掺量和膨润土掺量下泥浆密度试验结果。密度随六偏磷酸钠掺量增加略有增长,总体增幅不大(<3%)。导致这一现象的原因是膨润土比重随六偏磷酸钠掺量增加而增大。与六偏磷酸钠相比,膨润土掺量对泥浆密度影响显著。膨润土掺量由 10%增至 30%,素土泥浆的密度从 1.06 g/cm³ 增加到 1.24 g/cm³,增量为 17%;8%六偏磷酸钠改良泥浆的密度从 1.07 g/cm³ 增至 1.26 g/cm³,增量为 18%。各六偏磷酸钠掺量下,泥浆密度随膨润土掺量增加而变化的幅度相近。这是由于膨润土掺量较大的泥浆中固体含量较膨润土掺量低的泥浆大。此外,本研究中采用的膨润土掺量(10%～30%)远高于传统钠基膨润土泥浆(约 5%),导致本研究中泥浆密度明显大于设计推荐值(1.01 g/cm³～1.04 g/cm³)。应当注意到,钠基膨润土泥浆密度推荐值可能不适用于钙基膨润土泥浆的情况。文献[28]和[30]指出泥浆密度过高可能导致回填料回填困难,同时对于依靠自重作

用为沟槽侧壁提供侧向支撑的泥浆而言,较高密度可使泥浆提供的水平应力增大,有利于提高侧壁稳定性。

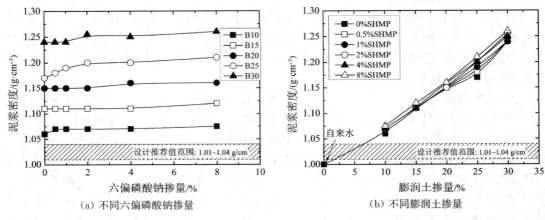

(a) 不同六偏磷酸钠掺量　　　　　　　(b) 不同膨润土掺量

图 3-27　泥浆密度

4. 聚阴离子纤维素改性材料膨润土泥浆的施工和易性

沈胜强[9]研究了 PAC、XG 两种改性剂的不同掺量条件下泥浆和易性的变化,试验中膨润土浆液由水和膨润土(CB)或聚合物改良膨润土(PB、XB)组成,其中聚合物 PAC 或 XG 的掺量范围为 0~4%,膨润土掺量(与浆液总质量之比)为 6%~12%。制备浆液所用仪器有烧杯(规格为 1 000 mL)、精密电子天平(精度为 0.01 g)和手持式高速搅拌器(最高转速为 1 500 r/min)。膨润土浆液的制备方法如下:将一定量膨润土与自来水依次放入烧杯内,用手持式高速搅拌器(设定最高挡位,转速 1 500 /min)搅拌 10 min,然后将所制浆液用食品用保鲜膜密封于烧杯中,静置水化 24 h;在进行浆液和易性测试前,再次高速搅拌 5 min,随即测定浆液的马氏黏度、密度、pH 和滤失量。测试方法跟前文一样,试验所需设备为:pH 测试仪器为上海仪电科学仪器股份有限公司生产的雷磁牌 PHBJ-260F 型便携式 pH 计,泥浆密度计和六联式滤失仪均为青岛鑫睿德石油仪器有限公司制造,马氏黏度测试仪器为 API 规定的标准马氏漏斗黏度计,由锥体马氏漏斗(1 500 mL),筛网(16 目)和量杯(1 000 mL)组成。

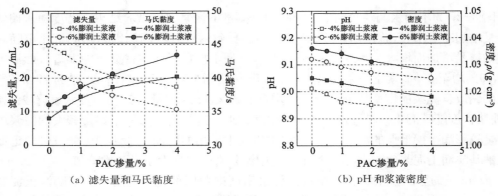

(a) 滤失量和马氏黏度　　　　　　　(b) pH 和浆液密度

图 3-28　PAC 改良膨润土浆液的参数指标

PAC 含量为 0～4％(PAC 与膨润土干土质量之比)的改良膨润土浆液和易性指标如图 3-28 所示。XG 含量为 0～4％的改良膨润土浆液和易性指标如图 3-29 所示。随改良膨润土中的聚合物(即 PAC 或 XG)含量增大,改良膨润土浆液滤失量、pH 和密度减小,马氏黏度增大。对于 PAC 改良土掺量为 4％(改良土质量与浆液总质量之比)的浆液,当改良土中的 PAC 含量为 4％时,方可满足施工和易性要求;而对于 PAC 改良土掺量为 6％的浆液,当改良土中的 PAC 含量为 2％时,即可满足施工和易性要求。对于 XG 改良土掺量为 4％和 6％的浆液,改良土中 XG 的含量为 2％时,均可满足施工和易性要求。

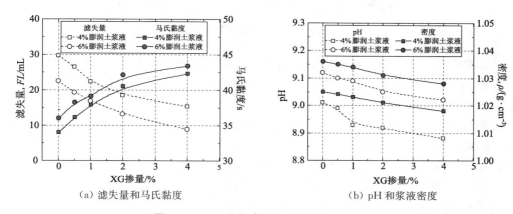

图 3-29　XG 改良膨润土浆液的参数指标

对于 PAC 改良土掺量为 4％的浆液,改良土中的 PAC 含量为 2％时,除马氏黏度(38.6 s)外,滤失量、pH 和浆液密度均满足施工和易性要求;而对于 XG 改良土掺量为 4％的浆液,其四项指标均满足要求,其中马氏黏度为 40.5 s。上述结果的原因主要有:本研究所用聚阴离子纤维素和黄原胶的表观黏度分别为 35 mPa·s 和 1 600 mPa·s,二者的黏度差异巨大,导致相同配比下改良土的马氏黏度有所不同,最终影响了浆液的施工和易性。此外加入聚合物后,浆液的 pH 和密度略微降低,这是由于两种聚合物的 pH 约为 7,比重约为 1.24～1.26,二者均明显低于膨润土的 pH(10.33)和比重(G_s=2.72)。

3.1.5　回填料的施工和易性

在土-膨润土竖向阻隔屏障的开挖-回填施工过程中,回填料施工和易性专指其标准坍落度,通常要求其值介于 100 mm 至 150 mm 之间[31]。坍落度值通过隔离屏障材料含水率调节。已有试验结果均显示,土-膨润土竖向隔离屏障材料的坍落度与其含水率呈线性正相关[32-33]。控制坍落度的目的在于确保隔离屏障材料同时兼具一定的流动性和黏滞性,便于其回填施工,同时可保证分段回填时屏障的整体性、均一性[31]。

1. 标准坍落度试验

坍落过程是塑性材料在一定应力作用下,由材料流动性、黏性及位移控制的随时间变化的自由边界现象。在圆锥体坍落度试验中,材料只受自重应力作用,当自重引起的水平剪切力超过屈服应力时发生的现象。

坍落度试验是用来表征素混凝土工作性能的指标。试验(图 3-30)是将素混凝土填入圆锥形筒中,再将筒拔出,测量试样下沉的高度,即坍落度。

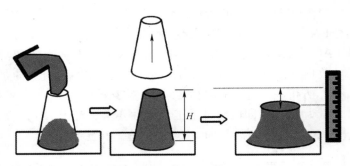

图 3-30　坍落度试验过程示意图

坍落度试验过程包括膨润土浆液水化过程、机械拌和和实验过程。具体步骤如下：

① 膨润土浆液制备按配合比称一定质量膨润土，加适量蒸馏水，用玻璃棒搅拌半小时后静置 24 h，完成水化过程。

② 将砂和水化后的膨润土混合，利用搅拌机搅拌 20 min 以上（期间需要多次将搅拌器底部土体翻至上方，便于搅拌器拌和）。

③ 用煤油涂抹坍落度筒的内壁，防止回填料黏着于筒壁。

④ 将回填料分三层填筑于坍落度筒中，用捣棒捣实回填料，以免出现气泡。

⑤ 通过调节泥浆掺量改变回填料的含水率，使回填料的坍落度介于 100～150 mm 之间，记录坍落度并测试回填料的含水率。

2. 迷你锥坍落度

标准坍落度试验存在用料量大、拌和均匀性差等缺陷。梅丹兵等人[34]采用迷你锥坍落度筒代替标准坍落度筒进行坍落度试验，以达到耗材少、易操作的目的。迷你锥坍落度筒和标准坍落度筒的几何参数与实物图分别见表 3-3 和图 3-31。具体试验方法如下：

① 将按预定配合比混合均匀的回填料与满足浆液和易性要求的水化后膨润土浆液进行混合，利用搅拌机搅拌 30 分钟以上（搅拌期间需要不时将搅拌机底部土体翻至上方，便于搅拌机拌合）；

② 按照标准坍落度方法进行试验；

需要注意的是，填筑回填料前，在坍落度筒的筒壁均匀涂抹少许润滑油，以减少回填料与筒壁间的摩擦，避免土体黏着于筒壁。同时，采用迷你锥坍落度筒进行坍落度试验时，由于耗土量少，分 2 层填筑。试验过程中，先进行标准坍落度值为 90 mm 至 110 mm 的预试验，然后通过添加适量膨润土浆液改变回填料的含水率，从而调节其坍落度值，使标准坍落度值落在 100 mm 至 150 mm 之间，试验数据至少有 3 组，且呈近似均匀分布。

表 3-3　迷你锥坍落度筒与标准坍落度筒的几何参数

参数	单位	迷你锥坍落度筒	标准坍落度筒
顶部半径(R_0)	mm	37.5	50
底部半径(R_H)	mm	50	100
筒高(H)	mm	150	300
坡率($H:V$)		1 : 12	1 : 6

（续表）

参数	单位	迷你锥坍落度筒	标准坍落度筒
捣棒直径	mm	8	16
用料量	cm³	908	约 5 500

图 3-31　试验用坍落度筒

迷你锥坍落度筒（左）；标准坍落度筒（右）

标准坍落度与迷你锥坍落度之间存在统一的经验换算关系：

$$S_s = 59 + 1.9\,S_m \tag{3-2}$$

式中：S_s，S_m——分别表示采用标准坍落度筒和迷你锥坍落度筒进行坍落度试验时的坍落度值，单位为 mm。

3. 砂-膨润土的回填料施工和易性

陈左波[18]将膨润土泥浆按配合比称一定质量膨润土，加适量蒸馏水，用玻璃棒搅拌半小时后静置 24 h；之后将砂和水化后的膨润土混合，利用搅拌机搅拌 20 min 以上（期间需要多次将搅拌器底部土体翻至上方，便于搅拌器拌和）；最后按照坍落度试验规范进行坍落度试验，得到两种砂-膨润土隔离墙材料坍落度与含水率关系，如图 3-32 所示。四砂-膨润土隔离墙材料坍落度与含水率拟合线接近平行，结果表明某一坍落度下，含水率随膨润土掺量增加而递增。在坍落度为 125 mm 时，四种砂-膨润土隔离墙材料对应的含水率分别由 37.1%、38.2%增加至 69.4%、69.28%。

梅丹兵[35]参照上述坍落度试验方法，再通过迷你锥坍落度与标准坍落度之间的统一转换关系，采用迷你锥坍落度筒代替标准坍落度筒进行坍落度试验，以达到耗材少、易操作的目的。得到土-膨润土竖向隔离工程屏障材料坍落度试验的迷你锥坍落度 S_m 与含水率 w 的关系如图 3-33 所示。由图可知土-膨润土竖向隔离工程屏障材料的迷你锥坍落度值 S_m 与回填料含水率 w 间呈现良好的线性正相关性，线性拟合结果的决定系数 R^2 达到 0.938。

4. 改良隔离墙回填料的施工和易性

张润[7]选用 SHMP 掺量分别为 0、0.5%、1%和 2%的改良膨润土泥浆制备回填料，其中回填料中砂掺量为 90.4%，膨润土掺量为 9.6%，泥浆中改良土掺量为 8%。研究不同 SHMP 掺量条件下回填料坍落度与含水率之间的关系。图 3-34 为不同 SHMP 掺量的回

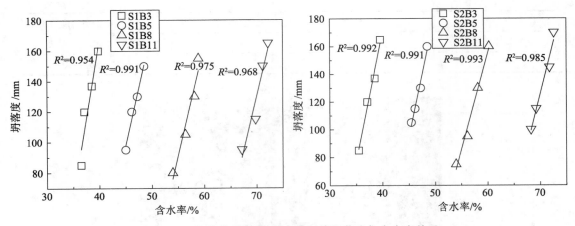

图 3-32 两种砂-膨润土隔离墙材料坍落度与含水率关系

填料的迷你锥坍落度与含水率之间的关系。结果表明,随着 SHMP 掺量增加,回填料的控制含水率减小,SHMP 掺量为 0,0.5%,1%,2%时,$S_m = 35$ mm 对应的控制含水率分别约为 38%,36%,36% 和 32%,即增加 SHMP 掺量可以增强回填料的流动性,以更少的含水率达到相同的坍落度。推荐选用控制含水率最低的 SB2,加入少量的水即可满足流动性要求,并且在服役过程中,由于较低的含水率,可以拥有较小的孔隙比,对防渗效果有积极作用。

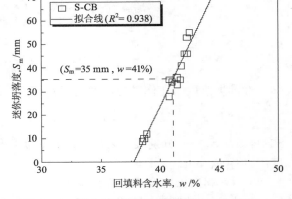

图 3-33 迷你锥坍落度与回填料含水率关系

杨玉玲[8]研究了经 2%六偏磷酸钠改良的钙基膨润土、素土回填料(未经改良的钙基膨润土)和钠基膨润土在不同的膨润土掺量下(掺量为 5%、15%、20%、25%)含水率与坍落度的规律。如图 3-35 回填料坍落度与 SHMP 掺量之间的关系为不同种类回填料的坍落度试验结果。图中改良回填料(所含膨润土为经 2%六偏磷酸钠改良的钙基膨润土)记为 SHMP-xCaB;素土回填料(所含膨润土为未经改良的钙基膨润土)记为 xCaB;钠基膨润土回填料标记为 NaB。其中 x 表示膨润土含量百分比,如 SHMP-20CaB 和 20CaB 分别表示膨润土掺量为 20%的改良回填料和膨润土掺量为 20%的素土回填料。

由图可知:回填料坍落度随含水率升高而增大;回填料中钙基膨润土掺量越高,控制含水率值越大;回填料控制含水率受六偏磷酸钠影响不大。改良回填料 SHMP-15CaB、SHMP-20CaB、SHMP-25CaB 试样的控制含水率分别为 26.6%、30.0%、33.6%;素土回填料 15CaB、20CaB、25CaB 试样控制含水率与相同膨润土掺量的改良回填料试样接近,分别为 26.3%、29.6%、34.0%。从图中还可看出,虽然钠基膨润土回填料中初始膨润土掺量较低(为 5%),但其控制含水率较钙基膨润土回填料高(为 35.8%),这是钠基膨润土的卓越吸水膨胀能力导致的。此外,钠基膨润土回填料坍落度试验与钙基膨润土回填料略有不同,试验过程中采用 5‰ 钠基膨润土泥浆调节试样含水率,且不添加额外量的砂。随试验进行, 试样中膨润土掺量略有增加,控制含水率条件下对应的最终钠基膨润土掺量为 5.9‰。

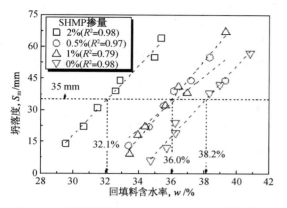 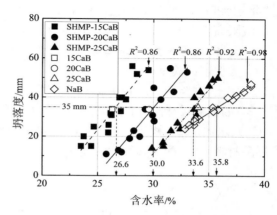

图 3-34　回填料坍落度与 SHMP 掺量之间的关系　　　　图 3-35　回填料坍落度试验结果

沈胜强[9]将未改良膨润土回填料中的膨润土掺量取 10‰,同时,为便于分析聚合物 掺量变化对回填料渗透系数的影响,也将膨润土掺量固定为 10‰,聚合物掺量设定为 3‰～12‰(与膨润土的干土质量之比),研究三种回填料砂-膨润土回填料(SB)、砂-PAC 改良膨润土回填料(PSB)和砂-XG 膨润土回填料(XSB)在不同聚合物改性及聚合物掺量 条件下回填料坍落度的变化。同时为满足施工过程中材料的和易性,保证回填料具有一 定流动性以填充开挖沟槽,回填料应满足 100～150 mm 的坍落度要求,坍落度取值 125 mm 对应的含水率作为隔离墙材料控制含水率。图 3-36 为不同种类回填料的坍落 度试验结果。

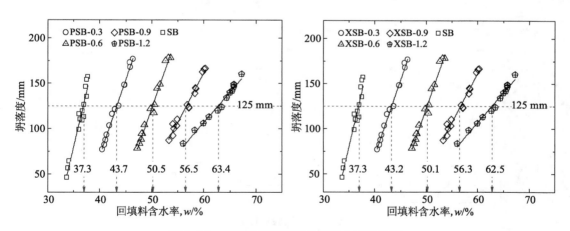

图 3-36　不同种类回填料的坍落度试验结果

由图可知,回填料坍落度随含水率升高而增大。本研究中回填料中的膨润土含量均为 10‰,不同回填料之间的差异主要为聚合物含量差异。随聚合物含量增大,控制含水率越 高。未改良回填料控制含水率为 37.3‰,改良回填料 PSB-0.3,PSB-0.6,PSB-0.9 和 PSB-1.2 的控制含水率依次为 43.7‰,50.5‰,56.5‰ 和 63.4‰,改良回填料 XSB-0.3,

XSB-0.6,XSB-0.9 和 XSB-1.2 的控制含水率依次为 43.2%,50.1%,56.3% 和 62.5%。相同聚合物掺量时,XG 改良回填料的控制含水率略高于 PAC 改良回填料,这与 XG 改良膨润土和 PAC 改良膨润土的液限变化关系一致。相同聚合物含量改良膨润土,XG 改良土的液限高于 PAC 改良土,其原因为 XG 具有更卓越的吸水能力。

5. 碱激发矿渣-膨润土回填材料的施工和易性

为保证试验过程中墙体材料的统一性和可重复性,伍浩良[36]采用南京河漫滩砂土作为试验用土,试验用土的相关物理化学性质指标通过 ASTM D 相关标准测试得到。依据图 3-37 的试验设计流程,初步选用国内主流的水泥-土(Ref)、欧洲主流的水泥-膨润土-土(CB)、水泥矿渣-膨润土-土(SCB)和自主研发的新型 GGBS-MgO-膨润土-土(MSB)竖向屏障材料,试验配比如表 3-4 所示。

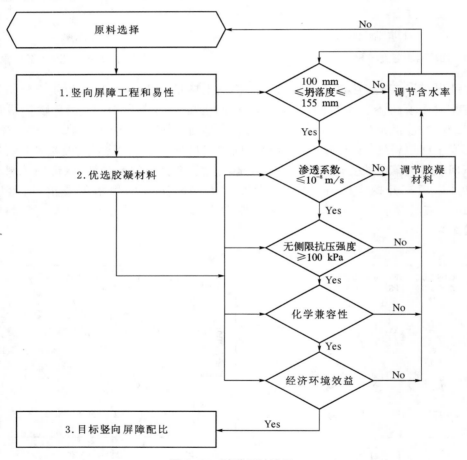

图 3-37 试验设计流程

将所选用的竖向屏障材料(如表 3-4),采用标准坍落度筒与迷你锥坍落度筒进行坍落度试验,得出标准坍落度 S_s 与迷你锥坍落度 S_m 的关系,如图 3-38(a)所示。由图可知,标准坍落度 S_s 与迷你锥坍落度 S_m 之间的线性关系可用公式(3-3)所示:

$$S_s = 2S_m + 49, R^2 = 0.96 \tag{3-3}$$

式(3-3)所示的经验关系式与 Evans[37] 和 Ata[38] 采用砂-钠基膨润土和水泥灰的竖向屏障材料的坍落度试验结果($S_s = 2S_m + 2$ in)基本一致,而与梅丹兵等[34]的试验结果($S_s = 1.9S_m + 59$)和基于坍落度理论[37]计算所确定的数值关系式($S_s = 1.8S_m + 64$)略有不同。由于竖向屏障材料的坍落度与材料自身密度和受力条件有关,因此坍落度结果所示标准坍落度与迷你锥坍落度的线性关系具有合理性。MSB 等四种回填料的坍落度与含水率件均呈良好的线性正相关性,如图 3-38(b)所示。四组回填料的含水率与坍落度的经验关系式和相关度如表 3-5 所示,并通过测定的含水率和干密度可计算出四组回填料的孔隙比。表 3-5 的结果表明:在满足相同施工和易性的条件下,提高膨润土的掺量导致孔隙比的增加;而相同膨润土的掺量条件下,提高凝胶材料的掺量微弱影响其孔隙比。以上试验结果证明,选用迷你锥坍落度试验具有良好的操作性,并能准确代替标准坍落度试验进行施工和易性研究。特别针对室内试验研究中,标准坍落度筒需材量大、操作繁琐等问题,迷你锥坍落度筒操作结果更为精简。MSB 等四种回填料在满足标准坍落度为(150 ± 5) mm[即迷你锥坍落度为(50 ± 2.5) mm]时的回填料将用于下一步试验。

表 3-4　竖向屏障试验研究配比(干重比)　　　　　　　　　单位:%

组类	代号	砂土	膨润土	水泥	GGBS	MgO
Ref	Ref	100	—	5	—	—
CB	C5B5	100	5	5	—	—
	C10B10	100	10	10	—	—
CSB	CS5B5	100	5	1	4	—
	CS10B10	100	10	2	8	—
MSB	MS5B5	100	5	—	4.5	0.5
	MS5B10	100	10	—	4.5	0.5
	MS5B15	100	15	—	4.5	0.5
	MS10B10	100	10	—	9	1
	MS10B15	100	15	—	9	1

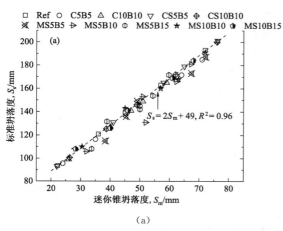

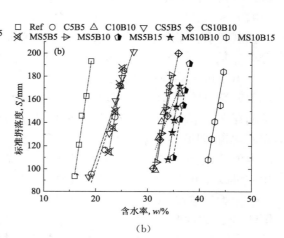

图 3-38　竖向屏障回填料的标准坍落度与迷你锥坍落度的经验
关系式(a)以及标准坍落度与含水率的关系(b)

表 3-5　竖向屏障回填料坍落度与含水率的计算关系式及对应的干密度和孔隙比

组分	$S_s = aw - b$			标准坍落度 /mm	迷你锥坍落度 /mm	含水率[a]，w /%	干密度[b]，$\rho/(\text{g} \cdot \text{cm}^{-3})$	孔隙比[c]，e
	a	b	R^2					
Ref	31.6	410	0.99	146	48.3	17.5	1.42	0.84
C5B5	14.4	188	0.99	146	48.6	23.2	1.40	0.88
C10B10	11.7	251	0.97	149	50.0	34.0	1.38	0.89
CS5B5	13.1	154	0.95	146	48.5	23.1	1.43	0.84
CS10B10	24.0	554	0.99	150	50.5	29.3	1.41	0.87
MS5B5	27.9	516	0.96	152	51.5	23.9	1.42	0.85
MS5B10	27.3	765	0.98	154	52.2	33.6	1.36	0.93
MS5B15	26.0	975	0.97	152	51.3	34.7	1.36	0.95
MS10B10	29.2	882	0.98	153	52.4	35.4	1.37	0.94
MS10B15	26.3	807	0.96	155	52.6	36.5	1.36	0.94

[a] ASTM D5550
[b] ASTM D7263
[c] 孔隙比(e)根据公式 $e = G_s \times \dfrac{\rho_w}{\rho_d} - 1$，其中 G_s 为回填料比重，w 为回填料含水率，ρ_w 和 ρ_d 为水的密度和回填料的干密度。

3.2　防渗性能

　　工程屏障依靠其低渗透性阻隔被污染的地下水，因此渗透系数是竖向隔离墙的重要指标。土-膨润土竖向隔离墙渗透系数的影响因素主要有原位土颗粒级配、膨润土掺量、膨润土类型、制样方法及试样初始状态等。

　　膨润土作为隔离工程屏障材料重要组成部分，其性能是隔离工程屏障阻隔性能的重要影响因素。其中膨润土掺量和膨润土品质均是影响土-膨润土竖向隔离屏障材料渗透系数的控制因素。膨润土品质对渗透系数的影响因素主要包括可交换阳离子类型、膨润土粒径分布（例如黏粒含量）以及膨润土中蒙脱石黏土矿物的含量。

　　当原位土的颗粒级配良好、膨润土掺量足够时，原位土颗粒之间的空隙恰好被粒径较小的膨润土填充，降低了回填料的渗透系数。膨润土掺量对于砂-膨润土混合土渗透系数影响存在一个临界值。当膨润土掺量低于该值时，细颗粒不能完全充填孔隙，且膨润土分布不均匀，回填料渗透系数较大；当膨润土掺量增加时，回填料渗透系数随之降低；高于该临界值后，细颗粒将砂颗粒孔隙填满，渗透系数降低的趋势不再明显。膨润土的预水化作用亦可以降低墙体材料的渗透系数，提高防渗功能。

　　实验室通常采用刚性壁或柔性壁渗透仪对隔离墙材料渗透系数进行测量，试验装置见图 3-39。柔性壁渗透仪与刚性壁渗透仪的区别在于前者试样侧面与柔性乳胶膜贴合，围压经由乳胶膜传递到试样侧面，可任意控制试样侧面围压大小；而刚性壁渗透仪中试样侧面围压由竖向荷载控制。通常认为刚性壁渗透仪的侧漏现象会显著影响渗透试验结果，导致

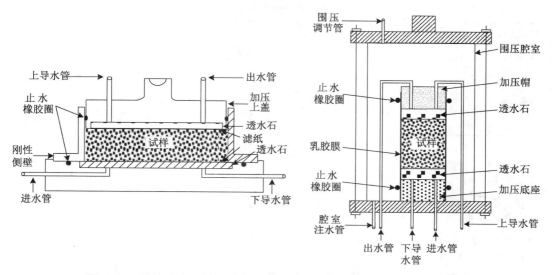

图 3-39　刚性壁渗透仪压力腔室(左图)与柔性壁渗透仪压力腔室(右图)

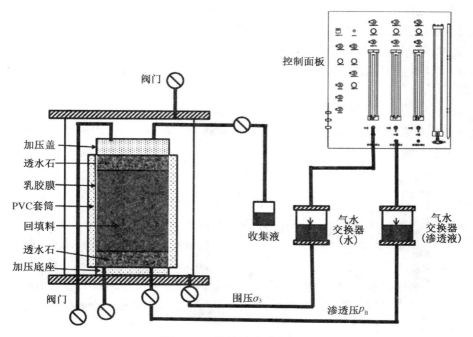

图 3-40　柔性壁试验原理图

所得渗透系数值偏大,所以更推荐柔性壁渗透试验(原理图见图 3-40)。但对于膨润土系隔离墙材料,由于膨润土的膨胀特性,侧漏现象不显著,两种试验方法测试结果相近。两种方法的优缺点见表 3-6。改进滤失试验(Modified Fluid Loss Test,MFL)是将石油行业的API 滤失试验改进得到的一种快速、有效地测试滤饼渗透系数的试验方法。根据达西定理和滤失理论,通过一定时间段内的滤失液体积反算出渗透系数[39-41]。

表 3-6   刚性壁与柔性壁渗透仪优缺点对比

测试方法	优点	缺点
刚性壁渗透仪	设备简易;可控制竖向荷载;可监测试样竖向变形;试验时间较短	试样侧面与刚性侧壁间易发生侧漏,造成渗透系数偏大;无法控制水平应力条件;试样厚度过薄可能不具代表性
柔性壁渗透仪	可对试样进行反压饱和,避免试样侧面发生侧漏;可控制试样应力条件;可监控试样变形情况	试验设备复杂;渗透液可能会腐蚀乳胶膜;无法检测试样开裂情况;水力梯度过大会导致试样有效应力不合理

3.2.1   实验方法

1. 柔性壁渗透试验

试验参照 *ASTM D5084 Standard Test Methods for Measurement of Hydraulic Conductivity of Saturated Porous Materials Using a Flexible Wall Permeameter*[42]进行,试验步骤主要包括:

① 按坍落度 125 mm 对应的含水量进行备样,将其均匀拌和,密封保存 7d,使砂-膨润土隔离墙材料充分水化;

② 测量砂-膨润土隔离墙材料实际含水量,计算试样质量,利用套筒进行制样;

③ 根据规范《土工试验方法标准》[43]对试样进行抽真空饱和 24 h,并静置 48 h;

④ 装样,利用蒸馏水进行反压饱和,试验所用反压为 34.5 kPa;

⑤ 将柔性壁腔室内注入污染液,进行试验,每 24 h 对出水量进行测量,并测量电导率 EC。

2. 改进 API 滤失试验

浆液滤失量及其形成滤饼的渗透系数可由改进滤失试验测定、计算得到。其原理图见图 3-41,试验装置见图 3-42。

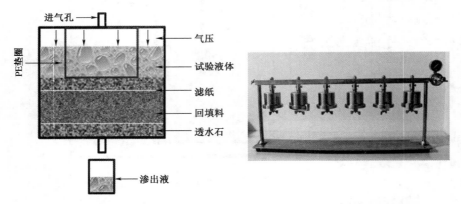

图 3-41   改进滤失试验原理图   图 3-42   六联式滤失仪

回填料改进滤失试验步骤如下:

① 在腔室内壁均匀薄涂凡士林,加入塑料垫圈;

② 在顶部和底部透水石四周均匀薄涂一层凡士林,起到润滑、密封作用;

③ 将顶部透水石和浸湿的滤纸(滤纸裁剪为与透水石同一尺寸)放入腔室;

④ 利用调土刀,分层填入定量的回填料,压实、整平,与腔室内壁刻度线对齐;

⑤ 依次将浸湿的滤纸(小)放入腔室,装好橡胶密封圈后,放入浸湿的滤纸(滤纸与不锈钢滤网同等尺寸),随后组装好滤失仪腔室;

⑥ 倒转滤失仪腔室,用扳手拧开滤失仪腔室上部螺栓,用一次性塑料滴管向腔室内部注入 120 mL 渗透液,之后拧好螺栓,滤失仪腔室组装完成;

⑦ 重复试验步骤①～⑥,组装其他腔室;

⑧ 腔室、仪器就位,施加一定的气压,摆放量筒,准备计时,开始试验;试验步骤与前述泥浆滤失试验步骤一致,在土样顶部施加气压,并记录时间 t 内的滤失量 V,记录时间间隔为 5 min 或 7.5 min,试验持续 30 min 后结束,建立 $p_0 t V^{-1}-V$ 关系;

⑨ 试验结束后,小心拆除腔室,测试试样尺寸、含水率和比重。

渗透系数可通过式(3-4)确定:

$$k_c = \frac{\beta \gamma_w V^2}{2 p_0 A^2 t} = \frac{\beta \gamma_w}{2 A^2 \varphi} \qquad (3-4)$$

式中:k_c——滤饼在溶液中的渗透系数,当溶液为去离子水时,用 k_w 表示;

V——滤失液体积(mL);

t——滤失时间(s);

A——滤失面积(m^2);

p_0——膨润土滤饼所受总应力,为所施加气压与膨润土滤饼上覆静水压力之和(kPa),试验中将 p_0 简化为所施加气压值;

γ_w——水的比重;

φ——$p_0 t V^{-1}-V$ 关系曲线的斜率;

β——膨润土体积与滤失液体积的比例系数,可由以下公式确定:

$$\beta = \frac{LA}{V} = \frac{C_m \rho_w (1 + e_{ave})}{(1 - C_m) \rho_s - e_{ave} C_m \rho_w} \qquad (3-5)$$

式中:C_m——膨润土浆液中膨润土干质量占比(掺量)(%);

ρ_s、ρ_w——膨润土颗粒密度和水的密度;

e_{ave}——膨润土平均孔隙比;

L——滤饼厚度。

3.2.2 聚磷基分散剂改性材料防渗性能

通过和易性试验和基于改进滤失试验的回填料化学相容性研究,确定 SHMP 的最优掺量为 2%,在此条件下探讨聚磷基分散剂改性材料的防渗性能。不同膨润土掺量下渗透系数随时间变化的实验结果如图 3-43[8]。

结果显示,在 15% 到 25% 膨润土掺量下,素土回填料渗透系数范围为 1.29×10^{-9} m/s $\leqslant k \leqslant 6.56 \times 10^{-9}$ m/s,明显高于隔离墙常用渗透系数上限值 10^{-9} m/s,表明未经改良的钙基膨润土不适用于隔离墙技术。而改良回填料渗透系数范围为 1.14×10^{-10} m/s $\leqslant k \leqslant 2.71 \times 10^{-10}$ m/s,低于常用上限值 10^{-9} m/s,较素土回填料低 1～1.4 个数量级,且与钠基膨润土回填料渗透系数 1.57×10^{-10} m/s 相近。

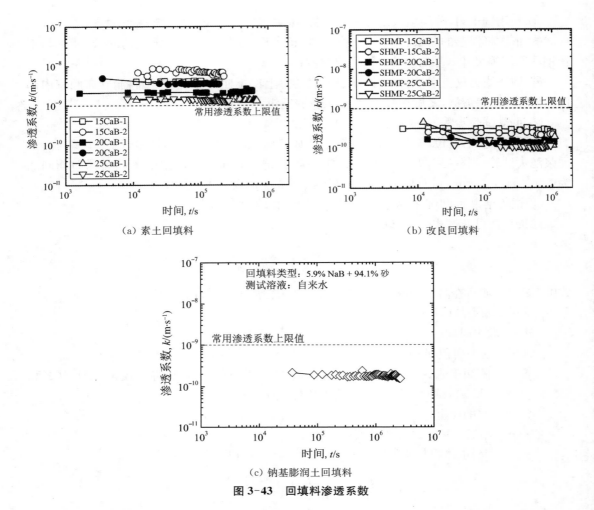

（a）素土回填料　　　　　　　　　　　（b）改良回填料

（c）钠基膨润土回填料

图 3-43　回填料渗透系数

由图 3-43 还可看出,增大膨润土掺量可降低回填料渗透系数。鉴于 10% 钙基膨润土增量引起渗透系数值降低幅度小于一个数量级,而 2% 六偏磷酸钠可使渗透系数降低一个数量级以上,因此六偏磷酸钠对渗透系数影响较膨润土掺量大。各回填料平均渗透系数大小排序为 15CaB > 20CaB > 25CaB > > SHMP-15CaB > SHMP-20CaB ≈ 5.9NaB > SHMP-25CaB。

实验结果表明,含 15%、20% 和 25% 改良钙基膨润土回填料的渗透系数等效于传统隔离墙回填料。鉴于 SHMP-20CaB 回填料渗透系数明显低于 SHMP-15CaB,更接近于钠基膨润土回填料,同时该回填料较 SHMP-25CaB 具有更低的膨润土掺量,因此可建议针对试验中所用的改良钙基膨润土的最优掺量为 20%。综上,六偏磷酸钠显著改善了钙基膨润土及其回填料的渗透特性,可促进实现钙基膨润土应用于隔离墙技术的目标。

3.2.3　羧甲基纤维素钠(CMC)改性材料防渗性能

如图 3-44 所示,三类土-膨润土竖向隔离屏障材料渗透系数总体上随膨润土掺量增大而显著降低[44]。另一方面,渗透系数随膨润土掺量增大的降低幅度则随之增大趋于降低;

膨润土掺量增至 7% 后,渗透系数趋于稳定,为 $3 \times 10^{-10} \sim 1 \times 10^{-11}$ m/s。黏性土-膨润土竖向隔离屏障材料渗透系数随膨润土掺量增大的降低幅度较小。膨润土掺量为 10%(KB10 试样)和 15%(KB15 试样)试样渗透系数较膨润土掺量为 5%(KB5 试样)试样试验结果分别降低 39% ~ 60% 和 60% ~ 66%;膨润土掺量自 0(KB0 试样)增至 5% 时,渗透系数降低幅度则达 70% ~ 87%。膨润土掺量小于 7% 时,砂-膨润土 A 竖向隔离屏障材料(CB 试样)渗透系数随膨润土掺量增大显著降低。膨润土掺量为 8.4%(CB5 试样)试样渗透系数较膨润土掺量为 6.6%(CB3.5 试样)时降低 80% ~ 90%,并使之能够在未污染状态下满足防渗要求。

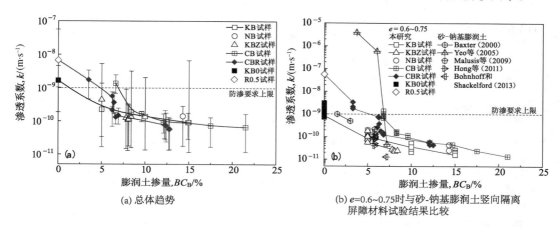

(a) 总体趋势　　　　(b) $e=0.6 \sim 0.75$ 时与砂-钠基膨润土竖向隔离屏障材料试验结果比较

图 3-44　土-膨润土竖向隔离屏障材料渗透系数与膨润土掺量关系
KB(高岭土-膨润土 A);KBZ(高岭土-沸石-膨润土 A);CB(砂-膨润土 B);
CBR(砂-天然黏土-膨润土 B)

相同膨润土掺量范围时,采用钠化改性钙基膨润土所制备黏性土-膨润土竖向隔离屏障材料(KB 和 KBZ 试样)与传统砂-钠基膨润土竖向隔离屏障材料渗透系数一致($k = 5 \times 10^{-11} \sim 3 \times 10^{-10}$ m/s);砂-膨润土 B 竖向隔离屏障材料渗透系数则较传统砂-钠基膨润土竖向隔离屏障试验结果高出 1 ~ 2 个数量级。

通过试验可得出以下结论:

① CMC 钠化改性钙基膨润土制备各类竖向隔离屏障材料渗透系数介于 $10^{-9} \sim 10^{-11}$ m/s。各种土-膨润土竖向隔离屏障材料渗透系数排序依次为砂-钠基膨润土 ≈ 黏土-钠化改性钙基膨润土 < 砂-天然黏土-钠化改性钙基膨润土 < 砂-钠化改性钙基膨润土。

② 黏土-钠化改性钙基膨润土竖向隔离屏障材料均满足防渗要求。总膨润土掺量大于 8.4% 时,砂-钠化改性钙基膨润土竖向隔离屏障材料可满足防渗要求。

③ 总体上,渗透系数随膨润土掺量增大趋于降低;膨润土掺量增至 7% 后,渗透系数趋于稳定,为 $3 \times 10^{-10} \sim 1 \times 10^{-11}$ m/s。相同孔隙比条件下,砂-钠化改性钙基膨润土竖向隔离屏障材料渗透系数较传统砂-钠基膨润土竖向隔离屏障试验结果高出 1 ~ 2 个数量级。

3.2.4　聚阴离子纤维素改性材料防渗性能

在膨润土中添加 PAC(聚阴离子纤维素)可提高其膨胀特性、液限,降低比重。添加聚合物后,在较少的膨润土掺量条件下,渗透系数即可满足工程特性要求。

图 3-45 为不同聚合物掺量的改良土浆液所形成滤饼的渗透系数。由图可知,随聚合物含量的增大,试样所形成滤饼的渗透系数呈降低趋势;相同的聚合物含量条件下,浆液中改良土的掺量越高,其所形成滤饼的渗透系数越低[9]。对于普通膨润土 CB,4% 和 6% 的 CB 浆液所形成滤饼的渗透系数分别为 $2.2×10^{-9}$ m/s 和 $1.0×10^{-9}$ m/s;而向 CB 中添加 4% 和 6% 的 PAC 后,改良土浆液的滤饼渗透系数降至 $6.5×10^{-10}$ m/s 和 $4.8×10^{-10}$ m/s。与改良前相比,渗透系数降低了近一个数量级,表明采用聚合物改良膨润土可有效降低膨润土滤饼的渗透系数。

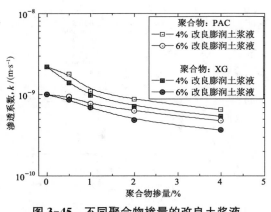

图 3-45　不同聚合物掺量的改良土浆液
所形成滤饼的渗透系数

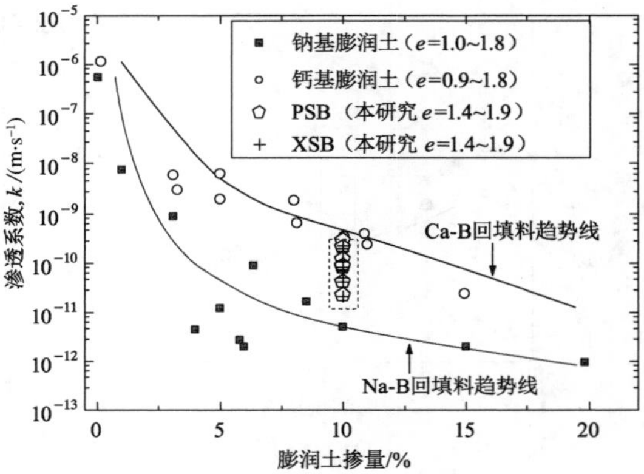

图 3-46　膨润土掺量与渗透系数的关系

图 3-46 为基于滤失试验得到的不同膨润土掺量下各回填料的渗透系数。由图可知,随着掺量增加,各类回填料的渗透系数均呈降低趋势。改良回填料 SB 的渗透系数均小于普通钙基膨润土回填料,且聚合物掺量越高,相同试验条件下的渗透系数越低。滤失试验所得的普通回填料 SB 的渗透系数为 $1.2×10^{-10}$～$4.0×10^{-10}$ m/s。SB 中的膨润土掺量为 10%,其渗透系数低于同掺量的钙基膨润土回填料的渗透系数(10^{-8}～10^{-9} m/s),略高于同掺量的典型钠基膨润土回填料的渗透系数(10^{-10}～10^{-11} m/s)。

一般来说,膨润土的品质性能对回填料的防渗性起到决定性作用。典型钙基膨润土(Ca-B)、钠基膨润土(Na-B)和钠化膨润土(CB)的品质性能优劣依次为 Na-B > CB > Ca-B,CB 掺量为 10% 的普通回填料 SB 的渗透系数亦呈现出上述规律。PAC 显著改善了膨润土及其回填料的防渗特性。

3.2.5　碱激发矿渣-膨润土防渗性能

对不同掺量的水泥-土(Ref)、水泥-膨润土-土(CB)和水泥-矿渣-膨润土-土(CSB)及 GGBS-MgO-膨润土-土(MSB)隔离墙材料进行对比实验。各竖向屏障在养护 28 d 和 90 d 后,使用自来水作为渗透液测得的渗透系数结果如图 3-47 所示[36]。

由于水泥材料在养护 28 d 之后水化已接近完全,孔隙结构趋于稳定,所以随着养护龄期由 28 d 增长至 90 d,渗透系数只微弱降低。而对于 MSB 竖向屏障材料,由于水化反应在养护 90 d 之前持续发生,孔隙比也逐渐降低,导致其渗透系数在养护龄期由 28 d 增长至 90 d 后降低 76.2%～87.1%。以上结果也表明,Ref 和 C5B5 在养护 28 d 时,无法满足渗透

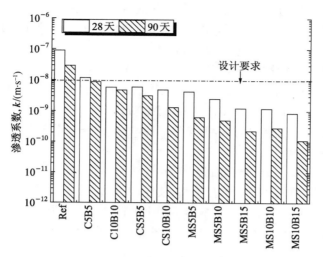

图 3-47　养护 28 d 和 90 d 后的渗透系数

系数的要求。而在养护 90 d 时,CB、CSB 和 MSB 均能满足渗透性要求($<1\times10^{-8}$ m/s)。对比凝胶材料的掺量和膨润土掺量对渗透系数的影响可发现:90 d 养护后,当 GGBS-MgO 从 5％提高到 10％,渗透系数降低 52％(MS5B15 $= 2.3\times10^{-10}$ m/s vs. MS10B15 $= 1.1\times 10^{-10}$ m/s);而当膨润土由 5％提高到 10％,渗透系数可降低 63％(MS5B5$=6.3\times10^{-10}$ m/s vs. MS5B10 $= 2.3\times10^{-10}$ m/s)。膨润土的掺量对渗透系数降低影响更大。

由图 3-47 可知,MSB 竖向屏障在自来水作用下的渗透系数能满足 1×10^{-8} m/s 的防渗要求,其主要水化产物为水化硅酸钙(C-S-H)和类水滑石(Ht)。

3.3　压缩特性

土-膨润土竖向隔离屏障的压缩特性是屏障工后变形的重要作用因素,并且由压缩变形所引起的孔隙比减小将有效提高隔离屏障的防渗截污性能。已有土-膨润土竖向隔离屏障一维压缩固结试验结果显示,钠基膨润土掺量为 2％～6％时压缩指数介于 0.05～0.25,回弹指数则约为压缩指数的 1/25～1/10。压缩指数随膨润土掺量的增加趋于增大。

通过一维压缩固结试验可以确定黏性土-膨润土、砂-膨润土和砂-黏性土-膨润土三类土-膨润土竖向隔离屏障材料压缩特性,定量评价膨润土掺量、沸石掺量、天然黏土掺量、初始含水率对隔离屏障材料压缩特性的作用规律。

3.3.1　一维固结实验方法

固结试验为标准固结试验,均参照《公路土工试验规程》进行[14]。将试样进行真空饱和后,按下述步骤进行一维固结试验:

① 在固结容器内将护环、透水石及滤纸放置好,再将装有试样的环刀装入护环内,放上导环,试样上依次放上滤纸、透水石及上盖,并将固结容器置于加压框架正中,使加压上盖与加压框架中心对准,安装百分表。将顶盖上部加满水,使试样处于饱和状态。

② 施加 1 kPa 的压力使试样与滤纸接触完好,将百分表调零。

③ 按照规范施加压力,压力等级为 12.5 kPa、25 kPa、50 kPa、100 kPa、200 kPa、400 kPa、800 kPa、1 600 kPa,每级荷载维持 24 h。

④ 施加每一级压力后按一定时间顺序记录试样的高度变化。时间为 6 s、15 s、1 min、2 min 15 s、4 min、6 min 15 s、9 min、12 min 15 s、16 min、20 min 15 s、25 min、30 min 15 s、36 min、42 min 15 s、49 min、64 min、100 min、200 min、24 h。

⑤ 试验结束后吸去容器中的水,拆除各部件,取出试样测定含水率。

注意事项:

① 采用试样高为 20 mm、横截面为 30 cm^2;

② 隔离屏障材料填入环刀后进行饱和、装样;

③ 土-膨润土竖向隔离屏障材料中的膨润土黏粒含量高,采用浸水饱和法饱和试样;

④ 一维压缩固结试验的荷载率(加载增量与前一级荷载比值)为 1,每级加载时间为 24 h;

⑤ 考虑到试样有高含水率的特点,试验竖向应力加载自 3.125 kPa 起始,以避免直接采用高应力(例如 12.5 kPa)加载时土从环刀与透水石间溢出。

3.3.2 竖向阻隔屏障固结特性分析

图 3-48～图 3-50 分别给出了 KB、KBZ、CB 和 CBR 试样的 e-lgσ' 压缩曲线。图 3-51～图 3-53 则给出了各试样的体积压缩系数(m_V)随平均有效竖向应力(σ'_{ave})的变化关

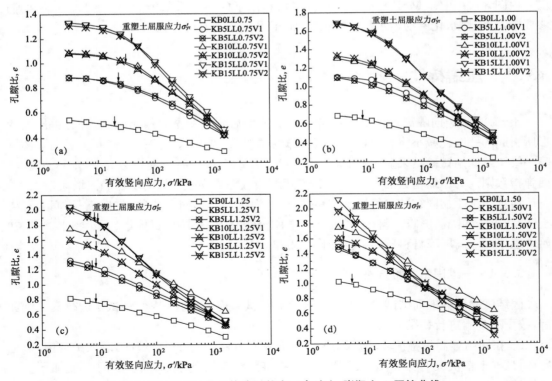

图 3-48　0.75～1.5 倍液限状态下高岭土-膨润土 A 压缩曲线

系，其中 σ'_{ave} 定义为两级应力的几何平均值，见式(3-6)。

$$\sigma'_{ave} = \sqrt{\sigma'_i \cdot \sigma'_{i+1}}$$

$$(3-6)$$

式中：σ'——有效竖向应力；

i——第 i 级加载。

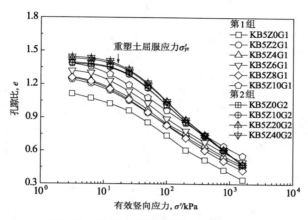

图 3-49　高岭土-沸石-膨润土 A 压缩曲线

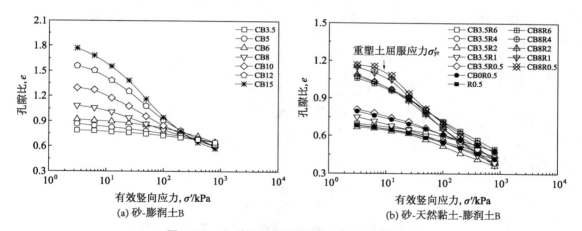

图 3-50　土-膨润土竖向隔离屏障材料压缩曲线

通常认为重塑土的一维压缩曲线呈一直线，但三类隔离屏障材料的压缩曲线在有效竖向应力小于 25 kPa 时普遍存在一拐点。有学者认为这是由于重塑土存在所谓"重塑屈服应力"，其大小对应于压缩曲线拐点处。在黏性土-膨润土隔离屏障材料（KB 和 KBZ 试样）中，这一现象尤为明显；砂-膨润土和砂-黏性土-膨润土隔离屏障材料中，这一倒"S"形压缩曲线则主要出现于具有高掺量膨润土试样。此外，对于同类隔离屏障材料，初始含水率相对越小、液限相对越大（例如 KB15LL 0.75 试样），则这一现象越为显著。基于这一压缩曲线非线性结果，将压缩指数（C_c）根据 e-lgσ' 压缩曲线上所谓重塑土屈服阶段的直线段确定，如图 3-54 所示。

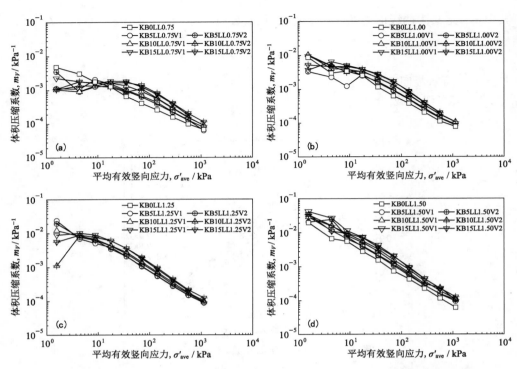

图 3-51　0.75～1.5 倍液限状态下高岭土-膨润土 A 平均有效应力与体积压缩系数关系

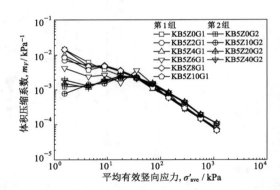

图 3-52　高岭土-沸石-膨润土 A 平均有效应力与体积压缩系数

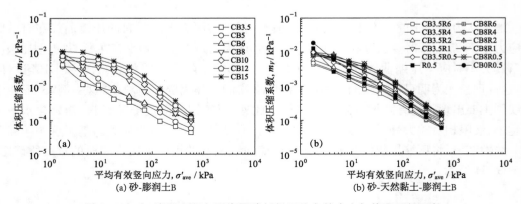

(a) 砂-膨润土B　　　　　　　　(b) 砂-天然黏土-膨润土B

图 3-53　土-膨润土竖向隔离屏障材料平均有效应力与体积压缩系数

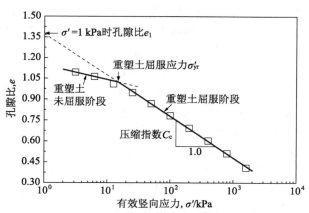

图 3-54 $e\text{-}\lg\sigma'$ 压缩曲线中压缩指数、重塑土屈服应力
和 $\sigma' = 1$ kPa 时孔隙比定义示意图

土-膨润土竖向隔离屏障材料压缩指数列于表 3-7。试验结果显示,对于同类隔离屏障材料,C_c 值随膨润土掺量、初始含水率增加而增大。比较相近 BC_B 的 KB 试样($BC_B = 5\%$、10%)与 CB 试样(CB3.5、CB6)的试验结果,前者 C_c 值为后者的 2.6~5 倍。与传统砂-钠基膨润土隔离屏障材料的 C_c 值($0.2\sim0.3$)相比,黏性土-膨润土隔离屏障材料显然具有较高压缩性。当 $BC_B < 10\%$ 时,CB 和 CBR 试样的 C_c 值仅为 $0.07\sim0.18$;CB 和 CBR 试样的 BC_B 到达 12% 后 C_c 值则大于砂-钠基膨润土隔离屏障材料。

表 3-7　土-膨润土竖向隔离屏障材料压缩指数

试样编号	C_c	试样编号	C_c	试样编号	C_c
KB0LL0.75	0.11	KB0LL1.25	0.19	KB5Z0	0.35
KB0LL1.00	0.17	KB0LL1.50	0.23	KB5Z2	0.34
KB5LL0.75V1	0.25	KB5LL1.25V1	0.34	KB5Z4	0.34
KB5LL0.75V2	0.24	KB5LL1.25V2	0.33	KB5Z6	0.36
KB5LL1.00V1	0.28	KB5LL1.50V1	0.36	KB5Z8	0.36
KB5LL1.00V2	0.29	KB5LL1.50V2	0.35	KB5Z10	0.36
KB10LL0.75V1	0.35	KB10LL1.25V1	0.47	KB5Z0	0.46
KB10LL0.75V2	0.34	KB10LL1.25V2	0.48	KB5Z10	0.46
KB10LL1.00V1	0.40	KB10LL1.50V1	0.52	KB5Z20	0.48
KB10LL1.00V2	0.41	KB10LL1.50V2	0.51	KB5Z40	0.49
KB15LL0.75V1	0.46	KB15LL1.25V1	0.70	CB3.5	0.07
KB15LL0.75V2	0.49	KB15LL1.25V2	0.72	CB5	0.08
KB15LL1.00V1	0.58	KB15LL1.50V1	0.75	CB6	0.10
KB15LL1.00V2	0.61	KB15LL1.50V2	0.73	CB8	0.24
CB10	0.37	CB3.5R6	0.13	CB8R6	0.26
CB12	0.53	CB3.5R4	0.14	CB8R4	0.29
CB15	0.68	CB3.5R2	0.17	CB8R2	0.29
CB0R0.5	0.13	CB3.5R1	0.17	CB8R1	0.34
R0.5	0.13	CB3.5R0.5	0.18	CB8R0.5	0.34

三类隔离屏障材料的体积压缩系数总体上介于 $5 \times 10^{-5} \sim 10^{-2}$ kPa^{-1},且均随平均有效应力增大而降低,即隔离屏障材料压缩性随有效应力增加由高压缩性趋于低压缩性。相同平均有效应力时,黏性土-膨润土隔离屏障材料的体积压缩系数大于砂-膨润土和砂-黏性土-膨润土隔离屏障材料试验结果。主要原因在于:(1)黏性土-膨润土隔离屏障材料中的主土材料高岭土的压缩性高于砂或砂-天然黏土混合土;(2)砂颗粒易在压缩过程中逐渐形成骨架搭接,导致试样压缩性显著降低。考虑到实测土-膨润土竖向隔离屏障所受有效应力通常小于 150 kPa,当平均有效应力为 70.7 kPa(加载为 50~100 kPa)时,KB、KBZ、CB 和 CBR 试样的体积压缩系数分别为 $6.3 \times 10^{-4} \sim 2 \times 10^{-3}$ kPa^{-1}、$1.1 \times 10^{-3} \sim 1.6 \times 10^{-3}$ kPa^{-1}、$2.0 \times 10^{-4} \sim 2.1 \times 10^{-3}$ kPa^{-1}、$3.5 \times 10^{-4} \sim 1.4 \times 10^{-3}$ kPa^{-1},均可认为具有高压缩性。黏性土-膨润土隔离屏障材料的体积压缩系数最大可分别高出砂-膨润土和砂-黏性土-膨润土隔离屏障材料试验结果的 6.6 倍和 3.4 倍。

分析黏性土-膨润土、砂-膨润土和砂-黏性土-膨润土三类土-膨润土竖向隔离屏障材料压缩特性试验研究结果,可以得出以下结论:

① 总体上,压缩指数介于 0.1~0.5,体积压缩系数介于 $5 \times 10^{-5} \sim 10^{-2}$ kPa^{-1},固结系数介于 $2 \times 10^{-9} \sim 10^{-7}$ m^2/s。相同膨润土掺量条件下,压缩指数大小依次为黏性土-膨润土 > 砂-黏性土-膨润土 > 砂-膨润土。

② 三类土-膨润土竖向隔离屏障材料的 e-lgσ' 压缩曲线并未表现出传统重塑土压缩曲线的线性特征;相反,在有效竖向应力小于 25 kPa 时普遍存在一拐点。其原因在于重塑土存在所谓重塑土屈服应力。隔离屏障材料的初始含水率越小、液限越高,则该现象相对越显著。

③ 初始含水率是土-膨润土竖向隔离屏障材料压缩特性的控制因素之一。由于初始状态的不同,导致隔离屏障材料液限与压缩指数关系不唯一。初始含水率越大,则压缩性相对越高;对于同一配比,压缩指数随初始含水率增大呈线性升高的趋势。

④ 膨润土掺量是土-膨润土竖向隔离屏障材料压缩和固结特性的控制因素之一。总体上,压缩指数和体积压缩系数均随膨润土掺量增大趋于升高;固结系数随膨润土掺量增大趋于降低。膨润土掺量对砂-膨润土竖向隔离屏障材料压缩性的作用规律分为两个阶段:

低膨润土掺量时,压缩变形取决于砂颗粒剪切变形等引起的重排列,压缩指数不随膨润土掺量增大而改变,介于 0.05~0.1;

随着膨润土掺量继续增大,压缩指数随膨润土掺量增大而升高,水化膨润土固结排水成为隔离屏障材料压缩变形的主因。

⑤ 膨润土品质是土-膨润土竖向隔离屏障材料压缩特性的重要影响因素之一。相同膨润土掺量条件下,砂-钠基膨润土竖向隔离屏障材料的压缩指数和固结系数均高于砂-膨润土 B 的试验结果。

⑥ 天然黏土掺量是砂土-黏性土-膨润土竖向隔离屏障材料压缩特性的重要影响因素。相同膨润土掺量条件下,压缩指数和体积压缩系数均随天然黏土掺量增大趋于升高。然而,天然黏土掺量的影响程度存在边际效应。在 CBR 试样中,天然黏土掺量增至 46%～48%后,压缩指数和体积压缩系数不再改变。

3.3.3 压缩指数预测方法

Hong 等[45-46]提出采用特征参数 e_1(有效竖向应力为 1 kPa 时的孔隙比)评价重塑天然

黏土压缩特性的分析方法,发现重塑天然黏土的 e_1 与 Burland[47] 所定义的固有压缩指数 (C_c^*) 关系存在唯一性。e_1 定义为试样的 e-$\lg\sigma'$ 压缩曲线屈服阶段的直线段延迟至有效竖向应力为 1 kPa 时所对应的孔隙比,如图 3-54 所示[44]。

已有砂-钠基膨润土和其他三类隔离屏障材料 C_c 随 e_1 变化关系如图 3-55。各配比和初始含水率相同的条件下,三类土-膨润土竖向隔离屏障材料具有统一的 e_1-C_c 变化趋势。另一方面,由于低膨润土掺量的砂-膨润土隔离屏障材料内部易形成砂颗粒搭接,导致其表现出极低压缩性。因此,所对应的 e_1-C_c 关系位于总体趋势下方。通过非线性拟合分析,该变化趋势可通过式(3-7)描述(判定系数 $R^2 = 0.948$)。

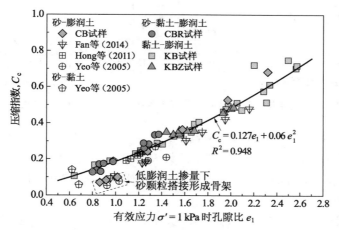

图 3-55　土-膨润土竖向隔离屏障材料 e_1 与 C_c 的关系

为进一步完善采用 e_1 评价土-膨润土竖向隔离屏障材料压缩指数在实际工程中的应用,通过对隔离屏障材料的 C_c 和 e_1 试验结果进行多元线性回归分析,以初始含水率和隔离屏障材料液限所对应孔隙比(e_0 和 $e_{L,B}$)作为因变量,确定 e_1 的表达式可由式(3-8)表述,判定系数 R^2 为 0.906。

$$C_c = 0.127e_1 + 0.06e_1^2 \tag{3-7}$$

$$e_1 = 0.565e_{L,B} + 0.663e_0 + 0.031 \tag{3-8}$$

式中:符号意义同前。

膨润土掺量和天然黏土掺量的变化与隔离屏障材料液限存在直接联系(图3-56),因此式(3-8)本质上反映了初始含水率、膨润土掺量和天然黏土掺量对土-膨润土竖向隔离屏障材料压缩指数的影响。基于这一结论,通过多元线性回归和偏相关分析定量评价 e_0 和 $e_{L,B}$ 对三类土-膨润土竖向隔离屏障材料 C_c 的作用规律。考虑到砂-膨润土和砂-黏性土-膨润土竖向隔离屏障材料液限测定难的状况(低膨润土掺量的 CB 和 CBR 试样),同时采用 e_0 和似液限(LL^*)所对应孔隙比 e_{LL^*} 作为自变量分析砂-膨润土和砂-黏性土-膨润土竖向隔离屏障材料试验结果。

$$LL^* = w_L \times BC_B + w_{L,c} \times NCC_B \times CF_c \tag{3-9}$$

式中:w_L 和 $w_{L,c}$ 分别为隔离屏障材料中膨润土和黏土的液限;BC_B 为隔离屏障材料总膨润土掺量;NCC_B为隔离屏障材料中天然黏土掺量;CF_C为天然黏土的黏粒含量。特别地,砂-膨润土隔离屏障材料的似液限$LL^* = w_L \times BC_B$。式(3-9)中的计算参数均可由室内试验、场地原位勘察及施工设计方案获得。

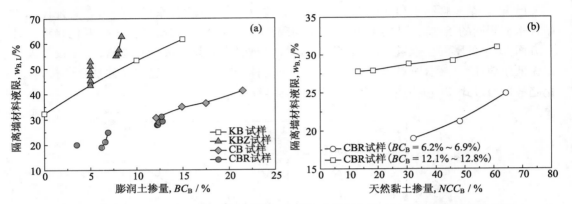

图 3-56　土-膨润土竖向隔离屏障材料液限与膨润土掺量(a)和天然黏土掺量(b)的关系

多元线性回归和偏相关分析结果汇总于表3-8。分析结果表明,三类土-膨润土竖向隔离屏障材料C_c可通过式(3-10)表述(判定系数$R^2 = 0.948$)。特别地,对于砂-膨润土和砂-黏性土-膨润土竖向隔离屏障材料C_c,表达式中$e_{L,B}$用e_{LL^*}代替,此时C_c可由式(3-11)表述(判定系数$R^2 = 0.948$)。

式(3-8)～式(3-11)中自变量e_0的偏相关系数r均大于0.6,t检验下相伴概率值(Sig值)均<5%,表明初始含水率与C_c间具有显著相关性;式(3-8)和式(3-10)中自变量$e_{L,B}$的偏相关系数则均小于e_0分析结果,表明其净相关程度低于e_0;式(3-11)中自变量e_{LL^*}的偏相关系数最低,且Sig值>5%。其原因在于:(1)砂颗粒重排列是低掺量膨润土 CB 和CBR 试样压缩变形的重要因素,且无法通过液限(或似液限)描述;(2)自变量e_0与e_{LL^*}间存在高度相关性,导致存在较强的多重共线性(方差膨胀因子$VIF = 84.9$),即e_0与e_{LL^*}在预测C_c时均有贡献,但两者的贡献相互重叠。

表 3-8　土-膨润土竖向隔离屏障材料压缩指数多元线性回归和偏相关分析

表达式	判定系数 R^2	自变量	偏相关系数 r	t 检验	相伴概率值
式(3-8)	0.906	e_0	0.827	10.183	0.000 < 5%
		$e_{L,B}$	0.697	6.733	0.000 < 5%
式(3-10)	0.870	e_0	0.816	9.775	0.000 < 5%
		$e_{L,B}$	0.515	4.165	0.000 < 5%
式(3-11)	0.907	e_0	0.674	3.652	0.002 < 5%
		e_{LL^*}	0.161	0.652	0.524 > 5%

图 3-57 的结果则显示采用各类膨润土和天然黏土制备的砂-膨润土和砂-黏性土-膨润土隔离屏障材料具有基本一致的似液限(LL^*)-C_c关系。非线性拟合结果表明,这一变化规律可由式(3-12)描述,判定系数$R^2 = 0.902$。考虑初始含水率对隔离屏障材料压缩性的影响,式(3-12)适用于w_0/LL^*为1.2～2.4的初始条件。

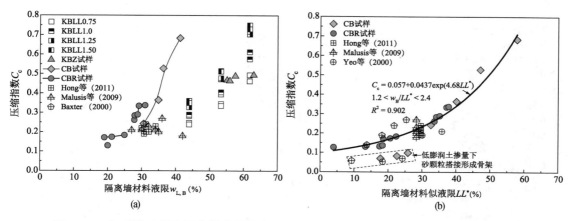

图 3-57　土-膨润土竖向隔离屏障材料液限($w_{L,B}$)(a)和似液限(LL^*)(b)与压缩指数关系

$$C_c = 0.135e_{L,B} + 0.246e_0 - 0.118 \qquad (3\text{-}10)$$

$$C_c = 0.067e_{LL^*} + 0.414e_0 - 0.233 \qquad (3\text{-}11)$$

$$C_c = 0.057 + 0.043\exp(4.68LL^*) \qquad (3\text{-}12)$$

式中：符号意义同前。

图 3-58 和图 3-59 分别给出了通过式(3-7)、式(3-8)、式(3-10)、式(3-11)以及式(3-12)所计算土-膨润土竖向隔离屏障材料压缩指数预测值($C_{c,p}$)与实测 C_c 对比结果。通过式(3-7)和(3-8)所计算 $C_{c,p}$ 为实测值的 $0.8\sim1.2$ 倍，占全部样本的 88%；92% 预测结果的相对误差小于 20%。由式(3-10)所确定 $C_{c,p}$ 则为实测 C_c 的 $0.7\sim1.3$ 倍；相对误差均小于 30%。式(3-11)对低膨润土掺量的砂-膨润土和砂-黏性土-膨润土竖向隔离屏障材料的 C_c 预测结果不理想，$C_{c,p}$ 的相对误差高达 $76\%\sim194\%$。采用式(3-12)预测砂-膨润土和砂-黏性土-膨润土竖向隔离屏障材料 C_c 的结果优于式(3-11)，但同样无法预测受砂颗粒搭接所形成骨架显著影响的试验结果。但当实测 C_c 大于 0.1 时，式(3-12)给出了有效预测。对比 CB 和 CBR 试样以及砂-钠基膨润土竖向隔离屏障材料预测与实测结果，97% $C_{c,p}$ 的相对误差小于 30%。基于此，建议通过式(3-12)预测各类土-膨润土竖向隔离屏障材料压缩指数；对于无法测定液限的砂-膨润土和砂-黏性土-膨润土竖向隔离屏障材料，则可采用式(3-12)初步评价。

经由以上分析可得到结论如下[44]：

① 三类土-膨润土竖向隔离屏障材料的压缩指数与有效竖向应力为 1 kPa 时的孔隙比 e_1 关系存在唯一性：$C_c = 0.127e_1 + 0.06e_1^2$。特征参数 e_1 可表述为液限和初始含水率时孔隙比的函数，综合反映了初始含水率、膨润土掺量和膨润土品质对压缩特性的影响。

② 砂-膨润土和砂-黏性土-膨润土竖向隔离屏障材料的压缩指数与似液限 LL^* 关系存在唯一性：$C_c = 0.057 + 0.043\exp(4.68LL^*)$。$LL^*$ 综合反映了膨润土掺量、膨润土品质和天然黏土掺量对压缩特性的影响。

③ 在压缩特性影响因素分析基础上，通过多元线性回归和偏相关分析，给出三类土-膨润土竖向隔离屏障材料压缩指数预测方法：$C_c = 0.135e_{L,B} + 0.246e_0 - 0.118$。对于液限不易确定的砂-膨润土和砂-黏性土-膨润土竖向隔离屏障材料，可采用 LL^*-C_c 关系评价隔

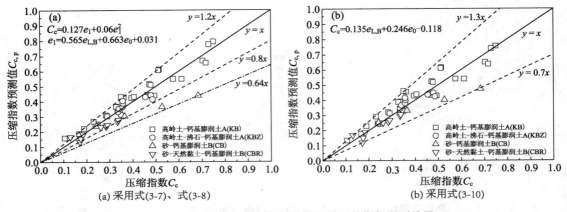

图 3-58　土-膨润土竖向隔离屏障材料压缩指数预测结果

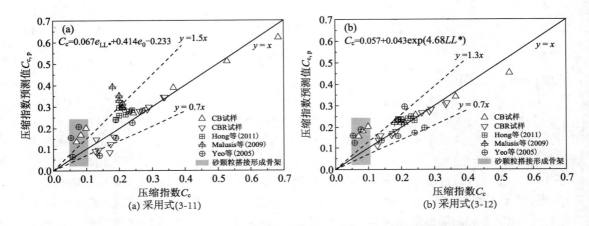

图 3-59　砂-膨润土、砂-黏性土-膨润土竖向隔离屏障材料压缩指数预测结果

离屏障材料压缩性。2 种预测方法无法准确预测低膨润土掺量下砂-膨润土竖向隔离屏障材料的压缩指数。

3.4　强度特性

1. 土-膨润土隔离屏障

土-膨润土竖向隔离屏障（SB）强度极低，其主要原因在于材料坍落度达到 100 mm 至 150 mm 时其含水率通常超过其液限，而液限状态下土的抗剪强度仅为 1.3～2.4 kPa。土-膨润土竖向隔离屏障的主固结使其形成抗剪强度，膨润土的触变性和次固结（或蠕变）引起强度进一步增长。CPTU 和十字板剪切试验结果则进一步验证了上述强度特性分析，并且屏障强度不沿深度方向而增大，不排水抗剪强度约为 5～15 kPa。

2. 水泥基膨润土隔离屏障

水泥-膨润土隔离屏障（CB）和土-水泥-膨润土隔离屏障（SCB）的主体材料是水泥和膨

润土。经过水化后的膨润土泥浆是一种溶胶悬浮体,其遇到水泥后,泥浆中的 Na$^+$ 会和水泥中的 Ca^{2+} 进行离子交换,使泥浆絮凝并析水,引起一系列物理化学反应。水泥和膨润土的相互作用使泥浆逐渐硬化,形成具有一定强度的固结体。

这两种材料的相互作用比较复杂又相互矛盾:一方面膨润土的防渗性能提高依赖于其膨胀性的提高,掺入水泥后会导致膨润土膨胀性降低,失去大量结合水;另一方面为了提高墙体材料的强度,就需要增加水泥的用量。

在水泥-膨润土(CB)泥浆中加入钠盐离子后固结体的强度有一定幅度的增大。矿渣替代部分水泥可以使水泥-膨润土隔离屏障强度提高 20%～30%。现场土-水泥-膨润土(SCB)隔离屏障的渗透系数与室内试验结果接近,均低于设计值($1×10^{-6}$ cm/s)1 个数量级。

3. 碱激发矿渣隔离屏障

GGBS-MgO-膨润土-土(MSB)竖向屏障和易性能良好,养护 28 d 满足超过 100 kPa 的强度设计需求,自来水作用下的渗透系数均能满足 $1×10^{-8}$ m/s 的防渗要求,MSB 竖向屏障的水化产物主要为水化硅酸钙(C-S-H)和类水滑石(Ht)。

MgO 的掺量可影响基质的密实度、孔隙结构、基质/纤维界面关系,进而影响无侧限抗压强度、极限拉伸强度和拉伸能力等宏观力学性能。MgO 掺量为 6% 时,可达到最大的极限拉伸性能。

无侧限抗压强度试验按照规范 ASTM D4219-08 进行,试验设备可采用 CBR-2 型承载比试验仪,并搭配压力及位移传感器,控制轴向应变速率为 1%/min,测试三个平行样。电脑每间隔 1 s 自动采集、记录一次轴向力和竖向位移。试验前,用天平及游标卡尺对试样进行质量、高度、直径测量。试验后,进行土体 pH 和含水率测定,并计算干密度。

4. 四种竖向屏障强度对比

经过标准养护后,MSB 等四种竖向屏障的无侧限抗压强度结果如图 3-60 所示[36]。结果表明,不同养护龄期,无侧限抗压强度增长幅度不同,水泥基竖向屏障的强度在养护 28 d 前增长速度较快,幅度最为明显,其后随着龄期的增长趋于稳定。其中 Ref、CB 和 CSB 的强度在养护 28 d 和 90 d 分别为 520～650 kPa 和 530～680 kPa。而 MSB 竖向屏障在 90 d 后强度可达 230～520 kPa。

同养护龄期相比,凝胶材料的掺量也影响竖向屏障体的强度值。如在养护 28 d 龄期,凝胶材料从 5% 增长至 10%

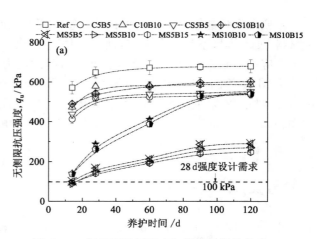

图 3-60　无侧限抗压强度与养护时间的关系

时,CB 和 CSB 分别增长 11.7% 和 3.1%;而 MSB 竖向增长 88.2%;养护至 90 d 龄期,CB、CSB 和 MSB 的强度分别增长 11.3%、10.1% 和 103.8%。

膨润土掺量对竖向屏障的无侧限抗压影响十分显著。对于 MSB 竖向屏障材料,当膨润土掺量由 5% 增长至 15% 时,养护 28 d 和 90 d 的 MSB 竖向屏障强度分别降低 16.1% 和

15.7%。其主要由于在制作试样时:选用相同的坍落度条件,膨润土掺量越高,竖向屏障试样的含水率越高。综上结果表明,尽管 MSB 竖向屏障材料强度低于水泥材料,但其均满足养护 28 d 超过 100 kPa 的强度设计需求。

破坏应变 ε_f 是衡量材料的脆性或韧性的重要指标,定义为在应力-应变曲线上试样应力达到极限抗压强度时对应的应变值。MSB 等四种竖向屏障的破坏应变 ε_f 与对应的无侧限抗压强度关系如图 3-61(a)所示。从图中可知,各竖向屏障的破坏应变 ε_f 呈现出随着无侧限抗压强度增大而递减的趋势,破坏应变与无侧限抗压强度呈现较吻合的幂函数关系,拟合关系式为 $\varepsilon_f = 0.105 q_u^{-0.24}$,$R^2 = 0.89$。破坏应变 ε_f 分布于 2.4%~3.5% 之间,且 MSB 竖向屏障的破坏应变 ε_f 明显高于其他竖向屏障。

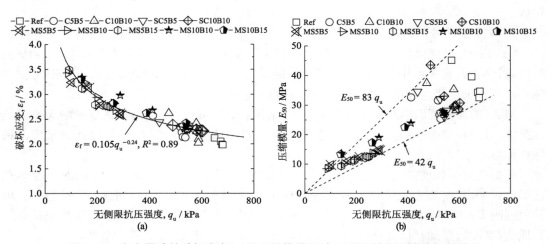

图 3-61　竖向屏障的破坏应变(a)和压缩模量(b)与无侧限抗压强度的预测关系

变形模量能够反映出材料抵抗弹塑性变形的能力,但由于竖向屏障材料是一种弹塑性材料,变形模量不是一个常数,通常采用 E_{50} 来表征水泥土材料的变形特性。E_{50} 定义为当竖向应力达到 50% 无侧限抗压强度时材料的应力与相应压缩应变的比值。图 3-61(b)比较了 MSB 等四种竖向屏障的 E_{50} 与无侧限抗压强度 q_u 之间的关系,从 3-61(b)上可以看出,E_{50} 与无侧限抗压强度之间 q_u 呈现出比较好的线性增长关系。MSB 竖向屏障的 E_{50} 为 10~30 MPa,低于其余竖向屏障,表明 MSB 竖向屏障有较大的塑性。

参考文献

[1] Scalia IV J. Bentonite-polymer composites for containment applications [D]. Wisconsin: The University of Wisconsin-Madison, 2012.

[2] Jo H Y, Katsumi T, Benson C H, et al. Hydraulic conductivity and swelling of nonprehydrated GCLs permeated with single-species salt solutions [J]. Journal of Geotechnical and Geoenvironmental Engineering, 2001, 127(7): 557-567.

[3] Bohnhoff G L, Shackelford C D. Hydraulic conductivity of polymerized bentonite-amended backfills [J]. Journal of Geotechnical and Geoenvironmental Engineering, 2014, 140(3): 04013028.

［4］ Katsumi T，Ishimori H，Onikata M，et al. Long-term barrier performance of modified bentonite materials against sodium and calcium permeant solutions［J］. Geotextiles and Geomembranes，2008，26(1)：14-30.

［5］ Kolstad D C，Benson C H，Edil T B. Hydraulic conductivity and swell of nonprehydrated geosynthetic clay liners permeated with multispecies inorganic solutions［J］. Journal of Geotechnical and Geoenvironmental Engineering，2004，130(12)：1236-1249.

［6］ ASTM D5890-95. Standard test method for swell index of clay mineral component of geosynthetic clay liners［S］. ASTM International，West Conshohocken，PA，2011.

［7］ 张润. 六偏磷酸钠改良膨润土系竖向工程屏障防渗吸附扩散性能研究［D］. 南京：东南大学，2018.

［8］ 杨玉玲. 六偏磷酸钠改良钙基膨润土系竖向隔离墙防渗控污性能研究［D］. 南京：东南大学，2017.

［9］ 沈胜强. 土-聚合物改良膨润土竖向屏障对重金属污染物阻隔性能的研究［D］. 南京：东南大学，2019.

［10］ Grim R E，Guven N. Bentonites：geology，mineralogy，properties and uses［M］. Amsterdam：Elsevier，2011.

［11］ Scalia J，Benson C H，Bohnhoff G L，et al. Long-term hydraulic conductivity of a bentonite-polymer composite permeated with aggressive inorganic solutions［J］. Journal of Geotechnical and Geoenvironmental Engineering，2014，140(3)：04013025.

［12］ Shackelford C D，Benson C H，Katsumi T，et al. Evaluating the hydraulic conductivity of GCLs permeated with non-standard liquids［J］. Geotextiles and Geomembranes，2000，18(2)：133-161.

［13］ Lee J M，Shackelford C D，Benson C H，et al. Correlating index properties and hydraulic conductivity of geosynthetic clay liners［J］. Journal of Geotechnical and Geoenvironmental Engineering，2005，131(11)：1319-1329.

［14］ 中华人民共和国交通部. 公路土工试验规程：JTG E40—2007［S］. 北京：人民交通出版社，2007.

［15］ Lambe T W. The improvement of soil properties with dispersants［J］. Boston Society Civil Engineers Journal，1954，41(2)：184-207.

［16］ 东南大学，浙江大学，湖南大学，等. 土力学［M］. 2版. 北京：中国建筑工业出版社，2005.

［17］ Sivapullaiah P V，Sridharan A，Stalin V K. Hydraulic conductivity of bentonite-sand mixtures［J］. Canadian Geotechnical Journal，2000，37：406-413.

［18］ 陈左波. 砂-膨润土系竖向隔离墙阻滞重金属污染物运移特性的试验研究［D］. 南京：东南大学，2014.

［19］ Schenning J A. Hydraulic performance of polymer modified bentonite［D］. Tampa：University of South Florida，2004.

［20］ Di Emidio G. Hydraulic and chemicO-osmotic performance of polymer treated clays［D］. Ghent，Belgium：Ghent University，2010.

［21］ Mcrory J A，Ashmawy A K. Polymer treatment of bentonite clay for contaminant resistant barriers［C］//Geotechnical Special Publication 142，2005：3399-3409.

［22］ Chilingar G V. Study of the dispersing agents［J］. Journal of Sedimentary Research，1952，22(4)：229-233.

［23］ Bohnhoff G L. Membrane behavior，diffusion，and compatibility of a polymerized bentonite for containment barrier applications［D］. Colorado：Colorado State University，2012.

［24］ US EPA. Slurry trench construction for pollution migration control［R］. United States Environmental

Protection Agency，Washington，D C，USA，1984：1-268.

[25] Millet R A，Perez J Y. Current USA practices：Slurry wall specifications[J]. Journal of the Geotechnical Engineering Division，1981，107(8)：1041-1056.

[26] American Petroleum Institute. Recommended Practice Standard Procedure for Field Testing Water-based Drilling Fluids[S]. American Petroleum Institute，1990.

[27] Hutchinson M T，Daw G P，Shotton P G，et al. The properties of bentonite slurries used in diaphragm walling and their control[C]//Diaphragm Walls and Anchorages，Thomas Telford Publishing，1975：33-39.

[28] D'Appolonia D J. Soil-bentonite slurry trench cutoffs[J]. Journal of the Geotechnical Engineering Division，1980，106：399-417.

[29] Santamarina J C，Klein K A，Palomino A，et al. Micro-Scale aspects of chemical-mechanical coupling：Interparticle forces and fabric[R]. Chemical Behaviour：Chemo-Mechanical Coupling in clays- from Nano-Scale to Engineering Applications，2002：47-64.

[30] US EPA. Leachate plume management[R]. United States Environmental Protection Agency，Washington，D C，USA，1985：1-682.

[31] Malusis M A，Evans J C，McLane M H，Woodward N R. A miniature cone for measuring the slump of soil-bentonite cutoff wall backfill[J]. Geotechnical Testing Journal，2008，31(5)：373-380.

[32] Yeo S S，Shackelford C D，Evans J C. Consolidation and hydraulic conductivity of nine model soil-bentonite backfills[J]. Journal of Geotechnical and Geoenvironmental Engineering，2005，131(10)：1189-1198.

[33] Malusis M A，Barben E J，Evans J C. Hydraulic conductivity and compressibility of soil-bentonite backfill amended with activated carbon[J]. Journal of Geotechnical and Geoenvironmental Engineering，2009，135(5)：664-672.

[34] 梅丹兵，杜延军，刘松玉，等. 土膨润土系竖向隔离墙材料施工和易性试验研究[J]. 东南大学学报（自然科学版），2016(2)：400-405.

[35] 梅丹兵. 土-膨润土系竖向隔离工程屏障阻滞重金属污染物运移的模型试验研究[D]. 南京：东南大学，2017.

[36] 伍浩良. 氧化镁激发矿渣-膨润土和高性能ECC竖向屏障材料研发及阻隔性能研究[D]. 南京：东南大学，2019.

[37] Evans J C，McLane M，et al. Development and calibration of a lab size slump cone[R]. Civil Engineering Department，Bucknell University，1999：4.

[38] Ata A A，Salem T N，Elkhawas N M. Properties of soil-bentonite-cement bypass mixture of cutoff walls[J]. Construction and Building Materials，2015，93：950-956.

[39] Lee D，Kim K，Lee H，et al. Measurement of hydraulic properties of bentonite cake formation deposited on base soil medium[J]. Applied Clay Science，2016，123：187-201.

[40] Chung J，Daniel D E. Modified fluid loss test as an improved measure of hydraulic conductivity for bentonite[J]. Geotechnical Testing Journal，2008，31(3)：243-251.

[41] ASTM D5891-02. Standard test method for fluid loss of clay component of geosynthetic clay liners[S]. ASTM International，2009.

[42] ASTM D5084. Standard test methods for measurement of hydraulic conductivity of saturated porous materials using a flexible wall permeameter[S]. ASTM International，2010.

［43］中华人民共和国住房和城乡建设部，国家市场监督管理总局. 土工试验方法标准：GB 50123—2019［S］. 北京：中国计划出版社，2019.

［44］范日东. 重金属作用下土-膨润土竖向隔离屏障化学相容性和防渗截污性能研究［D］. 南京：东南大学，2017.

［45］Hong Z S，Yin J，Cui Y J. Compression behaviour of reconstituted soils at high initial water contents［J］. Géotechnique，2010，60(9)：691-700.

［46］Hong Z S，Zeng L L，Cui Y J，et al. Compression behaviour of natural and reconstituted clays［J］. Géotechnique，2012，62(4)：291-301.

［47］Burland J B. On the compressibility and shear-strength of natural clays［J］. Géotechnique，1990，40(3)：329-378.

第4章 竖向阻隔屏障材料化学相容性研究

4.1 基本物理指标化学相容性

化学相容性是指化学溶液对材料工程特性的影响,如土或土工合成材料的应力应变特征、抗剪强度、固结特性和渗透系数等。若暴露于化学溶液不引起材料工程特性发生显著变化,则认为该溶液和材料是相容的;相反,若材料在某化学溶液作用下,工程特性发生明显改变,则材料和该溶液不相容。工程实践中的相容性问题通常表现为材料特性的改变对结构物服役性能产生负面影响。例如高浓度盐溶液可导致黏土强度提高,压缩性降低,渗透系数增大。对于竖向隔离墙、垃圾填埋场衬垫和覆盖层、地表蓄水池、运河、储油罐和燃料储藏罐二级防护等涉及黏土的防污屏障系统,强度的提高和压缩性的降低有利于系统性能的发挥,但对于主要依靠黏土的低渗透性实现水体或污染物运移阻隔作用的系统而言,显著增大的渗透系数则成为相容性的关键问题。

针对竖向阻隔屏障材料的自由膨胀率和液限这两项基本物理指标进行化学相容性研究。自由膨胀率试验参照 *ASTM 5890 - Standard Test Method for Swell Index of Clay Mineral Component of Geosynthetic Clay Liners*[1]进行。

针对砂-膨润土竖向隔离墙材料,其化学兼容性主要考虑膨润土与污染地下水的相互作用。主要考虑污染物浓度对膨润土膨胀特性的影响及离子类型和浓度对其相容性的影响。

图 4-1 为膨润土在地下水及各配比污染液作用下的自由膨胀率试验结果。从图中可以看出:在蒸馏水作用下,膨润土分散现象较明显;在各配比污染液作用下,膨润土均出现絮凝现象。

图 4-2 为膨润土自由膨胀率试验结果柱状图。从图中可以看出:采用污染蒸馏水作为溶剂时,膨润土膨胀体积随铅浓度增加而减小;当采用地下水作为溶剂时,铅锌镉混合污染

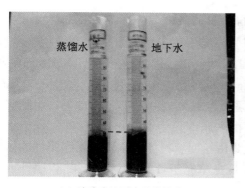

（a）溶液为地下水及蒸馏水

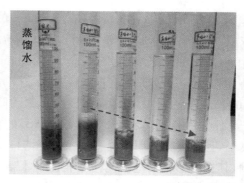

（b）溶液为蒸馏水及蒸馏水不同浓度铅溶液

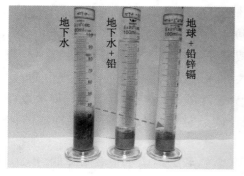

（c）地下水铅溶液及地下水铅锌镉溶液

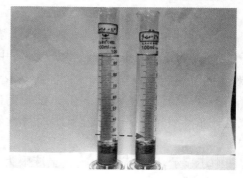

（d）地下水铅溶液（30 mmol/L）及
蒸馏水铅溶液（30 mmol/L）

图 4-1　膨润土在蒸馏水、地下水及各配比污染液作用下试验结果

与铅污染条件下,膨润土膨胀体积均在 17 mL 左右;未污染的地下水和蒸馏水条件下,膨润土膨胀量差异不明显。在重金属作用下膨润土产生絮凝现象的原因是膨润土颗粒双电层受压缩的程度随离子浓度增加而增大。其中,相同浓度的铅污染液与铅锌镉混合污染液中压缩程度相近,主要原因为测试的重金属离子均为二价离子,且水化半径相近（Pb^{2+} 4.01Å、Zn^{2+} 4.30Å、Cd^{2+} 4.26Å）。

图 4-3 描述了不同隔离墙材料自由膨胀率与钙浓度的关系。图中,各材料的自由膨胀

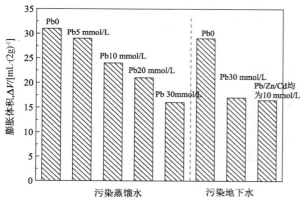

图 4-2　膨润土自由膨胀率试验结果

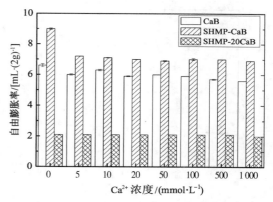

图 4-3　Ca^{2+} 浓度与自由膨胀率关系

率（FSI）受钙浓度影响不显著。素土（CaB）的自由膨胀率在 $5.6\sim6.6$ mL/2g 范围内变化，钙浓度增加，自由膨胀率略有降低，最大降幅 15%，发生于 1 mol/L Ca^{2+} 溶液（40 000 mg/L）中。Ca^{2+} 浓度由 0 变为 5 mmol/L（200 mg/L），六偏磷酸钠改性膨润土（SHMP-CaB）的自由膨胀率从 9 mL/2g 迅速降至 7.2 mL/2g，降幅达 20%；浓度继续增大至 1 mol/L（40 000 mg/L），自由膨胀率趋于平缓，最大降幅约为 4%。各浓度下，改良土自由膨胀率均高于素土。改良回填料（SHMP-20CaB）的自由膨胀率仅为 2.1 mL/2g，明显低于素土和改良土，且自由膨胀率不受 Ca^{2+} 浓度影响。这是由于回填料体积主要受无膨胀性的砂组分控制，其自由膨胀率是砂粒相互堆叠成骨架、改良土填充于骨架空隙的结果，仅表征回填料堆叠体积，不是真正意义上的自由膨胀率。

图 4-4 描述了 Pb^{2+} 浓度与改良隔离墙材料自由膨胀率（FSI）和液限（w_L）的关系。图中，4.8 mmol/L（1 000 mg/L）Pb^{2+} 离子浓度下改良土的自由膨胀率为 7 mL/2g，较去离子水（0 mg/L）中降低 22%。Pb^{2+} 溶液中改良土自由膨胀率与 Ca^{2+} 溶液中相当。相反，改良回填料在 Pb^{2+} 溶液中的自由膨胀率（2.6 mL/2g）略高于去离子水中的，这一现象可能是由试验误差造成的。由于试验用砂为天然砂，粒径大小不均匀，每次取样所得砂粒径分布不可能完全一致，当所取得大粒径砂数量较多时，砂粒骨架构成的体积也较大。

图中还显示，Pb^{2+} 溶液中改良土液限为 119.4%，较去离子水中液限降低约 4%，其数值与相同摩尔浓度的钙溶液下改良土液限（118.3%）相近。Pb^{2+} 溶液中改良回填料液限（28.7%）略低于去离子水中的，其值与相同摩尔浓度 Ca^{2+} 溶液下改良回填料的液限值（28.8%）差别不大。上述现象表明，Pb^{2+} 对改良土液限影响程度和 Ca^{2+} 类似。

图 4-5 为 Cr（Ⅵ）浓度与改良隔离墙材料自由膨胀率和液限的关系。由图可知，与 Ca^{2+}、Pb^{2+} 溶液情况一致，改良土自由膨胀率随溶液中浓度增加而降低，19.2 mmol/L（1 000 mg/L）Cr（Ⅵ）溶液时自由膨胀率为 7 mL/2g。相比之下，改良回填料的自由膨胀率较去离子水中的增加 36%，但自由膨胀率值仍未超过 3 mL/2g，这一自由膨胀率变化的原因也或由砂颗粒的不均匀性引起。

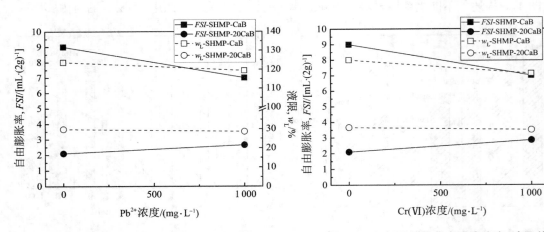

图 4-4　Pb^{2+} 浓度与自由膨胀率、液限关系　　　　**图 4-5　Cr（Ⅵ）浓度与自由膨胀率、液限关系**

Cr(Ⅵ)溶液中改良土和改良回填料液限表现出一致性,即受污染材料液限较污染前低。Cr(Ⅵ)溶液中,改良土和改良回填料液限分别为116.6%和28.6%,较去离子水情况分别降低 6%和4%,液限数值接近于 Pb^{2+} 溶液情况,但略高于相同物质的量浓度(20 mmol/L)的 Ca^{2+} 溶液的情况。这是由于具有一定缓冲能力的膨润土使孔隙液在 Cr(Ⅵ)污染条件下可保持中性,致使 Cr(Ⅵ)离子溶解度较低,削弱其对液限的影响,因此液限值较 20 mmol/L 钙Ca^{2+} 溶液情况高。

图 4-6 为水溶液和燃煤残渣渗滤液 CCR 溶液中改良土(SHMP-CaB)、改良回填料(SHMP-20CaB)、钠基膨润土(NaB)及其回填料(5.9NaB)的自由膨胀率和液限测试结果。由图可知,CCR 溶液中,SHMP-CaB 的自由膨胀率较水溶液中低 29%;而 SHMP-20CaB、NaB 和 5.9NaB 的自由膨胀率均比水溶液测试条件高,增幅分别为 7%、15% 和 50%。SHMP-CaB、SHMP-20CaB 和 NaB 在 CCR 溶液中的液限值均低于相应水溶液中的液限,降幅分别为 3%、4% 和 9%。表明钠基膨润土及其回填料的工程指数特征受 CCR 溶液影响较显著,改良土自由膨胀率和液限表现出较高一致性,改良回填料受砂组分的控制,其自由膨胀率和液限几乎不受 CCR 影响。

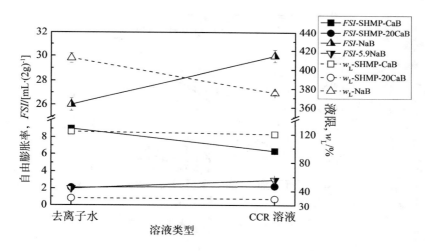

图 4-6　水和 CCR 溶液中隔离墙材料的自由膨胀率和液限

表 4-1 汇总了羧甲基纤维素钠 CMC 改性膨润土[2]和已有试验研究[3-7]所报道聚合物改性钠基膨润土(HYPER 黏土、BPC 和 MSB)的基本性质指标,包括有机质含量、液限、塑限、比重、pH 和自由膨胀指数。CMC 改性膨润土塑性图如图 4-7 所示,液限和自由膨胀指数随膨润土中 CMC 掺量变化趋势则如图 4-8 所示。试验结果显示,CMC 改性膨润土属于高液限黏土。结合已有试验研究结果,本研究中 CMC 改性膨润土和 HYPER 黏土的液限与塑性指数间存在良好线性关系:

$$I_p = 0.94w_L - 19.5 \tag{4-1}$$

式中:符号意义同前。

表 4-1　聚合物改性膨润土基本物理性质指标

试样编号	PC_B /%	OC /%	w_L /%	w_P /%	G_s	pH	SI /(mL·2 g^{-1})	参考文献
CMC2	2	2.88	345	38	2.63	9.55	26.5	[2]
CMC6	6	5.77	426	52	2.61	9.43	32.4	[2]
CMC10	10	10.39	565	55	2.61	9.26	43.5	[2]
CMC14	14	13.99	655	56	2.59	9.21	60	[2]
HC2	2	—	673	73	—	—	38	[3]
HC8	8	—	742	61	—	—	48	[3]
HYPER 黏土	2	—	650.45	—	2.53	—	37	[4]
BPC			255		2.67		67~73	[5-6]
MSB	25		509		2.45		27.5	[7]

注：表中 —表示文献中未给出；PC_B表示膨润土中聚合物掺量；OC 表示有机质含量；BPC 和 MSB 为环境岩土工程中常用商用聚合物改性膨润土；其他符号意义同前。

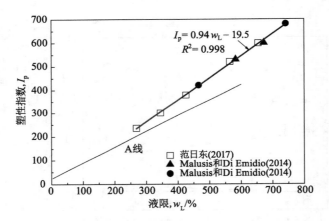

$$I_p = 0.94 w_L - 19.5$$
$$R^2 = 0.998$$

图 4-7　CMC 改性膨润土塑性图

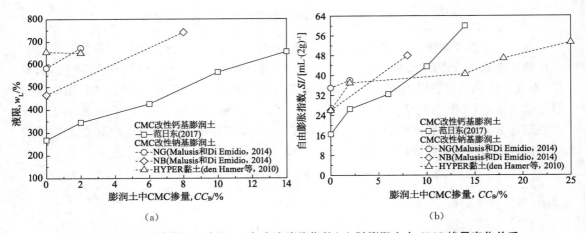

（a）　　　　　　　　　　　　　　　（b）

图 4-8　CMC 改性膨润土液限（a）与自由膨胀指数（b）随膨润土中 CMC 掺量变化关系

CMC 改性膨润土的有机质含量、液限、塑限和自由膨胀指数较未改性膨润土试验结果（见表 4-1）均大幅升高。这是由于：（1）CMC 分子链进入黏土颗粒层间，提高了有机化程度，并使得膨润土中蒙脱石片层层间距增大，并增强了其亲水性；（2）CMC 遇水形成水凝胶，具有高容胀（吸水）特性，20～25℃的室温下容胀量（定义为吸水量与 CMC 质量比值）可达 100％～300％[8-10]。CMC 改性膨润土的液限和自由膨胀指数随膨润土中 CMC 掺量增加呈近似线性增大的趋势。当膨润土中 CMC 掺量达 14％时，本研究 CMC 改性膨润土液限可达到 CMC 改性钠基膨润土（CH2 和 HYPER 黏土）液限同等水平；膨润土中 CMC 掺量达 10％时，CMC 改性膨润土自由膨胀指数与钠基膨润土中 CMC 掺量为 2％～15％的 HYPER 黏土基本持平，并可高出未改性钠基膨润土（Wyoming 膨润土）试验结果 77％。CMC10 试样的液限和自由膨胀指数分别较未改性状态（CMC0 试样）试验结果提高 110％和 164％。而 CMC14 试样这两个物理性质指标则分别提高了 143％和 264％。结合液限和渗透系数内在联系可推测本研究中 CMC10 和 CMC14 试样在防渗性能上可望达到目前各类聚合物改性膨润土的同等水平。此外，由于 CMC 分子链中羧酸—COOH 遇水后释放氢键，因此，CMC 改性膨润土 pH 则随膨润土中 CMC 掺量增加出现降低趋势。由于 CMC 密度低（0.5～0.7 g/cm³），导致 CMC 改性膨润土比重略低于未改性膨润土比重。

图 4-9 给出了氯化钙、硝酸铅-硝酸锌和铬酸钾溶液作用下 CMC 改性膨润土和未改性膨润土试样自由膨胀指数随金属浓度增大的变化趋势。试验结果显示，不同金属的各种无机盐溶液作用下 CMC 改性膨润土自由膨胀指数均高于未改性膨润土试验结果。当金属浓度低于 100 mmol/L 时，CMC 改性膨润土的自由膨胀指数随膨润土中 CMC 掺量增加呈升高趋势；而金属浓度增至 500 mmol/L 时，CMC 改性前后试验结果则基本一致，集中于 4～4.5 mL/2 g。另一方面，CMC 改性膨润土自由膨胀指数随金属浓度增大的变化趋势与未改

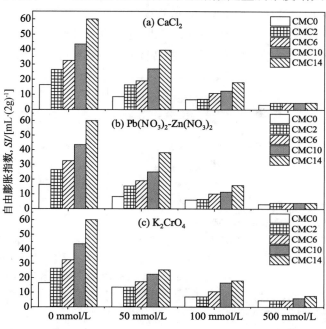

图 4-9　无机盐溶液作用下未改性膨润土和 CMC 改性膨润土自由膨胀指数

性膨润土试样试验结果一致，均随之增大而显著降低。此外，试验研究发现金属类型对CMC 改性膨润土自由膨胀指数的影响较小。相同金属浓度条件下硝酸铅-硝酸锌溶液与氯化钙溶液作用下 CMC 改性膨润土自由膨胀指数基本一致。金属浓度低于100 mmol/L 时，铬酸钾溶液作用下 CMC 改性膨润土自由膨胀指数低于硝酸铅-硝酸锌溶液与氯化钙溶液作用下 CMC 改性膨润土试验结果；而金属浓度达 500 mmol/L 时，铬酸钾溶液作用下 CMC 改性膨润土自由膨胀指数则略高于硝酸铅-硝酸锌溶液与氯化钙溶液作用下 CMC 改性膨润土试验结果，为 4.5～7.5 mL/2 g。值得说明的是，相同金属浓度的氯化钙作用下，本研究的膨润土中 CMC 掺量达 6%以上时，则 CMC 改性膨润土自由膨胀指数可达到或高于已有试验研究[5,11-12]中聚合物改性天然钠基膨润土（BPC、MSB 和 HYPER 黏土）自由膨胀指数，如图 4-10 所示。

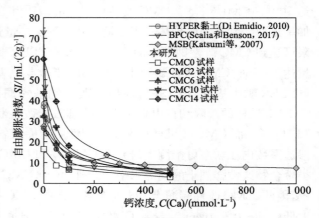

图 4-10　氯化钙溶液作用下各类聚合物改性膨润土自由膨胀指数

为进一步评价 CMC 改性膨润土在无机盐溶液作用下的膨胀特性，给出自由膨胀指数比 SIR_c（定义为污染液下的自由膨胀指数与蒸馏水下的自由膨胀指数的比值）与离子强度 I 的关系，如图 4-11 所示。此外，图 4-11 汇总了已有试验研究[5,8-9]中所报道氯化钙溶液作用下聚合物改性天然钠基膨润土试验结果，用以对比典型重金属作用下 CMC 改性膨润土膨胀特征（图 4-11 左幅）。在此基础上，按《岩土工程勘察规范》（GB 50021—2001）[13]所定义污染对土的工程性质的影响程度给出了无机盐溶液对聚合物改性前后膨润土的膨胀特性的影响程度（即1—SIR_c）。

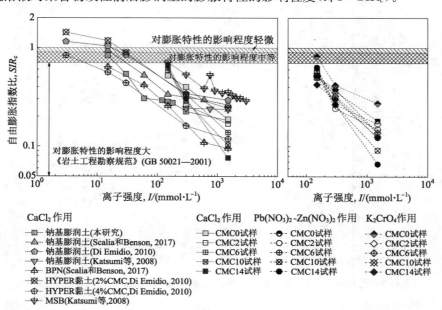

图 4-11　无机盐溶液作用下未改性膨润土和 CMC 改性膨润土自由膨胀指数比

分析结果表明,当离子强度 I 增至 150 mmol/L 时,无机盐溶液对各种聚合物改性膨润土的膨胀特性影响大($1-SIR_c>30\%$)。氯化钙溶液作用下本研究中 CMC 改性膨润土 SIR_c 与 HYPER 黏土试验结果基本一致:离子强度 I 为 300 mmol/L 和 1 500 mmol/L 时 CMC 改性膨润土 SIR_c 分别为 0.26~0.4 和 0.08~0.19;HYPER 黏土试验结果则分别为 0.16~0.33 和 0.12~0.24。离子强度 I 为 150 mmol/L 时,CMC 改性膨润土 SIR_c 大于未改性膨润土试验结果,说明此时 CMC 改性促进了膨润土膨胀特性的化学相容性。然而,高离子强度($I>300$ mmol/L)时提高膨润土中 CMC 掺量并不能有效提高 SIR_c;相反,相同离子条件下 SIR_c 随膨润土中 CMC 掺量增加呈降低趋势。这趋势在离子强度为 500 mmol/L 时尤为显著,特别是此时硝酸铅-硝酸锌和铬酸钾溶液作用下未改性膨润土(CMC0 试样) SIR_c 大于各 CMC 改性膨润土试样试验结果(见图 4-11 右幅)。综上分析可知,尽管 CMC 改性能够提高膨润土膨胀性的绝对量,但其并未能有效提升膨润土膨胀性的化学相容性。相同离子强度条件下各种聚合物改性膨润土 SIR_c 自大到小排序如下:MSB>HYPER 黏土(2%CMC)≈本研究 CMC 改性膨润土≥BPC≈HYPER 黏土(4%CMC)。此外,离子强度 $I=150$ mmol/L 和 300 mmol/L 时,氯化钙、硝酸铅-硝酸锌和铬酸钾溶液作用下 CMC 改性膨润土 SIR_c 范围基本一致,分别介于 0.52~0.66 和 0.26~0.38;而 $I=1 500$ mmol/L 时,铬酸钾溶液作用下 CMC 改性膨润土 SIR_c 显著高于氯化钙和硝酸铅-硝酸锌溶液作用下的试验结果,两者分别集中于 0.13~0.17 和 0.07~0.14。究其原因主要在于阴离子形态存在的铬不改变膨润土膨胀特性,而一价阳离子钾对双电层压缩作用则弱于二价阳离子(钙、铅、锌)[14-15]。

图 4-12、图 4-13 为受 Pb(NO₃)₂ 污染后,改性膨润土 PSB 和 XSB 试样的比重变化规律。由图可知,随着 Pb(NO₃)₂ 浓度的增大,两种回填料的比重呈先缓慢而后急剧增大的趋势。相同的 Pb(NO₃)₂ 浓度作用下,回填料中的聚合物含量越多,其比重越低。随着改性剂 PAC、XG 含量由 0 增长至 1.2%,PSB 和 XSB 的比重由 2.69 分别降至 2.66 和 2.67。随着 Pb(NO₃)₂ 浓度由 0 增长至 500 mmol/L,未改良回填料 SB 的比重由 2.69 增长至 2.73;改良回填料 PSB-1.2 的比重由 2.66 增长至 2.70,XSB-1.2 的比重由 2.67 增长至

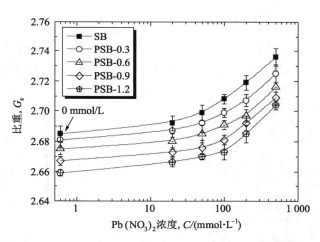

图 4-12　PSB 回填料的比重与 Pb(NO₃)₂ 浓度的关系

2.71。上述现象的原因可归结为:(1)聚合物具有较低的比重,聚阴离子纤维素(PAC)和黄原胶(XG)的比重仅为 1.26 和 1.24,约为隔离墙回填料比重的 1/2;因此聚合物含量越高,改良回填料的比重越低。(2)重金属 Pb 具有较高的比重($G_s=4.53$),污染物浓度越大,隔离墙回填料吸附的重金属越多,导致污染后的回填料比重增大。

图 4-14、图 4-15 为受 Pb(NO₃)₂ 污染后,PSB 和 XSB 试样的液限变化规律。整体上,试样未污染(即 0 mmol/L)时,改良回填料 PSB 和 XSB 的液限随聚合物含量的增大而增

大,随着 PAC、XG 含量由 0 增大至 1.2％,PSB 的液限由 34.5％增长至 60.5％,XSB 的液限由 34.5％增长至 63.5％,较未改良回填料 SB 的液限均增长了约 1 倍。当受到 $Pb(NO_3)_2$ 溶液污染后,三种回填料的液限均随污染液浓度的增长而降低。当 $Pb(NO_3)_2$ 浓度由 0 增长至 500 mmol/L 时,SB 的液限由 34.5％降至 19.1％;PSB-1.2 的液限由 60.5％降至 22.5％,XSB-1.2 的液限由 63.5％降至 27.5％。上述现象的原因可能为:PAC 和 XG 均为高吸水树脂,分子链上含有大量的亲水性官能团,具有极强的吸水能力,材料吸水后形成非流动相的水凝胶;PAC 和 XG 的这一特性提高了改良回填料的液限。而 $Pb(NO_3)_2$ 溶液作用下,Pb^{2+} 置换了膨润土层间的可交换阳离子,导致双电层压缩、吸水膨胀能力降低。此外,聚合物中的官能团与 Pb^{2+} 以络合吸附的方式结合,导致官能团的吸水能力减弱。两种因素共同作用下,最终导致改良回填料 PSB 和 XSB 的液限降低。

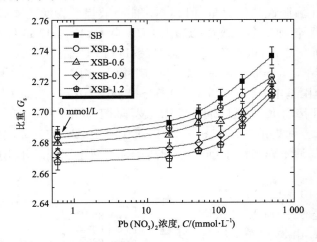

图 4-13　XSB 回填料的比重与 $Pb(NO_3)_2$ 浓度的关系

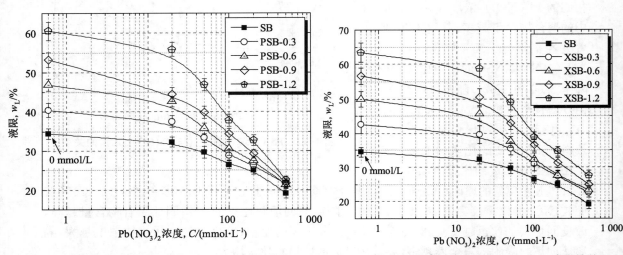

图 4-14　PSB 回填料的液限与 $Pb(NO_3)_2$ 浓度的关系　　**图 4-15　XSB 回填料的液限与 $Pb(NO_3)_2$ 浓度的关系**

4.2　渗透系数化学相容性

土-膨润土竖向隔离墙是利用其低渗透性来阻隔地下水和地下污染物运移,因此渗透系数对于隔离墙材料起着至关重要的作用。膨润土系隔离墙材料化学相容性直接影响其渗透特性,相关学者对此进行了大量研究[16-20]。污染液作用下,隔离墙材料基本物理性质及工程特性发生变化的原因主要有:(1)孔隙水溶液阳离子浓度及介电常数变化造成黏土颗粒双电层厚度的变化;(2)黏土颗粒边、面带电性变化,造成颗粒间缔合形式的改变;(3)污染液 pH 影响下的黏土矿物溶蚀和黏土的阳离子交换;(4)黏土矿物与溶液间的化学反应形成沉淀物;(5)污染液的黏滞度、极性等自身属性影响。

1. 聚磷酸盐改性回填料渗透特性

(1)复合溶液的影响

图 4-16 为渗透期间流量-时间曲线,从图中可看出蒸馏水和污染液渗透初期,试样出水量基本接近,表明两个试样前期差异性不大,随着渗透时间的增加,复合污染(铅、锌、镉)试样的出水量大于单一重金属铅污染试样。

图 4-17 为两个试样渗透系数随时间变化规律,从图中可以看出两个试样渗透系数在蒸馏水阶段及加入污染液阶段相差不大,基本都维持在 $1 \times 10^{-10} \sim 3 \times 10^{-10}$ m/s,个别点有所偏差可能是由于渗透压力不稳定所致。

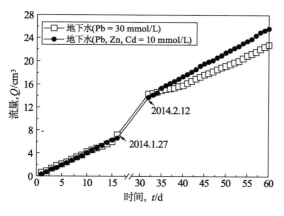

图 4-16　渗透试验出水量随时间变化关系

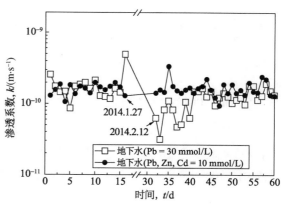

图 4-17　渗透系数随时间变化的关系

众多研究表明盐溶液会造成膨润土系隔离墙材料渗透系数的增大。Karunaratne 等[21]研究高岭土-膨润土混合土在 $CaCl_2$(0.25 mol/L)、HCl(0.1 mol/L)、NaOH (0.1 mol/L)作用下渗透特性变化规律,发现碱溶液基本不影响混合土渗透系数,酸溶液及盐溶液均不同程度造成渗透系数增大。范日东等[22]利用一维固结反算渗透系数,研究表明重金属铅可造成高岭土-膨润土竖向隔离墙材料渗透特性增大 2~15 倍。

研究表明,膨润土竖向隔离墙渗透系数在加入 $CaCl_2$ 溶液后不会立即发生变化,渗透系数在渗出液体积数 PVF(Pore Volumes Flow,渗出液体积与试样孔隙体积之比)的一半内基本维持稳定,而后缓慢增加至平衡,整个过程的渗水量约为 3～5 倍 PVF。图 4-18 为试样渗透系数随 PVF 的变化规律,试验历时两个月,两个试样渗出体积约为 PVF 的 45%。

本研究试验结果表明,单一重金属及复合重金属污染地下水对砂-膨润土竖向隔离墙材料渗透特性影响不明显,基本维持在同一水平。出现此现象的原因可能是由于渗透时间较短,膨润土与污染液之间的相互作用尚未完成。目前国际上采用柔性壁渗透试验评判化学相容性试验终止条件不宜采用 ASTM D5084[23] 所给出的试验终止条件。国内外学者针对化学相容性试验终止条件主要参照规范 ASTM D6766 的终止条件:(1)渗透试验进入及渗出试样流体电导率比值稳定在 1±0.05;(2)进入及渗出试样的目标离子浓度比值稳定在 1±0.05。

图 4-19 为渗出液电导率与时间关系图。由于试样开始阶段渗出液较少,很难测定电导率,试验从加入污染液 35 d 后开始测定电导率。试验进行 60 d 时,渗出液电导率与初始电导率比值分别为 0.56 和 0.64,没有达到 ASTM D6766 规定的终止试验要求。

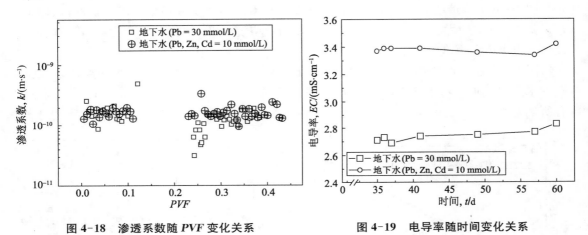

图 4-18　渗透系数随 PVF 变化关系　　　　图 4-19　电导率随时间变化关系

总结上述试验结果可发现,本研究使用砂-膨润土隔离墙材料在渗透试验进行两个月内渗透系数变化不明显(均维持在 $1×10^{-10}～3×10^{-10}$ m/s),且都低于竖向隔离墙渗透特性要求(10^{-9} m/s),但重金属污染液对于砂-膨润土竖向隔离墙材料长期作用效果仍待进一步研究。

(2)Ca^{2+} 浓度的影响

为了对比改良钙基膨润土回填料和传统钠基膨润土回填料的化学相容性,采用钙溶液为污染液开展试验,浓度取为 5 mmol/L(200 mg/L)和 1 mol/L(40 000 mg/L),与文献最小、最大浓度值一致。将一定质量的氯化钙($CaCl_2·2H_2O$)溶解于去离子水,制得不同浓度的 Ca^{2+} 溶液作为渗透液。图 4-20 为 5 mmol/L 和 1 mol/L Ca^{2+} 溶液条件下回填料渗透系数相容性试验结果。图中,5 mmol/L Ca^{2+} 溶液试验制备两组试样(SHMP-20CaB-1 和 SHMP-20CaB-2)同时进行渗透系数测定,而 1 mol/L Ca^{2+} 溶液试验受设备数量限制,仅制备一组试样。自来水渗透过程持续 12～14 d,Ca^{2+} 溶液渗透过程为 72～231 d。试验结果总结于表 4-2。

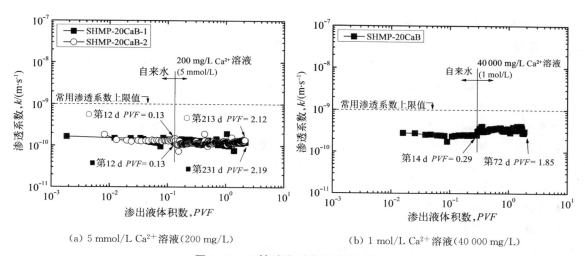

（a）5 mmol/L Ca²⁺溶液（200 mg/L）　　　（b）1 mol/L Ca²⁺溶液（40 000 mg/L）

图 4-20　Ca²⁺浓度对渗透系数的影响

表 4-2　化学相容性渗透试验结果

回填料	渗透液	e_f	自来水阶段			金属溶液阶段			k_c/k_w
			$k_w/(m/s)$	时间,t/d	PVF	$k_c/(m/s)$	时间,t/d	PVF	
SHMP-20CaB-1	5 mmol/L Ca	0.62	1.38×10^{-10}	12	0.13	1.24×10^{-10}	231	2.19	0.90
SHMP-20CaB-2	5 mmol/L Ca	0.58	1.42×10^{-10}	12	0.13	1.36×10^{-10}	213	2.12	0.96
SHMP-20CaB	1 mol/L Ca	0.61	2.53×10^{-10}	14	0.29	2.89×10^{-10}	72	1.85	1.14
SHMP-20CaB-1	4.8 mmol/L Pb	0.59	1.90×10^{-10}	53	1.09	1.66×10^{-10}	92	1.70	0.87
SHMP-20CaB-2	4.8 mmol/L Pb	0.64	3.04×10^{-10}	59	1.19	1.63×10^{-10}	93	1.77	0.54
SHMP-20CaB-1	19.2 mmol/L Cr	0.64	2×10^{-10}	58	0.89	2.08×10^{-10}	98	1.58	0.98
SHMP-20CaB-2	19.2 mmol/L Cr	0.66	2.09×10^{-10}	58	0.89	2.52×10^{-10}	98	1.65	1.21
SHMP-20CaB-1	CCR	0.65	1.34×10^{-10}	18	0.22	1.27×10^{-10}	104	1.50	0.95
SHMP-20CaB-2	CCR	0.60	1.70×10^{-10}	18	0.31	1.54×10^{-10}	98	1.62	0.91
5.9NaB	CCR	0.55	1.57×10^{-10}	31	0.42	2.18×10^{-10}	127	1.59	1.39

注：CCR 为燃煤残渣渗滤液。

　　图 4-20（a）中两个平行样 k-PVF 结果高度一致,试验过程中,试样渗透系数在两个渗出液体积数下无明显变化,且低于隔离墙回填料常用渗透系数上限值 1×10^{-9} m/s。自来水渗透时平行样渗透系数分别为 1.38×10^{-10} m/s 和 1.42×10^{-10} m/s,差值小于 3%;经两百余天 5 mmol/L Ca²⁺溶液渗透,渗透系数值分别稳定于 1.24×10^{-10} m/s 和 1.36×10^{-10} m/s,较自来水条件的渗透系数值略低,降幅分别为 10%、4%。5 mmol/L Ca²⁺溶液渗透前、后,同一试样渗透系数变化幅度在 ASTM D5084 规定的 ±25% 范围内,属可接受误差范围。文献报道的不同膨润土材料对 5 mmol/L Ca²⁺溶液化学抗性表现不一。如 Lee 等[24]考察不同Ca²⁺溶液渗透条件下含高质量和低质量钠基膨润土的 GCL 渗透系数变化规律,发现5 mmol/L Ca²⁺溶液导致 GCL 渗透系数较去离子水条件下增大 6～24 倍,并指出渗透液中钙离子与膨润土中钠离子发生离子交换,膨润土双电层厚度被压缩,试样渗透系数明显增大。与 Lee 等结果不同,Bohnhoff 等[25]研究表明含 5% 钠基膨润土的隔离墙回填料在

5 mmol/L Ca^{2+} 溶液中的渗透系数(k_c)与自来水渗透时(k_w)基本无异,二者比值(k_c/k_w)为 0.96。本研究中渗透系数变化规律与 Bohnhoff 结果一致,这种减小的渗透系数变化趋势是由于本研究中钙基膨润土钙含量较文献中钠基膨润土高,渗透过程中,试样部分钙离子被冲刷出来,孔隙液中钙离子浓度降低,膨润土双电层厚度增加,因而渗透系数略有降低。

图 4-20(b)为 1 mol/L(40 000 mg/L)Ca^{2+} 溶液渗透前后试样渗透系数变化情况。由图可知,试验时间内,高浓度 Ca^{2+} 溶液未引起改良回填料渗透系数的大幅增加。自来水渗透时,试样渗透系数为 2.53×10^{-10} m/s;高浓度 Ca^{2+} 溶液渗透时,渗透系数略微增大至 2.89×10^{-10} m/s,增幅约为 14%,然而渗透系数值未超出传统回填料渗透系数常用上限值。高浓度钙溶液引起渗透系数变化小于 ASTM D5084 所述渗透系数测量误差范围 ±25%。本研究中改良回填料渗透系数对高浓度钙溶液的响应与文献报道一致,但变化幅度明显小于文献值。Lee 等[24]则报道 500 mmol/L(20 000 mg/L)Ca^{2+} 溶液可导致低质量钠基膨润土 GCL 渗透系数较去离子水条件下增大三个数量级,高质量膨润土 GCL 时增量甚至高达五个数量级。Malusis 等[26]也指出 1 mol/L 钙溶液导致含钠基膨润土和改良膨润土(SW101、MSB)的隔离墙回填料渗透系数较自来水条件下增大 40%~283%,与 Bohnhoff 等[25]研究钙溶液浓度对含改良钠基膨润土(BPN)回填料渗透特性影响结果一致。这种显著增加的渗透系数是由于溶液中高浓度钙离子剧烈压缩钠基膨润土双电层厚度,膨润土间呈粗孔絮凝结构,使试样中过水通道增多引起的。隔离墙回填料渗透系数受溶液浓度影响程度不如 GCL,其原因可能是回填料中主要成分(约 95%)为物理化学性质较为稳定的砂基质,试样级配较 GCL 好,因而渗透特性较 GCL 材料稳定。本研究回填料中钙基膨润土本身钙离子含量较高,双电层厚度较钠基膨润土小,膨胀性有限,其化学特性较钠基膨润土稳定。此外,经改良后,偏磷酸根覆盖于膨润土表面,形成保护膜,阻止孔隙液中入侵的钙离子与膨润土中钠离子发生离子交换,且可有效防止颗粒间边面缔合絮凝结构的形成。但在一定程度上,改良土双电层结构仍受孔隙液中高钙离子浓度的影响,试样渗透系数略有增长。

图 4-21~图 4-23 为相容性渗透试验进、出溶液平衡情况。图 4-21 表明,不同浓度 Ca^{2+} 溶液渗透试验过程中,渗出、进液体积比(Q_{out}/Q_{in})基本满足 ASTM D5084 和 ASTM D7100 关于 $Q_{out}/Q_{in} = 0.75 \sim 1.25$ 的要求,且渗出液体积数(PVF)基本达到 2。

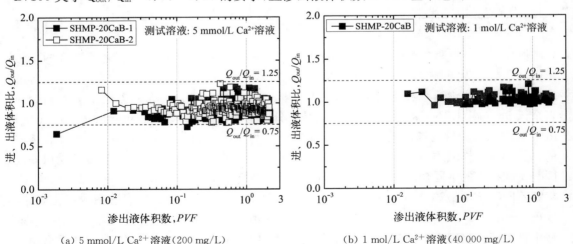

(a) 5 mmol/L Ca^{2+} 溶液(200 mg/L)　　　(b) 1 mol/L Ca^{2+} 溶液(40 000 mg/L)

图 4-21　进、出液体积比

图 4-22 为试样渗出液 pH 和电导率值。图 4-22(a) 中 5 mmol/L Ca^{2+} 溶液渗透试样渗出液的 pH 维持在 6.8～7.2 范围内，接近膨润土 pH 7.8。试验结束时，渗出液 pH 仍较渗进液略高，渗出、进液 pH 比值 (pH$_{out}$/pH$_{in}$) 稍微高于 ASTM D7100 规定的进出液平衡条件：$0.9 \leqslant$ pH$_{out}$/pH$_{in} \leqslant 1.1$。图中还表明，随试验进行，渗出液电导率 (EC$_{out}$) 由开始时低于渗进液 EC$_{in}$ 值发展至结束时高于 EC$_{in}$ 值。试验结束时渗出、进液的电导率比值 (EC$_{out}$/EC$_{in}$) 位于 ASTM D7100 规范的平衡条件 $0.9 \leqslant$ EC$_{out}$/EC$_{in} \leqslant 1.1$ 范围之上，表明渗出液中的导电离子数远远高于渗进液，测试时间内，渗出、进液未达化学平衡状态。Lee 等[25] 研究 GCL 在不同浓度 CaCl$_2$ 溶液中的化学相容性时指出，5 mmol/L Ca^{2+} 溶液下，渗出、进液 pH 和 EC 达平衡用时长达 934 d，试验历时长于本试验时间。

图 4-22(b) 中 1 mol/L Ca^{2+} 溶液渗透试样渗出液的 pH 随试验进行而降低，试验终止时，pH$_{out}$/pH$_{in} \approx 1.0$，满足 pH 平衡条件。图中 EC$_{out}$ 值随试验开展呈增长趋势，且渗出液电导率远远大于 5 mmol/L Ca^{2+} 溶液试验渗出液，试验终止时 EC$_{out}$/EC$_{in} \approx 0.65$，略低于 $0.9～1.1$ 范围。虽然电导率未达平衡状态，但本研究高浓度钙溶液渗透时间 (72 d) 较文献[26] 中钠基膨润土回填料在相同浓度钙溶液中化学相容性试验时间 (27 d) 长，接近于该文献改良回填料 (5.6% MSB) 相容性渗透试验开展时间 (83 d)，且试验终止时的渗出液体积数 (PVF = 1.83) 也大于文献中上述两种试验结束时的值 (分别为 0.33 和 1.00)。

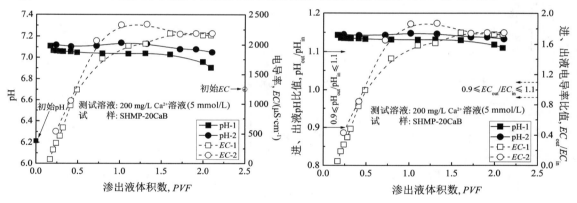

（a）5 mmol/L Ca^{2+} 溶液（200 mg/L）

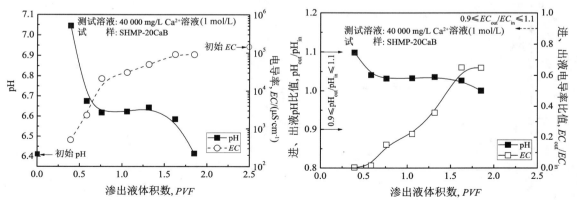

（b）1 mol/L Ca^{2+} 溶液（40 000 mg/L）

图 4-22　渗出液 pH 和电导率结果

图 4-23 为渗出液 Ca^{2+} 浓度变化结果。5 mmol/L Ca^{2+} 溶液渗透试样渗出液中 Ca^{2+} 浓度随渗出液体积数增加而增大,但试验结束时渗出液 Ca^{2+} 浓度仍远低于溶液初始浓度($C_{out}/C_{in} \approx 0.08$),未达到 ASTM D7100 要求的 $0.9 \sim 1.1$ 范围。其原因可能是由于溶液中 Ca^{2+} 与偏磷酸根离子结合,或与膨润土 Na^+、Mg^{2+} 等阳离子发生交换,导致 Ca^{2+} 被截留于试样中,因此在渗出液中浓度较低。1 mol/L Ca^{2+} 溶液渗透试样渗出液中所检测到的 Ca^{2+} 含量较 5 mmol/L Ca^{2+} 溶液渗出液高两个数量级以上,且浓度在几十天内呈近似线性增长趋势。试验终止时刻,渗出液浓度高达 11 730 mg/L,出、进液浓度比值(C_{out}/C_{in})为 0.3。虽然试样 C_{out}/C_{in} 未达 $0.9 \sim 1.1$ 范围,但渗出液中急剧增加的 Ca^{2+} 浓度表明,高浓度条件下 Ca^{2+} 溶液已贯穿整个试样。

综合以上渗出液特征,低浓度试样(5 mmol/L,即 200 mg/L)进、出液流量和 pH 基本平衡,电导率和浓度未达平衡状态;高浓度试样(1 mol/L,即 40 000 mg/L)电导率和浓度均未达平衡状态,但已接近初始值,渗进液基本贯穿试样。在此前提下,可得出 1 mol/L Ca^{2+} 溶液对改良回填料渗透系数几乎没有影响的结论,据此推断,低浓度 Ca^{2+} 溶液(5 mmol/L,200 mg/L)的长期渗透亦不会引起回填料渗透性的显著改变。

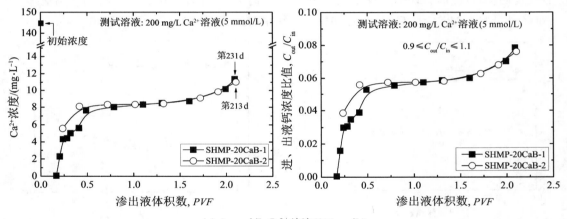

(a) 5 mmol/L Ca^{2+} 溶液(200 mg/L)

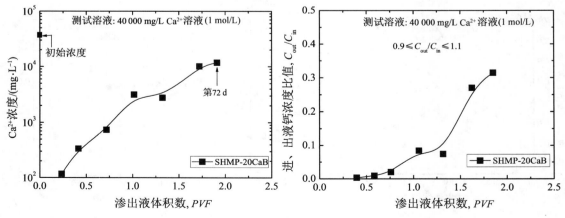

(b) 1 mol/L Ca^{2+} 溶液(40 000 mg/L)

图 4-23　渗出液 Ca^{2+} 浓度和浓度比值

（3）Pb^{2+} 浓度的影响

将硝酸铅［Pb（NO$_3$）$_2$］溶解于去离子水制得 Pb^{2+} 污染液。图 4-24 为 4.8 mmol/L Pb^{2+} 溶液（1 000 mg/L）渗透试验结果。图中自来水渗透 50 余天后，更换渗透液继续试验至 92～93 d，结果显示两组平行样测试结果相近，试验结束时渗出液体积数达 1.70。Pb^{2+} 污染前后，平行样渗透系数分别由 1.90×10^{-10} m/s 和 3.04×10^{-10} m/s 变为 1.66×10^{-10} m/s 和 1.63×10^{-10} m/s，即 4.8 mmol/L Pb^{2+} 溶液引起两个平行样渗透系数较自来水条件下分别降低 13％ 和 46％。ASTM D5084 和 ASTM D7100 中指出同一试样

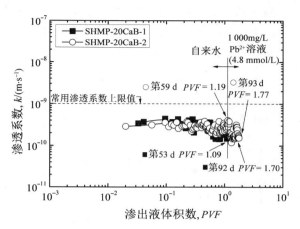

图 4-24　Pb^{2+} 浓度对渗透系数的影响

渗透系数误差对平均渗透系数≥1×10^{-10} m/s 试样为 ±25％，对平均渗透系数＜1×10^{-10} m/s 的试样为 ±50％。鉴于此处同一试样渗透系数测定值接近规范分界线 1×10^{-10} m/s，采用较为宽松的误差范围 ±50％ 时，Pb^{2+} 溶液引起的渗透系数变化基本落在规定误差范围内，因而改良回填料渗透系数对测试浓度的 Pb^{2+} 溶液不敏感。文献[25-26]报道 50 mmol/L 钙溶液（2 000 mg/L）可引起（改良）钠基膨润土回填料渗透系数增大 2～16 倍，高于本研究结果。

应当注意到，Pb^{2+} 及 5 mmol/L Ca^{2+} 溶液中渗透系数均略微降低。虽然 Pb^{2+} 质量浓度（1 000 mg/L）为 Ca^{2+}（200 mg/L）的 5 倍，但二者物质的量浓度相当（4.8 mmol/L≈5 mmol/L），其交换和吸附所占据点位差异小，引起的改良回填料渗透系数变化规律更具可比性。Pb^{2+} 溶液引起渗透系数变化表现为两方面：①Pb^{2+} 置换膨润土表面的低价阳离子，压缩了膨润土双电层厚度，渗透系数增大；②膨润土表面和孔隙水中的偏磷酸根与 Pb^{2+} 发生络合反应，在土颗粒表面形成沉淀物，压缩甚至堵塞了试样中的过水通道，渗透系数降低。络合物对渗透系数降低效果超过了 Pb^{2+} 压缩双电层厚度导致的负面影响，最终表现为渗透性降低。

图 4-25～图 4-27 为 Pb^{2+} 溶液渗透试样渗出液平衡状态结果。试验过程中，渗出、进液体积比在 0.75～1.25 范围内，满足规范要求。pH 随时间增加向背离平衡方向发展，电导率值则缓慢趋于平衡。渗出液电导率在 2 000～2 500 μS/cm 范围，与 5 mmol/L Ca^{2+} 溶液渗透试验终止时电导率范围一致。试验终止时渗出、进液 pH 和电导率比值均高于规范要求范围 0.9～1.1。类似地，渗出液 Pb^{2+} 浓度呈升高趋势，但数值上仍较渗透液初始浓

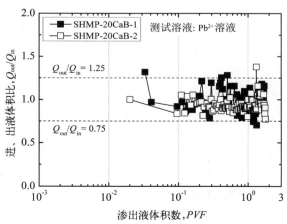

图 4-25　Pb^{2+} 溶液渗透的进、出液体积比

度值低四到五个数量级，其原因是改良膨润土对 Pb^{2+} 具有较高吸附能力，导致大部分铅离子被滞留于试样中。试验结束时刻渗出、进液未达化学平衡要求，考虑到相同物质的量浓度的 Pb^{2+} 和 Ca^{2+} 溶液对试样渗透系数相容性表现相近，可推测该浓度 Pb^{2+} 溶液不会诱发试样长期渗透性能的显著改变。

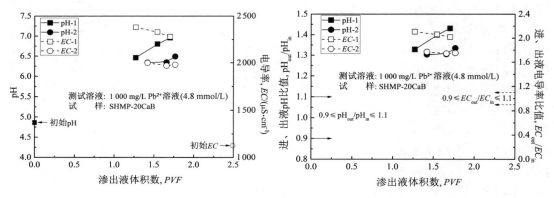

图 4-26　Pb^{2+} 溶液渗透的 pH 和电导率结果

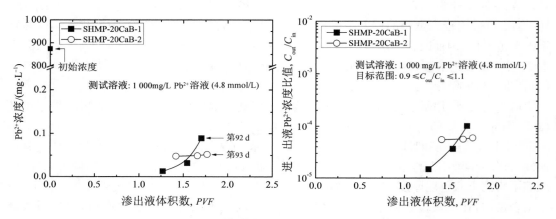

图 4-27　Pb^{2+} 溶液渗透的进、出液铅浓度结果

（4）Cr（Ⅵ）溶液的影响

六价铬［Cr（Ⅵ）］溶液由重铬酸钾（$K_2Cr_2O_7$）溶于去离子水制得。图 4-28 为改良回填料在自来水和 Cr（Ⅵ）溶液渗透下的渗透系数结果。试样先经 58 d 自来水渗透，随后经 19.2 mmol/L Cr（Ⅵ）溶液（1 000 mg/L）渗透至 98 d，试验结束时渗出液体积数约为 1.62，两组平行样的渗透系数结果差别不大。自来水渗透时，两个平行样渗透系数分别为 2.12×10^{-10} m/s 和 2.09×10^{-10} m/s，Cr（Ⅵ）溶液渗透条件

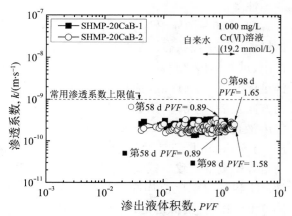

图 4-28　Cr（Ⅵ）溶液条件下改良回填料渗透系数结果

下两个试样渗透系数分别为 2.08×10^{-10} m/s 和 2.52×10^{-9} m/s,分别较自来水渗透条件下约降低 2%、增长 21%,变化幅度在 ASTM D5084 和 ASTM D7100 规定的渗透系数测量误差($\pm 25\%$)范围内,表明改良回填料渗透系数几乎不受 Cr(Ⅵ)溶液影响。

膨润土材料渗透系数与溶液离子价数密切相关。本研究制备的 Cr(Ⅵ)溶液中铬离子价数为六价,高于文献中报道的阳离子价数,其未引起改良回填料渗透系数明显增大的原因在于偏磷酸根离子覆盖于膨润土表面,通过空间位阻稳定作用阻隔了 Cr(Ⅵ)离子与膨润土表面低价阳离子的交换路径。此外,Cr(Ⅵ)离子的氢氧化物溶解度在 $pH \approx 7$ 时大大降低,在近中性的试样孔隙液中或发生沉淀。综上,19.2 mmol/L Cr(Ⅵ)溶液对改良回填料渗透性影响不显著。

图 4-29 为 Cr(Ⅵ)溶液渗透试验中渗出、进溶液的体积比。图中两个平行样进、出液体比值大体满足 $Q_{out}/Q_{in} = 0.75 \sim 1.25$ 范围的要求。图 4-30 为试样渗出液 pH、电导率和浓度结果。由图可知,Cr(Ⅵ)溶液呈酸性特征,pH=4.25;渗出液 pH 在 $6.0 \sim 7.5$ 范围内呈增长趋势,渗出液 pH 与渗透液初始 pH 之比为 $1.5 \sim 1.64$,位于 $pH_{out}/pH_{in} = 0.9 \sim 1.1$ 范围上方。渗出液电导率在 $2\,000 \sim 2\,500$ $\mu S/cm$ 内表现出降低趋势,$EC_{out}/EC_{in} = 0.81 \sim 1.0$,接近规范 $0.9 \sim 1.1$ 范围。图 4-31 为渗出液 Cr(Ⅵ)浓度变化规律,渗出液 Cr(Ⅵ)浓度远低于渗进液浓度,

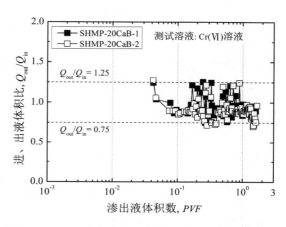

图 4-29　Cr(Ⅵ)溶液渗透试样的渗出、进液体积比

二者比值在 10^{-4} 量级,进一步表明铬离子在中性孔隙液中的溶解度有限,沉淀后可测浓度较低。试验中也观测到渗入端的 Cr(Ⅵ)溶液为橘黄色,而渗出液呈无色透明状。

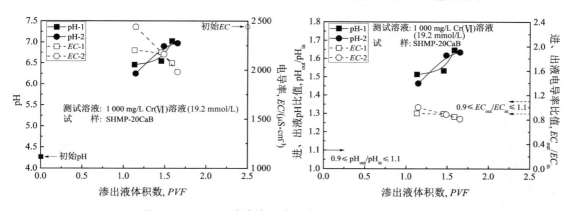

图 4-30　Cr(Ⅵ)溶液渗透试验渗出液 pH 和电导率结果

(5) 燃煤残渣渗滤液 CCR 的影响

图 4-32 为 CCR 污染前后两组 SHMP-20CaB 回填料平行样和一组 5.9NaB 回填料渗透试验结果,试验过程中两组改良土回填料表现出较小差异性。图 4-33为复合污染液渗透

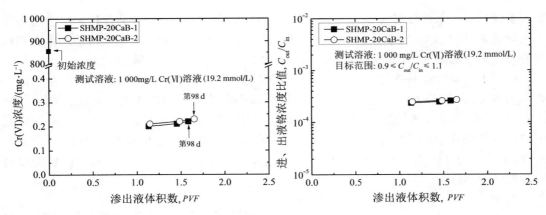

图 4-31　渗出液 Cr(Ⅵ)浓度

下试样渗出、进液体积比。由图可知,三组试样 Q_{out}/Q_{in} 值均位于 0.75～1.25 范围内,与图 4-32 中稳定的渗透系数值相一致。

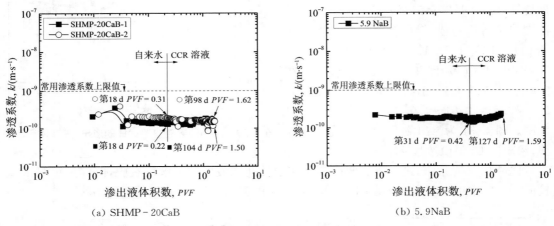

（a）SHMP-20CaB　　　　　　　　（b）5.9NaB

图 4-32　CCR 溶液中回填料渗透系数结果

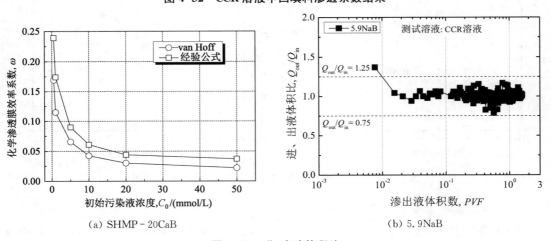

（a）SHMP-20CaB　　　　　　　　（b）5.9NaB

图 4-33　进、出液体积比

改良回填料先经自来水渗透 18 d,之后更换 CCR 溶液渗透至 98～104 d;钠基回填料则先由自来水渗透 31 d,随后由 CCR 渗透至 127 d。试验结束时渗出液体积数均达到或者超过 1.50。渗透液由自来水渗透换成 CCR,两组 SHMP - 20CaB 试样渗透系数分别由 1.34×10^{-10} m/s、1.70×10^{-10} m/s 降低至 1.27×10^{-10} m/s 和 1.54×10^{-10} m/s,降幅分别约为 5% 和 9%;5.9NaB 试样渗透系数则由 1.57×10^{-10} m/s 增加至 2.18×10^{-10} m/s,增幅约为 39%。Shackelford 等[27]研究尾矿渗滤液对 GCL 材料渗透系数的影响,发现渗滤液引起 GCL 渗透系数较干净地下水渗透时增加 2～4 个数量级。本研究中 CCR 溶液对回填料渗透系数影响不显著的原因在于,CCR 溶液中离子浓度大多为 $\mu g/L$ 量级,离子强度(I)仅为 116 mmol/L,明显低于文献中以 mg/L 量级计的渗滤液离子强度($I = 350$ mmol/L)。此外,在 $NaHCO_3$ 作用下,CCR 溶液中部分重金属发生沉淀,这一现象也降低了溶液中离子浓度,自来水渗透时改良钙基膨润土回填料和钠基膨润土回填料渗透系数值较为相近,受 CCR 污染后,两种回填料表现出不同的渗透系数变化规律,表明改良土在抗渗性方面较钠基膨润土表现出良好的化学相容性。总体而言,CCR 污染前、后,所有试样渗透系数均低于 1×10^{-9} m/s,渗透系数变化幅度低于规范 ASTM D7100 中对 $k < 10^{-10}$ m/s 试样规定的误差范围 $\pm 50\%$,因而 CCR 未引起回填料渗透系数的显著改变。

图 4-34 为渗出液 pH 和电导率值。改良回填料和钠基膨润土回填料 pH 分别在 6.5～6.9 和 8.2～9.0 范围内随渗出液体积数增加而增大,试验结束时三组试样的 pH 均高于 CCR 溶液初始 pH(6.5)。图中改良土渗出液 EC 在 1 000～3 000 $\mu S/cm$ 范围内随渗出液体积数增加而呈减小趋势,而钠基膨润土回填料渗出液 EC 在试验过程中则由 1 460 起持续增加,最后趋近于 2 600 $\mu S/cm$。这一相反的 EC 变化趋势是由于钙基膨润土双电层厚度不稳定,其中的钠离子被 CCR 溶液中的高价离子所置换,随渗出液不断被冲刷出来。

图 4-35 为渗出、进液 pH 和电导率比值。由图可知,改良回填料 pH_{out}/pH_{in} 落在 0.9～1.1 范围内,而其 EC_{out}/EC_{in} 则趋近于平衡区间;相比之下,钠基膨润土回填料渗出、进液的 pH 和 EC 均明显高于平衡区间。上述 pH 和电导率结果表明,试验结束时,改良回填料渗出、进液近于平衡状态,而钠基膨润土回填料渗出、进液仍未达化学平衡。由于渗出液离子浓度低于设备量程,故此处未给出渗出液浓度结果。结合图 4-32～图 4-35 结果可推断,CCR 溶液不会对试验回填料长期渗透性造成显著的负面影响。

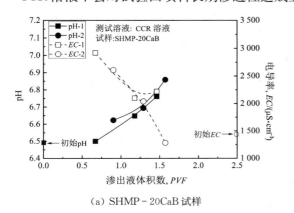

(a) SHMP - 20CaB 试样

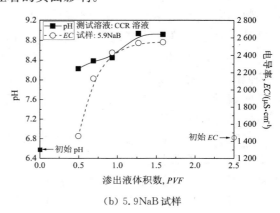

(b) 5.9NaB 试样

图 4-34　渗出液 pH 和电导率值结果

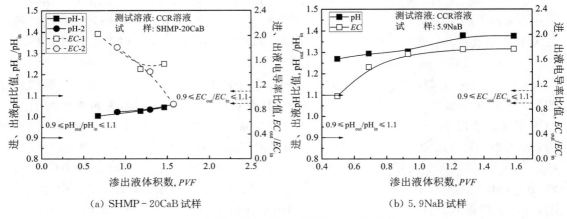

(a) SHMP-20CaB 试样　　　　　　　　(b) 5.9NaB 试样

图 4-35　渗出、进液 pH 和电导率比值

（6）FSI、w_L 与渗透系数的相关性

传统钠基膨润土自由膨胀比与渗透系数有关，经改良后，其相关性不再明朗。图 4-36 为本研究各污染液中试样渗透系数（k_c）与相应自来水中渗透系数（k_w）比值平均值汇总图。图中，改良回填料（SHMP-20CaB）在 Ca^{2+}、Pb^{2+}、$Cr(Ⅵ)$ 和 CCR 溶液中表现出不同渗透系数变化规律，除 1 mol/L Ca^{2+} 溶液和 $Cr(Ⅵ)$ 溶液中 k_c/k_w 略大于 1 外，其余溶液中 k_c、k_w 比值均小于 1，Pb^{2+} 溶液中的 k_c 与 k_w 比值最小。相比之下，钠基膨润土回填料（5.9 NaB）在 CCR 溶液中的 k_c/k_w 值最大，达 1.39，表明钠基膨润土化学相容性较改良回填料差。Malusis 等[26] 报道了 1 mol/L

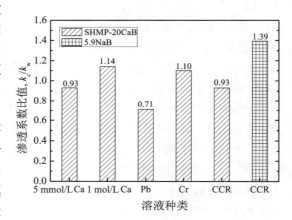

图 4-36　各污染液中的 k_c/k_w 值

$CaCl_2$ 溶液对改良钠基膨润土回填料（5.6% MSB、5.7% NG 和 4.6% SW101 回填料）渗透系数的影响，结果表明 k_c/k_w 变化范围为 1.4～3.9（如表 4-3 所示）。Bohnhoff 等[25] 研究了钙基膨润土回填料及其改良回填料在不同浓度钙溶液中的渗透系数变化规律，也指出 50 mmol/L $CaCl_2$ 溶液（离子强度 I 与 CCR 溶液相近）中的 k_c/k_w 值为 3.4～16。相同浓度或相似离子强度溶液中，文献[25-26] 中报道的改良钠基膨润土回填料 k_c/k_w 值大于本研究改良回填料的 k_c/k_w，表明六偏磷酸钠改良钙基膨润土回填料较改良钠基膨润土回填料具有更优越的化学抗性。

图 4-37 汇总了膨润土（SHMP-CaB、NaB）和回填料（SHMP-20CaB、5.9NaB）在污染液和去离子水中自由膨胀率、液限比值（FSI_c/FSI_w 和 w_{Lc}/w_{Lw}）。由图 4-37（a）可知，改良土 FSI_c/FSI_w 值低于 1，其余材料的 FSI_c/FSI_w 均大于或等于 1，其中钠基膨润土回填料 FSI_c/FSI_w 值最大，为 1.50。与之相比，膨润土和回填料的液限比（w_{Lc}/w_{Lw}）在 0.89～0.97 范围内，如图 4-37（b）所示，表明污染液略微降低了材料液限值。

表 4-3　（改良）钠基膨润土回填料的 k_c/k_w

CaCl₂浓度 /(mmol·L⁻¹)	Malusis 和 Mckeehan（2013）[26]			Bohnhoff 和 Shackelford（2014）[25]		
	4.6%SW101	5.7%NG	5.6%MSB	5CSB5	2BPN2	5BPN2
5	—	—	—	0.96	—	—
10	2.4	1.6	1.5			
50	4.3	2.6	1.9	11	3.4	16
200	3.7	3.0	2.1			
500	2.5	2.7	1.8	11		
1 000	3.9	3.1	1.4			

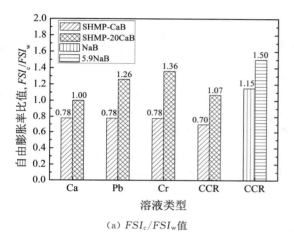

(a) FSI_c/FSI_w值

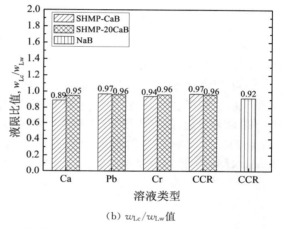

(b) w_{Lc}/w_{Lw}值

图 4-37　各污染液中的 FSI_c/FSI_w 值和 w_{Lc}/w_{Lw} 值（Ca 溶液浓度 20 mmol/L，即 800 mg/L）

图 4-38 为膨润土或回填料在污染溶液中的自由膨胀率、液限和渗透系数关系。由图 4-38(a)可知，回填料渗透系数在膨润土 $FSI≈7$ mL/2 g、回填料 $FSI≈2.5$ mL/2 g 处呈增长趋势。图 4-38(b)中，渗透系数在回填料 $w_{Lc}≈30\%$、膨润土 $w_{Lc}≈120\%$ 处也表现出急剧增长趋势[1 mol/L Ca^{2+} 溶液和 CCR 溶液中膨润土液限除外]。

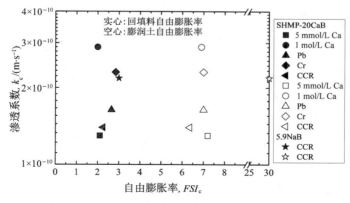

（a）自由膨胀率-渗透系数关系

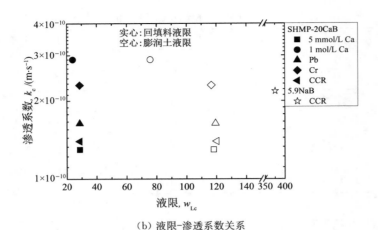

（b）液限-渗透系数关系

图 4-38　自由膨胀率、液限和渗透系数关系

图 4-39 为 k_c/k_w 和 FSI_c/FSI_w 的相关关系。Lee 等[24]研究表明，低、高质量膨润土（LQB 和 HQB）渗透系数-自由膨胀率、液限关系可划分为三个阶段：第一阶段，渗透系数在微小自由膨胀率、液限降幅中快速增加；第二阶段，渗透系数在明显的自由膨胀率、液限降低下无显著变化；第三阶段，自由膨胀率和液限的进一步降低引起渗透系数呈数量级增大。Lee 将第二阶段和第三阶段的分界点定义为物理性质指标的"临界值"。Scalia 等[28]和 Bohnhoff 等[25]针对改良钠基膨润土（SW101、SAP、BPC 和 BPN）回填料渗透系数和膨润土自由膨胀率关系的研究数据也与上述划分阶段相吻合。而本研究数据中，k_c/k_w 在改良土、改良回填料 FSI_c/FSI_w 第一和第二阶段已表现出显著增加，这一趋势与文献规律不尽相同。

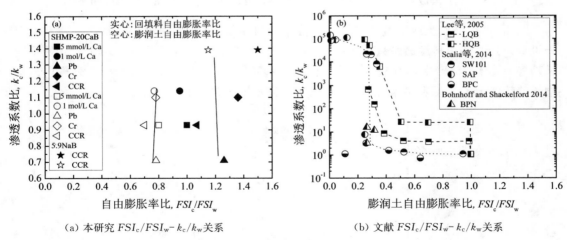

（a）本研究 FSI_c/FSI_w-k_c/k_w关系　　　　　（b）文献 FSI_c/FSI_w-k_c/k_w关系

图 4-39　渗透系数比和自由膨胀率比相关关系

图 4-40 为 k_c/k_w 和 w_{Lc}/w_{Lw} 相关关系。图中除 5.9NaB 外，改良回填料 k_c/k_w 和改良土、回填料 w_{Lc}/w_{Lw} 关系与 Lee 等[24]低质量膨润土（LQB）k_c/k_w-w_{Lc}/w_{Lw} 关系一致。即 w_{Lc}/w_{Lw} 在 0.9~1 范围内降低引起 k_c/k_w 明显增加（第一阶段）；w_{Lc}/w_{Lw} 在 0.9~0.45 区间内持续减小，渗透系数比呈平稳趋势（第二阶段），本试验数据未观察到明显的第三阶段和

"临界值"。本研究 k_c/k_w 随 w_{Lc}/w_{Lw} 降低变化的两个阶段反映了不同类型试验中污染溶液与膨润土反应平衡状态的差异。第一阶段发生在低、中浓度溶液中,如 5 mmol/L 钙溶液、铅、铬和 CCR 溶液;第二阶段则见于高浓度溶液,如 1 mol/L Ca^{2+} 溶液。由于钙基膨润土物理化学性质较钠基膨润土稳定,本研究不同阶段对应的溶液浓度与文献有所不同。低、中浓度溶液中,膨润土双电层内外浓度差较小,阳离子进、出膨润土矿物层间速度较慢,渗透试验需经历数年或数十个渗透液体积数以使溶液与试样反应达化学平衡。然而液限测试在较短时间(相对于渗透试验)内完成,溶液与试样间反应未进行充分,因而第一阶段液限变化量不大,但渗透系数呈增长趋势。高浓度溶液中,膨润土双电层内外浓度差较大,溶液与试样间反应达平衡所需时间变短,液限试验中溶液与试样已反应至一定程度,因而第二阶段液限降低幅度较大,而渗透系数已基本达其峰值。此外,预水化作用也在一定程度上抑制了高浓度溶液下试样渗透系数的迅速增长。

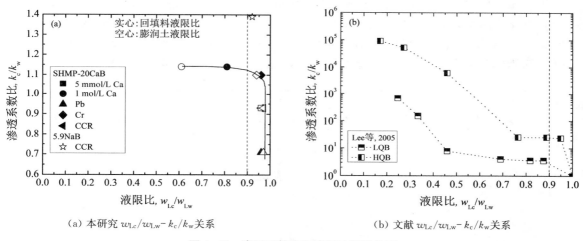

(a) 本研究 w_{Lc}/w_{Lw}-k_c/k_w 关系　　　　(b) 文献 w_{Lc}/w_{Lw}-k_c/k_w 关系

图 4-40　渗透系数比和液限比相关关系

结合图 4-36、图 4-38～图 4-40,污染溶液对改良回填料渗透系数影响程度排序为 1 mol/L Ca^{2+}＞19.2 mmol/L Cr(Ⅵ)＞CCR≈5 mmol/L Ca^{2+}＞4.8 mmol/L Pb^{2+}。其中 1 mol/L Ca^{2+}、Cr(Ⅵ)溶液因高浓度和阳离子价数而使得渗透系数较自来水情况略大,Pb^{2+} 因与偏磷酸根络合生成沉淀而对渗透系数负面影响最小,而 CCR 和 5 mmol/L Ca^{2+} 溶液因离子浓度较小而对渗透系数影响不大。

2. CMC 改性膨润土渗透特性

采用改进 API 滤失试验对 CMC 改性膨润土的渗透特性进行评价。膨润土浆液-化学溶液浆液 pH 随金属浓度增大的变化趋势如图 4-41 所示。CMC 改性前后膨润土所制备浆液 pH 随金属浓度增大的变化趋势基本一致,呈碱性至弱酸性,但 CMC 改性膨润土所制备浆液 pH 整体上略低于未改性试样试验结果。相同金属浓度条件下,氯化钙、硝酸铅-硝酸锌和铬酸钾溶液作用下 CMC0 与 CMC2 试样 pH 相同,较 CMC6、CMC10 和 CMC14 试样 pH 高出 4%～11%。可以判断:①当金属浓度低于 5 mmol/L 时,CMC 改性膨润土-硝酸铅-硝酸锌浆液中铅主要以[$Pb_3(OH)_4$]$^{2+}$ 和不可溶态铅形式存在,锌主要以 Zn^{2+} 和可溶态 $Zn(OH)_2$ 形式存在;②当金属浓度大于 5 mmol/L 时,CMC 改性膨润土-硝酸铅-硝酸锌浆

液中铅主要以 Pb^{2+}、$PbNO_3^+$ 和不可溶态铅形式存在,锌则主要以 Zn^{2+} 形式存在;③CMC 改性膨润土-铬酸钾浆液中铬和钾分别主要以 CrO_4^{2-} 和 K^+ 形式存在;④CMC 改性膨润土-氯化钙浆液中钙主要以 Ca^{2+} 形式存在。

图 4-42 给出了通过改进 API 滤失试验测定的 CMC 改性膨润土渗透系数 k_{MF} 与金属浓度的关系。与未改性膨润土(CMC0 试样)试验结果相比,CMC 改性能够明显地降低无机盐溶液作用下膨润土渗透系数。这一试验结果随金属浓度增大趋于更显著。金属浓度低于 10 mmol/L时,硝酸铅-硝酸锌溶液作用下各 CMC 改性膨润土(CC_B=2%~14%)渗透系数与未污染状态下试验结果基本保持一致(k_{MF}=8.4×10^{-12}~2.1×10^{-11} m/s);当硝酸铅-硝酸锌溶液的金属浓度增至 20 mmol/L 时,渗透系数则出现明显增大趋势。另一方面,与未改性膨润土试验结果一致,本研究金属浓度范围内铬酸钾溶液作用下 CMC 改性膨润土渗透系数未出现随金属浓度增加而增大的趋势。这一金属浓度-渗透系数关系同样出现在氯化钙作用下 CMC10 试样试验结果。值得注意的是,20 mmol/L 硝酸铅-硝酸锌溶液作用下 CMC10 和 CMC14 试样的渗透系数基本一致(k_{MF}=2.7×10^{-11}~3.4×10^{-11} m/s),且显著低于 CMC0、CMC2 和 CMC6 试样,后者渗透系数达前者的 10~336 倍。因此,结合前述 FTIR 光谱分析、CMC 改性膨润土液限和自由膨胀指数分析,本研究认为膨润土中 CMC 掺量可优化为 10%。

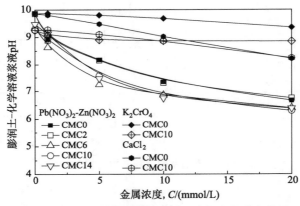

图 4-41　膨润土-化学溶液浆液 pH 与金属浓度关系

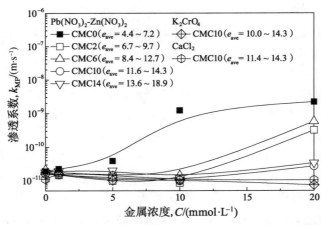

图 4-42　改进 API 滤失试验测定的 CMC 改性膨润土渗透系数与金属浓度关系

为进一步比较相同孔隙比条件下 CMC 改性膨润土渗透系数的化学相容性，图 4-43 给出了金属浓度为 10 mmol/L（离子强度 $I=30$ mmol/L）时各种无机盐溶液作用下 CMC0 和 CMC10 试样渗透系数 k_{MF} 与膨润土平均孔隙比 e_{ave} 关系。分析结果显示，同种溶液类型和孔隙比条件下 CMC10 试样渗透系数显著低于 CMC0 试样试验结果。膨润土平均孔隙比为 13.6～14.3 时，氯化钙、硝酸铅-硝酸锌和铬酸钾作用下 CMC10 试样渗透系数与其未污染状态下渗透系数比值（渗透系

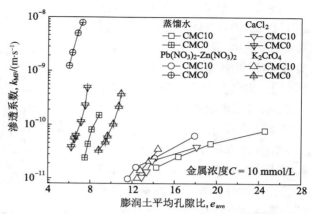

图 4-43　改进 API 滤失试验测定 CMC 改性膨润土渗透系数与膨润土平均孔隙比关系

数比 HCR）分别为 1.33、1.50 和 1.31。而膨润土平均孔隙比为 7.2～8.1 时，氯化钙和硝酸铅-硝酸锌作用下 CMC0 试样的渗透系数比 HCR 分别达 6 和 97。离子强度为 30 mmol/L 无机盐溶液作用下天然钠基膨润土的渗透系数比 HCR 可高达 24。此外，已有试验研究报道 BPC 和 HYP 黏土在离子强度为 15～60 mmol/L 时渗透系数比 HCR 保持为 0.7～2.6[4-5]。由此可见，本研究 CMC 改性膨润土有效地提升了各类典型重金属作用下渗透系数的化学相容性。

已有文献[29-31]指出羧酸根 COO^- 可通过单齿、螯合、双齿桥式或单原子桥式配位方式与金属离子 M 配位，生成金属-羧酸络合物（亦即羧酸盐 R—COO—M），如图 4-44 所示。此外，羧酸盐也可以通过离子（或非配位）方式存在。基于此，分析 CMC 改性提升无机盐溶液作用下膨润土膨胀量和渗透系数化学相容性的原因在于 CMC 分子链中羧酸根通过离子交换和配位络合的方式消耗了膨润土-化学溶液体系中的金属离子，从而减少了与膨润土中可交换阳离子发生离子交换的金属离子量，抑制了膨润土双电层的压缩。因此，膨润土双电层所产生的离子间斥力避免了膨润土颗粒团聚，宏观工程性质上表现为相同离子强度条件下具有更高的膨胀量和相对低的渗透系数。随着溶液中金属浓度增大，膨润土上羧酸根逐渐被消耗殆尽，导致 CMC 改性前后膨润土的膨胀量无显著差异（见图4-9）。此外，无机盐溶液作用下 CMC 改性膨润土中 CMC 分子链水化所形成的水凝胶的体积收缩也导致了 CMC 改性膨润土膨胀量的降低。已有研究指出，无机盐溶液作用下，由于聚合物水凝胶道南渗透压降低，使其体积随溶液离子强度增大而收缩，且多价阳离子作用下收缩量大于一价阳离子作用结果，收缩量可达 50％以上[32-34]。以铅离子作用下聚合物水凝胶体积变化趋势为例，铅离子浓度增至 10 mmol/L 后聚合物水凝胶出现体积收缩[32]。

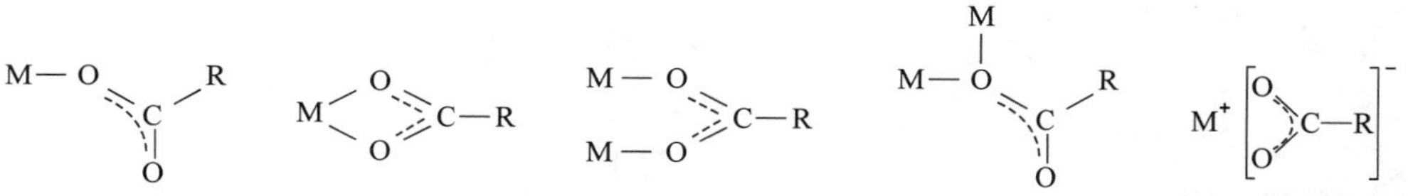

（a）单齿配位　　　（b）螯合配位　　　（c）双齿桥式配位　　　（d）单原子桥式　　　（e）非配位形式

图 4-44　羧基 COO— 与金属离子 M 形成络合物方式[R＝(CH₂)ₙ]

图 4-45 给出了填埋场渗滤液作用下 CMC 改性前后膨润土的渗透系数 k_{MF}。此外,测定了膨润土-渗滤液浆液 pH 和膨润土平均孔隙比 e_{ave}。膨润土-渗滤液浆液 pH 随膨润土中 CMC 掺量增加出现增大趋势,并稳定于 7.28,基本与渗滤液 pH(7.26)一致。渗滤液作用下膨润土渗透系数随膨润土中 CMC 掺量增加呈显著降低趋势。未改性膨润土渗透系数分别为 CMC2、CMC6、CMC10 和 CMC14 试样试验结果的 12、38、45 和 22 倍。

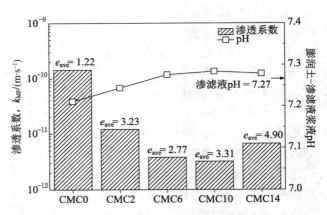

图 4-45 填埋场渗滤液作用下 CMC 改性膨润土渗透系数

CMC14 试样渗透系数略高于 CMC6 和 CMC10 试样,分析原因在于其膨润土平均孔隙比大于 CMC6 和 CMC10。此外,测定膨润土孔隙比随膨润土中 CMC 掺量增加趋于增大。分析可以判断,渗滤液有机污染物引起了未改性膨润土最为显著的团聚,使得其所形成膨润土滤饼的平均孔隙比相对最小;CMC 分子链则在一定程度上抑制了渗滤液对膨润土颗粒双电层的压缩,减少了其团聚量,从而促使膨润土具有相对较大的孔隙比。

通过滤失量评价未改性膨润土在各类无机盐溶液作用下渗透系数的基础上,本研究给出 CMC 改性前后膨润土在各类化学溶液作用下渗透系数与滤失量关系,如图4-46所示。仅硝酸铅-硝酸锌溶液和渗滤液作用下 CMC 改性膨润土的若干数据点偏离整体趋势。双对数坐标下,渗透系数随滤失量增大呈线性升高趋势。这一变化规律取决于试验过程中所施加的气压 p_0。不同气压 p_0 作用下所确定的 FL-k 关系呈近似平行关系。线性拟合结果显示 FL-k 关系可由式(4-2)表述,判定系数 $R^2 = 0.906 \sim 0.940$,斜率 A 介于 $1.322 \sim 1.533$,截距 B 则介于 $11.095 \sim 12.466$,且随气压 p_0 增加而减小。以气压 $p_0 = 400$ kPa 时为例,无机盐溶液作用下膨润土和 CMC 改性膨润土渗透系数可表述为式(4-3)。

渗透系数的化学相容性是工程屏障材料的重要指标。此外,实际工程中统一的评价方法更具有实用性。为此,本研究采用滤失量比(FLR)描述渗透系数比,如图 4-47 所示。与渗透系数比定义类似,滤失量比定义为 MFL 试验中污染前后试样在 30 min 时滤失量的比值。分析结果显示,渗滤液和各类重金属作用下 CMC 改性前后膨润土的渗透系数比与滤失量比关系在双对数坐标下呈良好的线性关系。线性拟合分析结果可由式(4-4)描述,判定系数 R^2 为 0.883。根据这一分析结果,本研究认为可以采用式(4-4)对无机盐溶液作用下膨润土和 CMC 改性膨润土渗透系数的化学相容性作出合理评价。

$$\log(k_{MF}) = A\log(FL) - B \tag{4-2}$$

$$\log(k_{MF}) = 1.533\log(FL) - 12.303 \tag{4-3}$$

$$\log(HCR) = 1.636\log(FLR) - 0.018\,3 \quad (FLR \leqslant 17) \tag{4-4}$$

式中:符号意义同前。

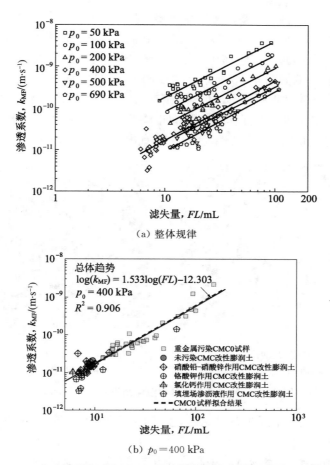

（a）整体规律

（b）$p_0 = 400$ kPa

图 4-46　未改性膨润土与 CMC 改性膨润土滤失量与渗透系数的关系

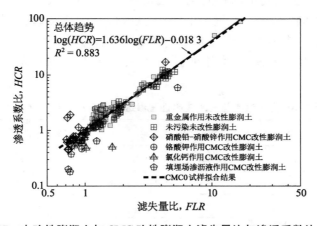

图4-47　未改性膨润土与 CMC 改性膨润土滤失量比与渗透系数比的关系

　　需要指出的是,根据本研究试验结果所给出式(4-4)仅适用于 $FLR \leqslant 17$ 的情况。课题组前期试验研究发现采用改进 API 滤失试验测定无机盐溶液作用下膨润土和 CMC 改性膨润土渗透系数时金属浓度应不超过 20 mmol/L。当金属浓度超出这一浓度时,所制备膨润土-化学溶液浆液静置后将出现膨润土团聚沉降(见示意图4-48)。进行改进API滤失试验过程中,膨润土"滤饼"实则主要由团聚后沉积的膨润土组成,使得这一膨润土沉积体与API腔室间存在缝隙,并且膨润土沉积体中存在由于气压作用所形成的裂缝,最终导致所确定的渗透系数严重偏大,例如图4-48所示高浓度硝酸铅-硝酸锌溶液作用下CMC改性膨润土在改进API滤失试验过程中所形成的有缺陷的膨润土沉积体。因此,本研究建议采用改进API滤失试验测定无机盐溶液作用下膨润土渗透系数时,应首先考察所制备膨润土-化学溶液浆液静置时膨润土的沉降特性,膨润土不宜出现团聚沉积。

(a) 100 mmol/L 硝酸铅-硝酸锌溶液作用　　　　(b) 50 mmol/L 硝酸铅-硝酸锌溶液作用

下 CMC10 膨润土沉积体　　　　　　　　　　下 CMC2 膨润土沉积

图 4-48　高浓度无机盐溶液作用下膨润土沉积体

相同孔隙比范围条件下通过改进API滤失试验和柔性壁渗透试验测定膨润土和CMC改性膨润土渗透系数的结果汇总于表4-4。表4-4给出了改进API滤失试验中膨润土滤饼的平均孔隙比 e_{ave} 和柔性壁渗透试验中膨润土试样的最终孔隙比 e_{f}。试验结果显示,相同孔隙比范围时2种方法所确定的膨润土渗透系数基本一致。已有试验研究[35-36]针对蒸馏水、氯化钙和稀硫酸溶液作用下膨润土渗透系数的试验结果得出相同结论。综上所述,本研究认为采用改进API滤失试验是一种快速且合理的无机盐溶液作用下膨润土渗透系数测定方法。本研究所涉及各种渗透系数测定方法的优势与劣势比较汇总于表4-5。

表 4-4　改进 API 滤失试验与常水头柔性壁渗透试验测定膨润土渗透系数结果对比

试样编号	改进 API 滤失试验		常水头柔性壁渗透试验		
	e_{ave}	$k_{\text{MF}}/(\text{m}\cdot\text{s}^{-1})$	e_{f}	i	$k_{\text{FW}}/(\text{m}\cdot\text{s}^{-1})$
CMC0	7.4	2.5×10^{-11}	6.6	94	6.1×10^{-11}
CMC2	9.7	1.9×10^{-11}	9.1	135	1.6×10^{-11}
CMC6	16.7	2.1×10^{-11}	15.3	172	1.0×10^{-11}
CMC10	14.3	1.6×10^{-11}	13.1	119	9.6×10^{-12}
CMC14	18.9	1.8×10^{-11}	17.8	137	8.6×10^{-12}

表 4-5　渗透系数测定方法优势与劣势比较

试验方法	优势	劣势
柔性壁渗透试验	试样饱和控制,应力控制,认可度最高	采用化学溶液进行渗透时化学平衡周期长
刚性壁渗透试验	与一维固结试验同时进行,试验操作简便,是目前土-膨润土竖向隔离屏障材料渗透系数主要测试手段	击实及低含水率试样易出现侧壁渗漏现象
反算渗透系数方法	土-膨润土竖向隔离屏障材料渗透系数 $k < 10^{-9}$ m/s实时测结果合理	非保守试验结果,固结系数计算过程中存在诸多人为因素,认可度较低
改进 API 滤失试验	试验周期短,操作简便,适用于快速判断膨润土渗透系数的化学相容性	重金属浓度范围有限(本研究建议 $C < 20$ mmol/L)

3. 阴离子纤维素改性回填料渗透特性

(1) 渗透系数-膨胀指数、滤失量相互关系

图 4-49 至图 4-51 分别为 CB 试样、PB 试样和 XB 试样的滤饼渗透系数、膨胀指数与试样滤失量之间的关系。由图可知,随试样滤失量增大,三种膨润土滤饼的渗透系数均呈增大趋势;相同条件下,CB 滤饼的渗透系数较 PB 和 XB 滤饼高一个数量级。而在相同的溶液浓度下,随着试验压力的增大,三种试样的滤失量有所升高,但渗透系数却呈降低趋势,其可能原因为压力的增大,导致滤饼压缩固结、孔隙比减小,进而导致渗透系数降低。这一假设将在下文进行详细讨论并验证。

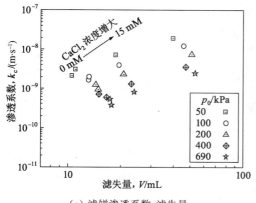

（a）滤饼渗透系数-滤失量

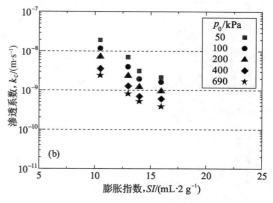

（b）滤饼渗透系数-膨胀指数

图 4-49　CB 试样渗透系数、膨胀指数与滤失量关系

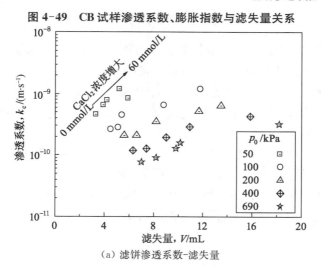

（a）滤饼渗透系数-滤失量

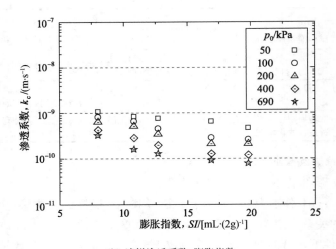

（b）滤饼渗透系数-膨胀指数

图 4-50　PB 试样渗透系数、膨胀指数与滤失量关系

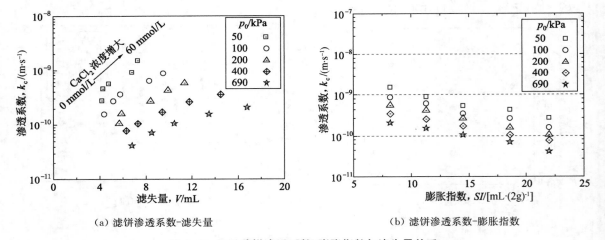

（a）滤饼渗透系数-滤失量　　　　　　　　　　　（b）滤饼渗透系数-膨胀指数

图 4-51　XB 试样渗透系数、膨胀指数与滤失量关系

　　在滤饼渗透系数与膨润土膨胀指数的关系方面。整体上，随膨胀指数的降低，滤饼渗透系数逐渐增大，且膨胀指数越小，增长趋势愈发明显。与未改良土 CB 相比，PB 和 XB 两种聚合物改良膨润土的滤饼渗透系数受膨胀指数变化影响相对较小。当膨胀指数由 16 mL/2 g 降至 10 mL/2 g 时，CB 滤饼的渗透系数增长约 1 个数量级，而 PB 和 XB 滤饼的渗透系数的增长均不超过 4 倍。这一现象表明：聚合物改良膨润土材料的渗透系数除了受膨胀指数（阳离子置换现象）变化的影响，还受到所添加聚合物的影响。膨胀指数方面，在 $CaCl_2$ 溶液中，膨润土层间产生的阳离子置换现象，导致双电层压缩、膨胀指数减小，进而引起渗流孔道增大、渗透系数增大。向膨润土中添加聚合物后，在盐溶液作用下，其阳离子置换、膨胀性能降低的现象依然存在，但聚合物可封堵膨润土颗粒之间连通的孔隙，使得渗流孔道狭窄、曲折。

（2）离子浓度的影响

图 4-52 为三种试样的滤饼渗透系数与 $CaCl_2$ 溶液浓度关系。由图 4-52（a）～（c）可知，在半对数坐标系下，三种滤饼的渗透系数均随 $CaCl_2$ 溶液浓度增大而增长；CB 滤饼渗透系数受 $CaCl_2$ 浓度变化的影响更大，增长幅度最高。蒸馏水作用下，与未改良膨润土 CB 相比，PB 和 XB 两种聚合物改良膨润土滤饼的渗透系数较低；而在相同浓度的 $CaCl_2$ 溶液作用下，PB 和 XB 滤饼的渗透系数仍低于 CB 滤饼渗透系数。图 4-52（d）显示，CB 滤饼的 k_c/k_w 增长更明显，其曲线斜率较大；在 15 mmol/L 的 $CaCl_2$ 溶液作用（即污染状态）下，其 k_c/k_w 增长至 10 以上，表明其滤饼的渗透系数增长 1 个数量级，与蒸馏水作用（即未污染状态）时相比，显著增大。而 0～60 mmol/L 的 $CaCl_2$ 溶液中，PB 和 XB 两种改良膨润土滤饼的渗透系数增长不超过 5 倍，即 $k_c/k_w < 5$。上述结果表明，向膨润土中加入聚合物可有效提升其在 $CaCl_2$ 溶液作用下的防渗性能。这为进一步研究重金属作用下隔离屏障的化学相容性奠定了研究基础。

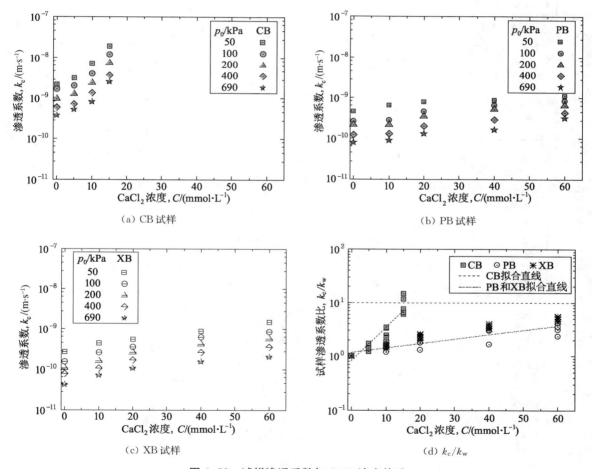

（a）CB 试样　　　　　　　　　　　　　　（b）PB 试样

（c）XB 试样　　　　　　　　　　　　　　（d）k_c/k_w

图 4-52　试样渗透系数与 $CaCl_2$ 浓度关系

（3）渗透系数与孔隙比

为研究试验压力对膨润土滤饼渗透系数及孔隙比变化的影响，Chung 和 Daniel[35] 提出了基于改进滤失试验计算膨润土滤饼所受平均有效应力（$p_{e,\,ave}$）的计算公式：

$$p_{e,\,ave} = p_0\left(\frac{1-\alpha}{2-\alpha}\right) \tag{4-5}$$

式中：p_0——施加到滤饼的压力，为气压和上覆液体压力之和，但因液体压力（约为 1 kPa）
远小于试验设定的气压（50～690 kPa），故认为 p_0 等于气压值；

α——$\lg(k)$-$\lg(p_0)$ 直线的斜率[35]。

图 4-53 为三种试样的滤饼渗透系数与所受试验压力的关系。整体上，双对数坐标系
下的 $\lg(k)$-$\lg(p_0)$ 的关系均为线性关系；这也验证了 Chung 和 Daniel 所提出的假定
$\lg(k)$-$\lg(p_0)$ 为线性关系的有效性[35]。图 4-53 计算得到各试样的参数 α 值见表 4-6。

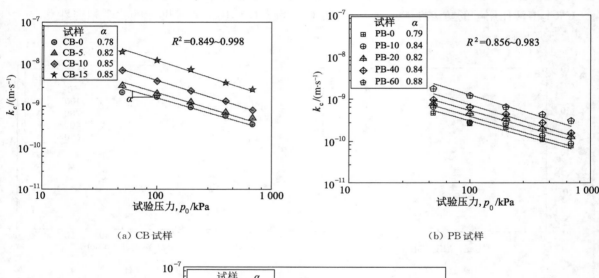

（a）CB 试样　　　　　　　　　　　　　　（b）PB 试样

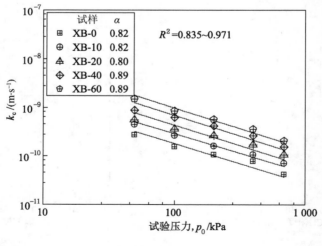

（c）XB 试样

图 4-53　滤饼试样的渗透系数与试验压力关系

表 4-6　各滤饼试样的参数 α 值计算结果

试样	CaCl$_2$溶液浓度/(mmol·L^{-1})						
	0	5	10	15	20	40	60
CB	0.78	0.82	0.85	0.85	—	—	—
PB	0.79	—	0.84	—	0.82	0.84	0.88
XB	0.82	—	0.82	—	0.80	0.89	0.89

图 4-54(a)为各试样的滤饼渗透系数与所受平均有效应力的关系。整体上,随有效应力增大,三种试样的渗透系数均呈降低趋势。而图 4-54(b)的结果表明,试样所受有效应力的增加,降低了滤饼的孔隙比;导致原有连通的渗流通道(孔隙比较大时)变为曲折、狭窄乃至非连通(盲端和闭合)的孔隙,进而降低了滤饼的渗透系数。此外,受不同浓度的 CaCl$_2$ 溶液作用的滤饼,呈现出不同的 e-lg($p_{e,\,ave}$)压缩曲线,表明在 CaCl$_2$ 作用下,滤饼的压缩特性也发生了变化,其根本原因为膨润土土体性质(液限、CEC 值等)发生了改变,导致宏观上的压缩性发生变化。

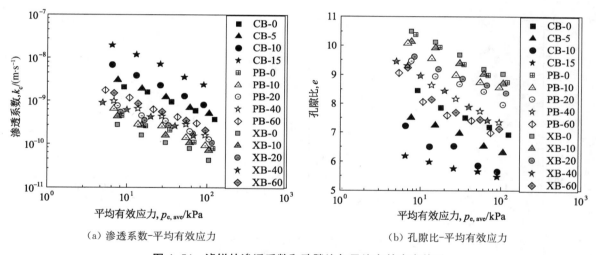

(a) 渗透系数-平均有效应力　　　　　　(b) 孔隙比-平均有效应力

图 4-54　滤饼的渗透系数和孔隙比与平均有效应力关系

图 4-54(b)表明 PB 和 XB 滤饼的孔隙比整体上大于 CB 滤饼的孔隙比,但两种改良膨润土滤饼的渗透系数却低于 CB 滤饼的渗透系数。其原因可归结为:①与 CB 试样相比,相同试验条件下 PB 和 XB 试样的滤失量较低,较低的滤失量使得滤饼含水率较高;而三种试样的比重(G_s 分别为 2.72、2.69 和 2.68)和饱和度(均假定为 100%)近似相等,因此 PB 和 XB 的孔隙比较大。②PAC 和 XG 的分子链上含有大量的亲水性官能团,遇到二价阳离子(如 Ca^{2+}、Mg^{2+}、Pb^{2+} 和 Zn^{2+})时,一方面官能团和部分二价阳离子结合可使电荷平衡[37],另一方面二价阳离子起到阳离子架桥作用,分别连接带负电的聚合物分子链和膨润土颗粒,使聚合物与膨润土颗粒相结合[38]。进一步地,聚合物分子吸水后形成水凝胶,包裹住膨润土颗粒,并通过阳离子桥和大分子链将膨润土颗粒连接在一起。基于上述分析,聚合物形成的水凝胶及其吸附的水分子被认为是不可流动相,这些聚合物水凝胶填充了滤饼中膨润土颗粒间大量的孔隙,并且导致计算的孔隙比数值较大[39-40]。但不可流动的聚合物水凝

胶堵住了连通的孔隙,导致渗流孔道曲折、狭窄,因此,PB 和 XB 滤饼呈现出孔隙比较大、渗透系数较低的特点。上述分析将通过 SEM、EDS 和 FTIR 等微观机理分析测试手段进行验证。

图 4-55 为三种试样的滤饼渗透系数与 $Pb(NO_3)_2$ 溶液浓度关系。由图 4-55(a)可知,在半对数坐标系下,三种滤饼的渗透系数均随 $Pb(NO_3)_2$ 溶液浓度增大而增长。三种试样中,相同浓度范围内,CB 滤饼渗透系数受 $Pb(NO_3)_2$ 浓度变化的影响更大,增长幅度最高。蒸馏水作用下,与未改良膨润土 CB 相比,PB 和 XB 两种聚合物改良膨润土滤饼的渗透系数较低;在相同浓度的 $Pb(NO_3)_2$ 溶液作用下,PB 和 XB 滤饼的渗透系数亦低于 CB 滤饼渗透系数。图 4-55(b)显示,CB 滤饼的 k_c/k_w 增长略明显,其曲线斜率较大;在 15 mmol/L 的 $Pb(NO_3)_2$ 溶液作用(即污染状态)下,其 k_c/k_w 增长至 10 左右,表明其滤饼渗透系数增长了 1 个数量级;而当 $Pb(NO_3)_2$ 浓度低于 40 mmol/L 时,改良土 PB 和 XB 滤饼的 k_c/k_w 小于 10,即渗透系数增长小于 1 个数量级,超过此浓度后,渗透系数的增长亦超过 1 个数量级。上述结果表明,向膨润土中加入聚合物可有效提升其在 $Pb(NO_3)_2$ 溶液作用下的防渗性能,但在 $Pb(NO_3)_2$ 溶液浓度较高时,其防渗性能亦显著降低。

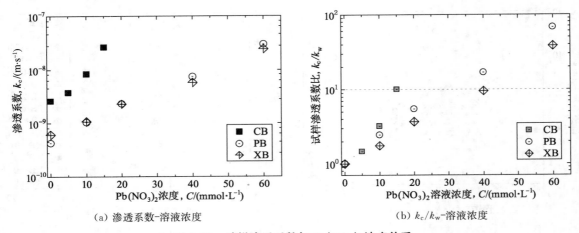

(a) 渗透系数-溶液浓度　　　　　　　(b) k_c/k_w-溶液浓度

图 4-55　试样渗透系数与 $Pb(NO_3)_2$ 浓度关系

图 4-56 为各浓度的 $Pb(NO_3)_2$ 和 $CaCl_2$ 溶液作用下,三种滤饼的渗透系数及其渗透系数比的结果。整体上,随溶液浓度的增长,三种试样的渗透系数均呈增长趋势。对于未改良土试样 CB,两种溶液对其滤饼渗透系数均较明显,随浓度由 0 增长至 15 mmol/L,其渗透系数增长约一个数量级;而对于改良土试样 PB 和 XB,两种溶液对其滤饼渗透系数的影响则有所差异,且溶液浓度越大,差异越明显。与 $CaCl_2$ 溶液相比,$Pb(NO_3)_2$ 溶液的浓度对 PB 和 XB 滤饼渗透系数变化影响更大。$Pb(NO_3)_2$ 浓度≥40 mmol/L 时,PB 和 XB 滤饼的 k_c/k_w 即大于 10,表明渗透系数显著增长;而 $CaCl_2$ 浓度为 40~60 mmol/L 时,PB 和 XB 滤饼的 k_c/k_w 分别为 3.2 和 5.6,均未超过 10,说明二者渗透系数未明显增大。

本研究中 Pb^{2+} 和 Ca^{2+} 对改良土浆液滤失量、滤饼厚度和渗透系数的影响存在明显的差异,其可能原因为:两种溶液的 pH 不同,试验所用 $CaCl_2$ 溶液的 pH 为 6.25~6.65 之间,而 $Pb(NO_3)_2$ 溶液的 pH 则为 4.68~4.97 之间,较低的 pH 条件下,溶液中 H^+ 含量较多,抑制了聚阴离子纤维素(PAC)和黄原胶(XG)分子链上的羟基(—OH)和羧基(—COOH)

的离子化[41-42]，不利于官能团络合吸附重金属 Pb^{2+}，导致溶液中 Pb^{2+} 的含量较多，进而导致膨润土层间的阳离子置换程度较高，压缩了膨润土双电层，膨润土颗粒絮凝团聚沉积现象更明显[表现为 $Pb(NO_3)_2$ 溶液作用下的滤饼厚度更大]，最终影响了膨润土滤饼的渗透系数。

图 4-57 为污染液作用下试样渗透系数与平均有效应力的关系。由图可知，改良回填料 PSB-0.6 和 XSB-0.6 的渗透系数低于未改良回填料 SB。随有效应力增大，试样的渗透系数略有降低。结合图 4-54(b) 的结果，有效应力的增大导致试样孔隙比降低，使得渗流孔道变窄、曲折，因此渗透系数有所降低。

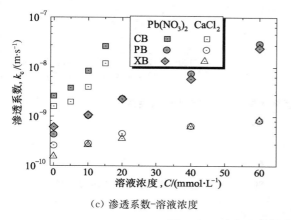

（c）渗透系数-溶液浓度

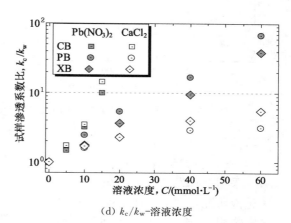

（d）k_c/k_w-溶液浓度

图 4-56　改良土试样渗透系数与溶液浓度关系

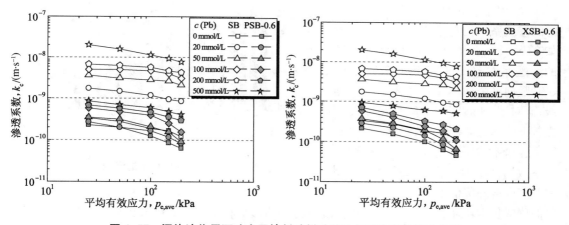

图 4-57　污染液作用下改良回填料试样孔隙比与平均有效应力关系

图 4-58 为试样的渗透系数（k_c）、渗透系数比（k_c/k_w）与污染液浓度的关系。总体上，三种回填料试样的渗透系数均随 $Pb(NO_3)_2$ 溶液浓度增大而增大；随污染液浓度增大，未改良回填料试样 SB 的渗透系数增长更明显；浓度为 20 mmol/L 时，其渗透系数即超过 10^{-9} m/s；当浓度超过 50 mmol/L 时，其 $k_c/k_w>10$，即渗透系数增长了 1 个数量级。而改良回填料试样 PSB-0.6 和 XSB-0.6 的渗透系数则受溶液浓度影响较小，随 $Pb(NO_3)_2$ 浓度由 0 增长至 500 mmol/L，两种改良回填料的渗透系数虽有所增长，但均维持在 10^{-9} m/s 以下，渗透系数比也均小于 10，表明隔离墙回填料经过聚合物的改良后，其污染液作用下的防

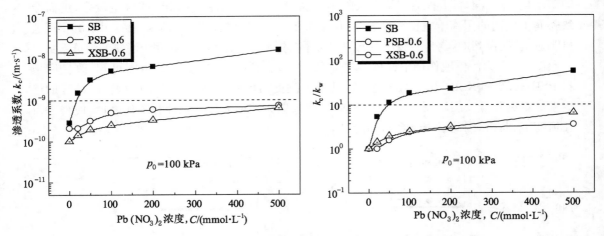

图 4-58　改良回填料试样的渗透系数与污染液浓度之间的关系

渗特性得到显著提升。

4. MSB 回填料渗透特性

采用 Na_2SO_4 和 Pb-Zn 溶液作为渗透液研究其对 MSB 回填料渗透系数的影响规律,渗进、出液达到平衡后的渗透系数如图 4-59 所示。Na_2SO_4 和 Pb-Zn 溶液渗透作用下,MSB 竖向屏障的渗透系数均低于水泥基竖向屏障。如在 Na_2SO_4 为渗透液时,CB 竖向屏障的渗透系数较 Ref 降低 1 个数量级,CSB 竖向屏障较 Ref 降低 2~3 个数量级;而对于 MSB 竖向屏障材料,渗透系数较 Ref 降低 3~4 个数量级。在 Pb-Zn 混合溶液作用下,所有竖向屏障的渗透系数均低于 Ref 的渗透系数,其中水泥基竖向屏障降低 1~2 个数量级,MSB

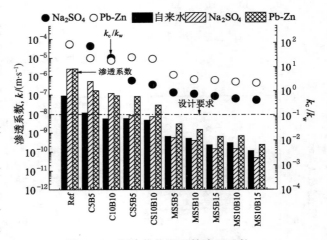

图 4-59　污染物作用下的渗透系数

竖向屏障较 Ref 降低 2~4 个数量级。凝胶材料的掺量和膨润土的掺量也显著影响渗透系数比值(k_c/k_w)。k_c/k_w 越接近 1,表明竖向屏障材料更耐污染液侵蚀;k_c/k_w 越大,表明竖向屏障越无法抵抗污染液作用。当提高 MSB 竖向屏障中的膨润土由 5% 至 15% 时,k_c/k_w 分别降低 25.7% 和 21.3%。而 MgO-GGBS 掺量由 5% 提高至 10%,相应的 k_c/k_w 分别降低 37.2% 和 45.4%。

 4.3　固结特性化学相容性

图 4-60 分别是两种级配砂混合土回填料的压缩试验结果,得到一系列 e-lgσ' 压缩曲线,其中:e 为孔隙比,σ' 为竖向固结压力。砂-膨润土 e-lgσ' 压缩曲线在固结压力为 12.5~

1 600 kPa 范围内均近似为直线,孔隙比 e 随固结压力增大而减小。两种砂-膨润土隔离墙材料初始孔隙比 e_0 较接近,砂级配为 0.1～0.45 mm 试样的最终孔隙比大于砂级配为 0.1～1.0 mm 试样。

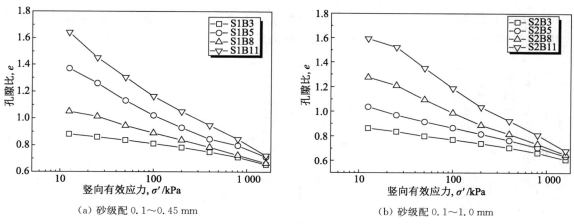

（a）砂级配 0.1～0.45 mm　　　　　　　（b）砂级配 0.1～1.0 mm

图 4-60　砂-膨润土隔离墙材料压缩曲线

四种砂-膨润土隔离墙材料的压缩指数 C_c 见表 4-7,C_c 为 e-$\lg\sigma'$ 曲线的直线段斜率(见图 4-61)。从表4-7中可以看出压缩指数随着膨润土掺量增加而增大,变化范围在 0.10～0.45 之间。

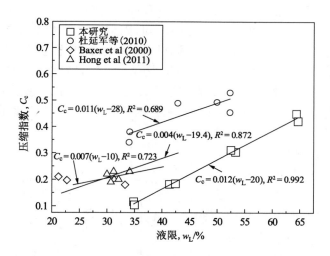

图 4-61　砂-膨润土隔离墙材料液限与压缩指数经验关系

表 4-7　砂-膨润土隔离墙材料压缩指数 C_c

混合土砂级配	C_c			
	B3	B5	B8	B11
0.1～0.45 mm	0.104	0.184	0.311	0.421
0.1～1.0 mm	0.116	0.182	0.303	0.449

本研究建立砂-膨润土隔离墙材料压缩指数随液限的线性经验关系(图4-61)(判定系数 $R^2=0.992$):

$$C_c = 0.012(w_L - 20) \qquad (4-6)$$

从图4-62可以看出,两种砂级配砂-膨润土隔离墙材料的压缩指数差异很小,膨润土掺量和初始含水率是影响压缩指数的主要影响因素。

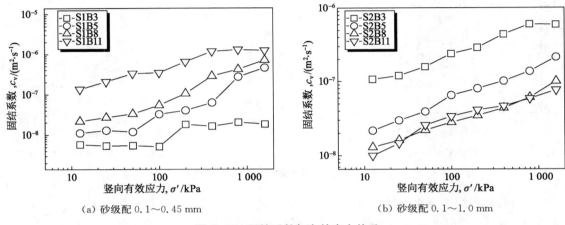

(a) 砂级配 0.1~0.45 mm (b) 砂级配 0.1~1.0 mm

图 4-62 固结系数与有效应力关系

固结系数 c_v 由泰勒方法(时间平方根法)计算确定。图4-62为四种砂-膨润土隔离墙材料有效固结应力与固结系数的关系。由图可知,固结系数随着固结应力的增大而增加。砂级配为 0.1~0.45 mm 的砂-膨润土隔离墙材料固结系数变化范围是 $1.2 \times 10^{-6} \sim 5.8 \times 10^{-9}$ m²/s,砂级配为 0.1~1.0 mm 的砂-膨润土隔离墙材料固结系数变化范围是 $5.9 \times 10^{-7} \sim 1.3 \times 10^{-8}$ m²/s。从整体来看,后者固结系数变化范围较小,主要是由于后者砂级配良好,砂孔隙填充效果较好,砂-膨润土隔离墙材料排水通道随固结应力变化而变化的幅度不大。

1. 固结特性与溶液浓度的关系

(1) Ca^{2+} 浓度的影响

图4-63为不同 Ca^{2+} 浓度试样 e-$\lg\sigma'$ 曲线。图中各浓度钙溶液中试样 e-$\lg\sigma'$ 曲线平行,压缩曲线均表现出反S形,回填曲线接近水平直线。相同应力条件下,试样孔隙比随 Ca^{2+} 浓度升高而降低,文献[22]数据也显示,试样孔隙比随铅浓度增大而降低。从图中还可看出,试样压缩指数在 0.18~0.13 范围内变化,压缩指数 (C_c) 随浓度增加而降低,Ca^{2+} 浓度超过 20 mmol/L(800 mg/L)后,C_c 趋于平缓。膨胀指数 (C_s) 随浓度变化的趋势不明朗,总体而言,浓度较高情况下,C_s 值较小。

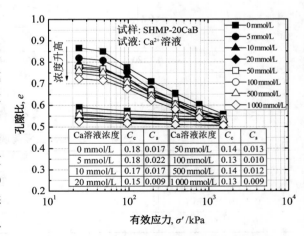

Ca溶液浓度	C_c	C_s	Ca溶液浓度	C_c	C_s
0 mmol/L	0.18	0.017	50 mmol/L	0.14	0.013
5 mmol/L	0.18	0.022	100 mmol/L	0.13	0.010
10 mmol/L	0.17	0.017	500 mmol/L	0.14	0.012
20 mmol/L	0.15	0.009	1 000 mmol/L	0.13	0.009

图 4-63 不同 Ca^{2+} 浓度试样的压缩曲线

图 4-64 为固结系数（c_v）与有效应力关系。c_v 值落在 $10^{-9} \sim 10^{-5}$ m²/s 范围内，随 σ' 增加而增大。同一 σ' 值下，Ca^{2+} 浓度越高，c_v 值越大，lgc_v-lgσ' 曲线越靠近 y 轴上方。由此表明，Ca^{2+} 浓度对改良隔离墙回填料固结特性影响显著。

（2）Pb^{2+} 浓度的影响

图 4-65 为不同 Pb^{2+} 浓度试样的压缩曲线。Pb^{2+} 污染试样压缩曲线特征与未污染试样相似，表现出反 S 形曲线。回弹曲线近似于水平直线，其斜率（C_s）较未污染时提高 29%。4.8 mmol/L（1 000 mg/L）Pb^{2+} 溶液中，C_c 和 C_s 值与相同浓度 Ca^{2+} 溶液情

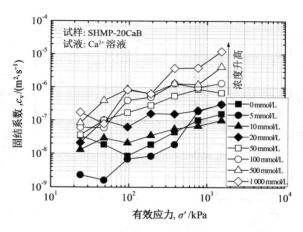

图 4-64　固结系数与有效应力关系

况相等，而且各有效应力下 Pb^{2+} 污染试样孔隙比与 5 mmol/L Ca^{2+} 溶液情况高度相近，进一步表明 Pb^{2+}、Ca^{2+} 对改良隔离墙回填料工程特性的影响具有相似性。图 4-66 为不同 Pb^{2+} 浓度试样固结系数（c_v）与有效应力关系。大体上，受污染试样的固结系数略低于未污染试样，但二者固结系数范围均为 $6 \times 10^{-8} \sim 1 \times 10^{-7}$ m²/s，接近于相近物质的量浓度 Ca^{2+} 溶液（5 mmol/L）c_v 的范围 $1 \times 10^{-9} \sim 2 \times 10^{-7}$ m²/s。

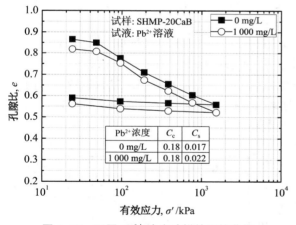

图 4-65　不同 Pb^{2+} 浓度试样的压缩曲线

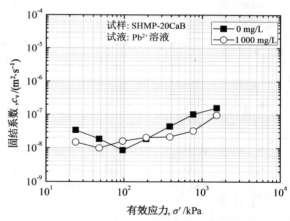

图 4-66　不同 Pb^{2+} 浓度溶液中试样固结系数与有效应力关系

（3）$Cr(Ⅵ)$ 浓度的影响

图 4-67 和图 4-68 分别为不同 $Cr(Ⅵ)$ 浓度试样的压缩曲线和固结系数与有效应力关系曲线。由图可知，$Cr(Ⅵ)$ 污染前、后，改良回填料 C_c 和 C_s 几乎相等；相同应力条件下，受污染试样孔隙比小于未污染试样，且略小于相同 Pb^{2+} 质量浓度的污染试样、略高于相近物质的量浓度（20 mmol/L）的 Ca^{2+} 污染试样。究其原因，是试样缓冲能力削弱了 $Cr(Ⅵ)$ 离子对固结特性的影响。此外，除去个别离散点外，受污染试样的 c_v 变化趋势与未污染试样非常相近，并整体低于 20 mmol/L Ca^{2+} 污染试样的 c_v（见图 4-64）。

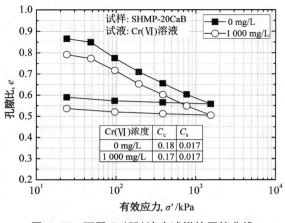

图 4-67　不同 Cr(Ⅵ)浓度试样的压缩曲线

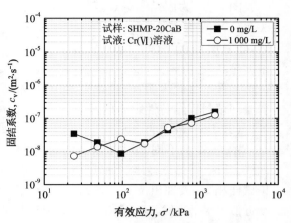

图 4-68　不同 Cr(Ⅵ)浓度溶液中试样固结系数与有效应力关系

（4）CCR 溶液的影响

图 4-69 为水溶液和 CCR 溶液中改良回填料和钠基膨润土回填料的压缩曲线。图中所有回填料均表现出反 S 形。5.9NaB 回填料压缩和回填曲线位于改良回填料上方，前者压缩指数略低于后者。这是由于钠基膨润土颗粒间斥力较强，较厚的双电层厚度使得颗粒间可压缩空间有限。受 CCR 污染后，改良回填料和钠基膨润土回填料的压缩指数和膨胀指数均有所降低，表明 CCR 使土粒结构发生不同程度的变化，降低了压缩性和膨胀性。

图 4-70 描述了 CCR 污染前、后回填料固结系数变化情况。图中，回填料固结系数随有效应力增加而呈缓慢增长趋势，总体而言，CCR 对固结系数几乎没有影响。改良回填料固结系数较钠基膨润土回填料固结系数低约 1 个数量级。改良回填料固结系数较低或与其高黏土含量和较低渗透系数有关，如图 4-70 中，改良回填料在自来水和 CCR 溶液中的渗透系数均略低于钠基膨润土回填料，相应孔隙水消散较慢，固结系数较低。

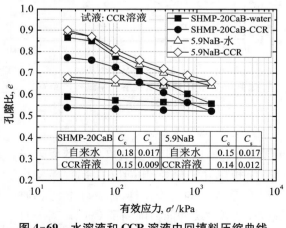

图 4-69　水溶液和 CCR 溶液中回填料压缩曲线

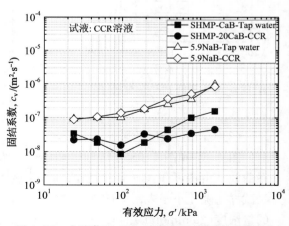

图 4-70　水溶液和 CCR 溶液中回填料的固结系数

重金属铅污染高岭土-膨润土 KB 竖向隔离屏障材料固结系数 c_v 和体积压缩系数 m_v 与

平均有效竖向应力关系如图 4-71 所示。固结系数采用时间平方根法确定。试验结果显示,重金属铅污染 KB 试样固结系数和体积压缩系数随平均有效竖向应力增大,变化趋势与未污染状态试验结果一致。试验范围内重金属铅污染程度对重金属铅污染 KB 试样固结系数的影响有限,固结系数介于 $3.5 \times 10^{-7} \sim 1 \times 10^{-8}$ m²/s。另一方面,相同平均有效竖向应力条件下,未污染 KB 试样固结系数则达到重金属铅污染 KB 试样试验结果的 3～36 倍。固结系数主要取决于超孔隙水消散速率。因此,污染前后 KB 试样的固结系数均随膨润土掺量增大趋于减小。相同重金属铅浓度和平均有效竖向应力条件下,KB5 试样固结系数分别可达 KB10 和 KB15 试样试验结果的 1.5～2 倍和 1.5～3.5 倍。

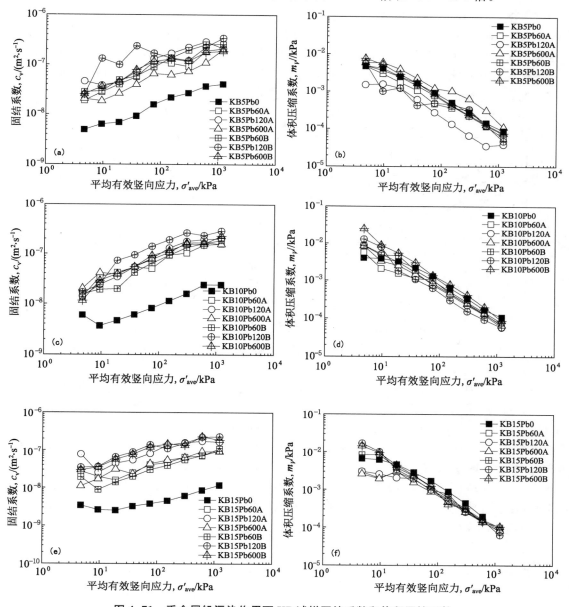

图 4-71　重金属铅污染作用下 KB 试样固结系数和体积压缩系数

与未污染状态下试验结果一致,体积压缩系数主要取决于应力状态和膨润土掺量。体积压缩系数随平均有效竖向应力增大显著降低;重金属铅污染 KB10 和 KB15 试样体积压缩系数可达相同应力和污染状态下 KB5 试样试验结果的 3 倍和 4.5 倍。另一方面,本研究试验范围内重金属铅污染及污染程度对 KB 试样体积压缩系数的影响有限。总体上,相同平均有效竖向应力条件下,重金属铅污染 KB 试样体积压缩系数为未污染 KB 试样试验结果的 50%～120%。

图 4-72 为 $Pb(NO_3)_2$ 溶液作用下 PSB 试样和 XSB 试样的压缩曲线。当固结应力为 3.125～12.5 kPa 时,试样孔隙比的减小较为缓慢,说明试样还未发生剪切破坏。随固结应力继续增长,各试样的孔隙比迅速降低,试样的压缩曲线($e - \lg\sigma'$)进入直线阶段。随 $Pb(NO_3)_2$ 溶液的浓度增大,试样的压缩曲线的直线段斜率越小,计算所得压缩指数越低。这是由于试样受重金属铅污染后,受离子置换作用影响,膨润土双电层被压缩,导致初始状态下试样的孔隙比低于未污染试样的孔隙比。在施加固结应力后,未污染试样与污染后的试样均发生排水固结,导致固结应力越大,试样排水量越多、孔隙压缩程度越大。因此估计试验完成后,各浓度下试样的孔隙比趋于一致。

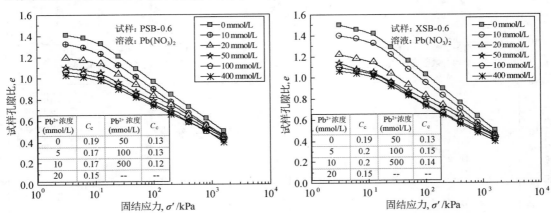

图 4-72 $Pb(NO_3)_2$ 溶液作用下 PSB 试样和 XSB 试样的压缩曲线

图 4-73 为根据时间平方根法计算出的回填料固结系数变化规律。在试验应力为 3.125～1 600 kPa 的范围内,回填料的固结系数在 10^{-9}～10^{-6} m²/s 范围内变化。由于有效应力增加可导致体积压缩率(m_V)降低,总体上,回填料的固结系数与有效固结应力呈正相关关系。$Pb(NO_3)_2$ 溶液的浓度越大,相同固结应力下的试样固结系数越大。而固结系数越大,土体的渗透系数往往越大。但柔性壁渗透的试验结果表明,$Pb(NO_3)_2$ 溶液的浓度越大,改良回填料 PSB 和 XSB 试样的渗透系数虽有所增加,但增长幅度不明显,未超过 1 个数量级,且持续低于 10^{-9} m/s。表明采用固结系数反算渗透系数的方法,无法严格计算材料的渗透系数,仅能粗略评估回填料渗透特性。

2. 固结特性与渗透系数的关系

根据太沙基一维固结理论,土样渗透系数可通过固结试验数据进行推算,其计算式为

$$k_{CON} = c_v \cdot m_V \cdot \gamma_w \tag{4-7}$$

式中：k_{CON}——根据太沙基一维固结理论推算的渗透系数；

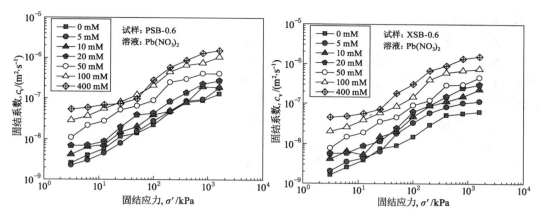

图 4-73　Pb(NO₃)₂ 溶液作用下 PSB 试样和 XSB 试样的固结系数

c_v、m_V、γ_w 分别为固结系数、体积压缩系数和水的重度，其中 γ_w 取为 9.81 kN/m³。

图 4-74 为固结试验过程中各级压力下试样孔隙比与固结反算渗透系数（k_{CON}）的关系。忽略最初量级荷载的离散数据（24 kPa 和 48 kPa 数据点），各污染溶液中试样 $e-\lg k_{CON}$ 呈线性关系。总体而言，渗透系数随孔隙比降低而减小，其原因在于荷载作用下土颗粒排列发生改变。各向异性的固结作用驱使试样中砂、土颗粒朝垂直于主应力方向的平面重新排列，试样内过水通道变曲折，导致渗透系数减小。相同孔隙比下，20CaB 渗透系数较 SHMP-20CaB 和 5.9NaB 高约一个数量级，与柔性壁试验结果规律一致。Ca²⁺ 浓度增加，试样渗透系数呈增大趋势，最大增量可达两个数量级。范日东[22] 和 Mishra 等[43] 研究 Pb、Na、Ca 溶液浓度对土-膨润土材料渗透系数的影响，也得出与本研究一致的结果。从图 4-74 中还可看出，1 mol/L Ca²⁺ 溶液下改良回填料渗透系数大于 19.2 mmol/L Cr(Ⅵ)、5 mmol/L Ca²⁺、Pb²⁺ 和 CCR 污染液中的渗透系数值。

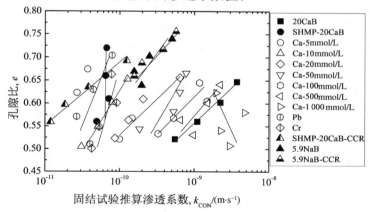

图 4-74　孔隙比和固结反算渗透系数的关系

为评价式（4-7）用于推算改良回填料渗透系数的准确性和可靠性，将柔性壁渗透试验渗透系数（k_{FLE}）和固结试验推算渗透系数（k_{CON}）绘于对数坐标中，如图 4-75 所示。图中，柔性壁渗透试验有效应力为 34.5 kPa，固结试验推算渗透系数则采用与柔性壁渗透试验有效应力相近（24 kPa 和 48 kPa）的数据点。图 4-75 显示，无论受 CCR 污染与否，钠基膨润土

回填料 k_{CON} 约为 k_{FLE} 两倍。相比之下,钙基膨润土回填料及改良回填料 k_{FLE} 和 k_{CON} 可表现出较大差异,具体为固结试验推算结果整体低于柔性壁渗透试验测量结果。这一现象与文献报道规律相吻合,如 Shackelford 等[44]总结了文献 GCL 材料渗透系数结果,指出对于钠基膨润土,固结推算渗透系数值约为试验测量值的 $1/98\sim1/22$;Mesri 等[45-46]研究也表明,根据太沙基一维固结理论推算的钙基膨润土、钠基膨润土渗透系数比实测值低 $5\%\sim20\%$。推算值与实测值的差异是由于太沙基一维固结理论假定压缩仅与试样渗透性有关,而实际上,具有触变性的试样的抗压缩能力还受黏土结构阻力成分(黏聚力、摩擦角)等因素影响。鉴于以上分析,式(4-7)可用于定性地评价回填料渗透系数特性,用于定量评价时,其准确性和可靠性值得商榷。

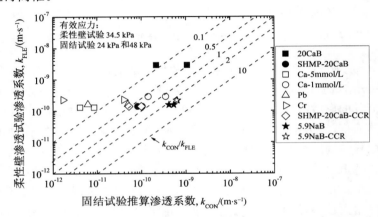

图4-75　柔性壁渗透试验的渗透系数和固结试验推算的渗透系数相互关系

3. w_L 和压缩指数的相关性

图 4-76 描绘了压缩指数随改良土、改良回填料液限的变化。压缩指数与液限存在明显正相关关系,液限高的试样压缩性相对较大。钠基膨润土回填料因膨润土掺量较低,故其压缩指数未能高于改良回填料。本研究数据点位于文献[22,47-48]左下方,这是由于本研究试样为砂-钙基膨润土,受其中砂成分的影响,试样液限和压缩性均低于文献的高岭土-膨润土试样。文献[47]针对初始含水率与液限比值 $(w_0/w_L)=0.95\sim1.25$ 的沸石改性土-膨润土回填料提出了以下压缩指数-液限经验关系:

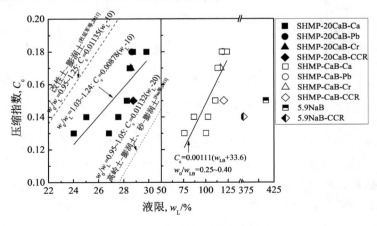

图 4-76　液限和压缩指数关系

$$C_c = 0.011\ 35(w_L - 10) \tag{4-8}$$

式中：C_c，w_L——分别为试样压缩指数和回填料液限。

对于$w_0/w_L = 0.95 \sim 1.05$的高岭土-膨润土、砂-膨润土回填料，压缩指数-液限关系为[22]：

$$C_c = 0.011\ 32(w_L - 20) \tag{4-9}$$

本研究采用的膨润土掺量较高，式(4-8)~式(4-9)不适用于改良回填料的情况。根据试验数据拟合，含六偏磷酸钠改良钙基膨润土的土-膨润土回填料($w_0/w_L = 1.03 \sim 1.24$)压缩指数-液限间存在以下相关关系：

$$C_c = 0.008\ 78(w_L - 10) \tag{4-10}$$

采用膨润土液限(w_{LB})作为自变量时，$w_0/w_{LB} = 0.25 \sim 0.4$，式(4-10)对应于：

$$C_c = 0.001\ 11(w_{LB} + 33.6) \tag{4-11}$$

应当注意到，式(4-10)~式(4-11)对象为改良钙基膨润土回填料，图4-76中两组5.9NaB数据点因钠基膨润土高液限特性而不符合式(4-11)的情况。

4.4 强度特性化学相容性

1. 无侧限抗压试验方法

MSB竖向屏障抗压强度测试采用美国FORNEY生产的FHS型现代抗压试验机进行，测试方法参考ASTM C109/C109M，每组配比至少保证3个平行试件，试件尺寸为50 mm×50 mm×50 mm。在加载之前，将试件安放在试验机的下底面钢垫板上，试件的承压面应与成型时的顶面垂直。试件的中心应与试验机下压板中心在一条垂直直线上，开动试验机，当上压板与试件接近时，调整球座，使得与试件接触均衡。在试验过程中应连续均匀地加荷载，加载速率应在(0.34 ± 0.07)MPa/s[约(50 ± 10)psi/s]。当试件接近破坏开始急剧变形时，应停止调整试验机油门，直至破坏，然后记录破坏荷载。

2. 抗压强度分析

经过标准养护后，MSB、Ref、CB和CSB四种竖向屏障材料的无侧限抗压强度结果如图4-77所示。结果表明，不同养护龄期，无侧限抗压强度增长幅度不同，水泥基竖向屏障的强度在养护28 d前增长速度较快，幅度最为明显，其后随着龄期的增长趋于稳定。而在28 d之后趋于平稳。其中Ref、CB和CSB的强度在养护28 d和90 d分别为520~650 kPa和530~680 kPa。而MSB竖向屏障在90 d后强度可到230~520 kPa。此外，同养护龄期相比，凝胶材料的掺量也影响竖向屏障体的强度值。如在养护28 d龄期，凝胶材料从5%增长至10%时，CB和CSB分别增长11.7%和3.1%，而MSB竖向增长88.2%；养护至90 d龄期，CB、CSB和MSB的强度分别增长11.3%、10.1%和103.8%。膨润土掺量对竖向屏障材料的无侧限抗压影响十分显著。对于MSB竖向屏障材料，当膨润土掺量由5%增长至15%时，养护28 d和90 d的抗压强度分别降低16.1%和15.7%。其主要由于在制作试样时选用相同的坍落度条件，膨润土掺量越高，竖向屏障试样的含水率越高。综上结果表明，尽管MSB

竖向屏障材料强度低于水泥材料，但其均满足养护 28 d 超过 100 kPa 的强度设计需求。

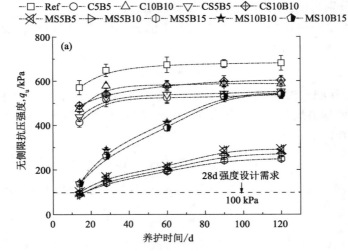

图 4-77　无侧限抗压强度与养护时间的关系

破坏应变 ε_f 是衡量材料的脆性或韧性的重要指标，定义为在应力-应变曲线上试样应力达到极限抗压强度时对应的应变值。MSB 等四种竖向屏障的破坏应变 ε_f 与对应的无侧限抗压强度关系如图 4-78(a) 所示。从图中可知，各竖向屏障的破坏应变 ε_f 呈现出随着无侧限抗压强度增大而递减的趋势，破坏应变与无侧限抗压强度呈现较吻合的幂函数关系，如图 4-78(a) 中所示。破坏应变 ε_f 分布于 2.4% ~ 3.5% 之间，且 MSB 竖向屏障的破坏应变 ε_f 明显高于其他竖向屏障。

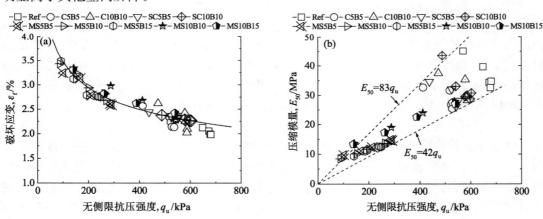

图 4-78　竖向屏障的破坏应变(a)和压缩模量(b)与无侧限抗压强度的预测关系

变形模量能够反映出材料抵抗弹塑性变形的能力，但由于竖向屏障材料是一种弹塑性材料，变形模量不是一个常数，通常采用 E_{50} 来表征水泥土材料的变形特性。E_{50} 定义为当竖向应力达到 50% 无侧限抗压强度时材料的应力与相应压缩应变的比值。图 4-78(b) 比较了四种竖向屏障的 E_{50} 与无侧限抗压强度 q_u 之间的关系，从图 4-78(b) 上可以看出，压缩模量 E_{50} 与无侧限抗压强度 q_u 之间呈现出比较好的线性增长关系。MSB 的 E_{50} 为 10 ~

30 MPa,低于其余三种竖向屏障材料,表明 MSB 竖向屏障材料有较大的塑性。

参考文献

[1] ASTM D5890. Standard test method for swell index of clay mineral component of geosynthetic clay liners[S]. ASTM International,2011.

[2] 范日东. 重金属作用下土-膨润土竖向隔离屏障化学相容性和防渗截污性能研究[D]. 南京:东南大学,2017.

[3] Malusis M A,Di Emidio G. Hydraulic conductivity of sand-bentonite backfills containing HYPER clay [C]. Geo-Congress 2014 Technical Papers,2014:1870-1879.

[4] Di Emidio G. Hydraulic and chemico—osmotic performance of polymer treated clays[D]. Ghent, Belgium:Ghent University,2010.

[5] Scalia J. Bentonite-polymer composites for containment applications[D]. Madison,WI:University of Wisconsin-Madison,2012.

[6] Bohnhoff G L. Membrane behavior, diffusion, and compatibility of a polymerized bentonite for containment barrier applications[D]. Fort Collins,Colorado:Colorado State University,2012.

[7] Katsumi T,Ishimori H,Onikata M,et al. Long-term barrier performance of modified bentonite materials against sodium and calcium permeant solutions[J]. Geotextiles and Geomembranes,2008, 26(1):14-30.

[8] Akar E,Altınışık A,Seki Y. Preparation of pH-and ionic-strength responsive biodegradable fumaric acid crosslinked carboxymethyl cellulose[J]. Carbohydrate polymers,2012,90(4):1634-1641.

[9] Liu P-F,Zhai M-L,Li J-Q,et al. Radiation preparation and swelling behavior of sodium carboxymethyl cellulose hydrogels[J]. Radiation Physics and Chemistry,2002,63(3):525-528.

[10] Walkera M,Hobotb J A,Newmanb G R,et al. Scanning electron microscopic examination of bacterial immobilisation in a carboxymethyl cellulose (AQUACEL®) and alginate dressings[J]. Biomaterials,2003,24(5):883-890.

[11] Katsumi T,Ishimori H,Ogawa A,et al. Hydraulic conductivity of nonprehydrated geosynthetic clay liners permeated with inorganic solutions and waste leachates[J]. Soils and Foundations,2007,47 (1):79-96.

[12] Scalia J,Benson C H. Polymer fouling and hydraulic conductivity of mixtures of sodium bentonite and a bentonite-polymer composite[J]. Journal of Geotechnical and Geoenvironmental Engineering,2017, 143(4):04016112.

[13] 中华人民共和国建设部. 岩土工程勘察规范:GB 50021—2001[S]. 2009 年版. 北京:中国建筑工业出版社,2009.

[14] Mitchell J K,Soga K. Fundamentals of soil behavior[M]. Hoboken,New Jersey:John Wiley & Sons,Inc,2005.

[15] Sridharan A,Rao S M,Murthy N S. Compressibility behaviour of homoionized bentonites[J]. Géotechnique,1986,36(4):551-564.

[16] Li L Y,Li F. Heavy metal sorption and hydraulic conductivity studies using three types of bentonite admixes[J]. Journal of Environmental Engineering,2001,127(5):420-429.

[17] Ouhadi V R,Yong R N,Rafiee F,et al. Impact of carbonate and heavy metals on micro-structural

variations of clayey soils[J]. Applied Clay Science, 2011,52(3): 228-234.

[18] Yong R N, Ouhadi V R, Goodarzi A R . Effect of Cu^{2+} ions and buffering capacity on smectite microstructure and performance[J]. Journal of Geotechnical and Geoenvironmental Engineering, 2009,135(12): 1981-1985.

[19] Jo H ,Katsumi T, Benson C H, et al. Hydraulic conductivity and swelling of non-prehydrated GCLs permeated with single species salt solutions[J]. Journal of Geotechnical and Geoenvironmental Engineering, 2001,127: 557-567.

[20] Gleason M H, Daniel D E, Eykholt G R. Calcium and sodium bentonite for hydraulic containment applications[J]. Journal of Geotechnical and Geoenvironmental Engineering, 1997,123(5):438-445.

[21] Karunaratne G P, Chew S H, Lee S L, et al. Bentonite: kaolinite clay liner[J]. Geosynthetics International, 2001, 8(2): 113-133.

[22] 范日东,杜延军,陈左波,等. 受铅污染的土-膨润土竖向隔离墙材料的压缩及渗透特性试验研究[J]. 岩土工程学报. 2013,5(35):841-848.

[23] ASTM D5084. Standard test methods for measurement of hydraulic conductivity of saturated porous materials using a flexible wall permeameter[S]. ASTM International, 2010.

[24] Lee J M, Shackelford C D, Benson C H, et al. Correlating index properties and hydraulic conductivity of geosynthetic clay liners[J]. Journal of Geotechnical and Geoenvironmental Engineering, 2005, 131 (11): 1319-1329.

[25] Bohnhoff G L, Shackelford C D. Hydraulic conductivity of polymerized bentonite-amended backfills [J]. Journal of Geotechnical and Geoenvironmental Engineering, 2014, 140(3): 04013028.

[26] Malusis M A, Mckeehan M D. Chemical compatibility of model soil-bentonite backfill containing multiswellable bentonite[J]. Journal of Geotechnical and Geoenvironmental Engineering, 2013, 139 (2): 189-198.

[27] Shackelford C D, Sevick G W, Eykholt G R. Hydraulic conductivity of geosynthetic clay liners to tailings impoundment solutions[J]. Geotextiles and Geomembranes, 2010, 28(2): 149-162.

[28] Scalia J I V, Benson C H, Bohnhoff G L, et al. Long-term hydraulic conductivity of a bentonite-polymer composite permeated with aggressive inorganic solutions[J]. Journal of Geotechnical and Geoenvironmental Engineering, 2014, 140(3): 04013025.

[29] 翁诗甫. 傅里叶变换红外光谱分析[M]. 2 版.北京: 化学工业出版社, 2010.

[30] Papageorgiou S K, Kouvelos E P, Favvas E P, et al. Metal-carboxylate interactions in metal-alginate complexes studied with FTIR spectroscopy[J]. Carbohydrate Research, 2010, 345(4): 469-473.

[31] Deacon G B, Phillips R J. Relationships between the carbon-oxygen stretching frequencies of carboxylato complexes and the type of carboxylate coordination[J]. Coordination Chemistry Reviews, 1980, 33(3): 227-250.

[32] Holtz J H, Asher S A. Polymerized colloidal crystal hydrogel films as intelligent chemical sensing materials[J]. Nature, 1997, 389(6653): 829-832.

[33] Chang C Y, He M, Zhou J P, et al. Swelling behaviors of pH- and salt-responsive cellulose-based hydrogels[J]. Macromolecules, 2011, 44(6): 1642-1648.

[34] Pourjavadi A, Ghasemzadeh H, Mojahedi F. Swelling properties of CMC-g-poly (AAm-co-AMPS) superabsorbent hydrogel[J]. Journal of Applied Polymer Science, 2009, 113(6): 3442-3449.

[35] Chung J, Daniel D E. Modified fluid loss test as an improved measure of hydraulic conductivity for bentonite[J]. Geotechnical Testing Journal, ASTM, 2008, 31(3): 243-251.

[36] Liu Y, Gates W P, Bouazza A, et al. Fluid loss as a quick method to evaluate hydraulic conductivity

of geosynthetic clay liners under acidic conditions[J]. Canadian Geotechnical Journal, 2014, 51(2): 158-163.

[37] Schweins R, Hollmann J, Huber K. Dilute solution behaviour of sodium polyacrylate chains in aqueous NaCl solutions[J]. Polymer, 2003, 44(23): 7131-7141.

[38] Deng Y J, Dixon J B, White G N, et al. Bonding between polyacrylamide and smectite[J]. Colloids and Surfaces A: Physicochemical and Engineering Aspects, 2006, 281(1/2/3): 82-91.

[39] Tian K, Likos W J, Benson C H. Pore-Scale imaging of polymer-modified bentonite in saline solutions [C]//Geo-Chicago 2016, 2016: 468-477.

[40] Scalia J, Benson C H. Polymer fouling and hydraulic conductivity of mixtures of sodium bentonite and a bentonite-polymer composite[J]. Journal of Geotechnical and Geoenvironmental Engineering, 2017, 143(4): 04016112.

[41] 陈博儒,吴佳娜. 甜菜粕对钙和铅的吸附性能研究[J]. 粮食与饲料工业,2016(11):37-40.

[42] 刘杰,朱平,刘帅,等. 改性黏胶纤维对重金属离子的吸附性能研究[J]. 纤维素科学与技术,2013,21 (3):56-61.

[43] Mishra A K, Ohtsubo M, Li L, et al. Controlling factors of the swelling of various bentonites and their correlations with the hydraulic conductivity of soil-bentonite mixtures[J]. Applied Clay Science, 2011, 52(1): 78-84.

[44] Shackelford C D, Sample-Lord K M. Hydraulic conductivity and compatibility of bentonite for hydraulic containment barriers[C]//American Society of Civil Engineers, Reston VA, USA, 2014: 370-387.

[45] Mesri G, Olson R E. Consolidation characteristics of montmorillonite[J]. Géotechnique, 1971, 21 (4): 341-352.

[46] Mesri G, Olson R E. Mechanisms controlling the permeability of clays[J]. Clays and Clay Minerals, 1971, 19: 151-158.

[47] 杜延军,范日东. 改性土-膨润土竖向隔离墙材料的压缩及渗透特性试验研究[J]. 岩土力学,2011, 32(S1): 49-54.

[48] Baxter D Y. Mechanical behavior of soil-bentonite cutoff walls[D]. Virginia: Virginia Polytechnic Institute and State University, 2000.

第5章
竖向阻隔屏障阻隔性能研究

吸附特性研究

竖向阻隔屏障有效服役期越长,可为寻求有效、彻底的污染修复技术争取越多时间。在低渗透条件下,污染物扩散将成为主导屏障长期阻隔性能的主要因素,因而引起相关学者们对污染物在竖向阻隔屏障中的衰减机制的重视。其中,屏障材料对污染物的吸附作用是主要研究要点之一。

5.1.1 吸附模型

在岩土工程中,当流体与多孔介质材料中的固相骨架接触时,由于固体的表面力,流体中的部分污染物被固体所捕获的现象称为吸附。吸附包括化学吸附、物理吸附和离子交换吸附等类型。化学吸附是指污染物发生了化学反应从而附着于颗粒表面,主要包括电子共用、电子转移和原子重排(即形成新的化学键)等;物理吸附则是由分子间作用力(范德华力)引起,范德华力产生于分子或原子间的静电相互作用,此力可发生在任何固相颗粒和污染物之间,吸附具有非选择性、吸附/解吸速率快、吸附热较小和吸附可逆的特点;离子交换吸附是由固体颗粒表面带电点静电引力引起,如阳离子被带负电的土颗粒表面通过静电作用所吸附。在实际吸附的过程中,往往是多种吸附综合作用的结果。

在吸附作用中,吸附污染物的土颗粒称为吸附剂,被吸附的污染物称为吸附质。吸附达到平衡后,单位质量的土颗粒对污染物的平衡吸附量(q_e,单位:mg/kg)和去除率(RP)分别根据式(5-1)和式(5-2)计算:

$$q_e = \frac{(C_0 - C_e) \cdot V}{m_s} \tag{5-1}$$

$$RP = \frac{C_0 - C_e}{C_0} \times 100\% \tag{5-2}$$

式中：C_0——溶液中溶质的初始浓度（mg/L）；

$\quad\quad C_e$——平衡状态下溶液中溶质的浓度（mg/L）；

$\quad\quad m_s$——吸附剂的质量（kg）；

$\quad\quad V$——溶液体积（L）。

常通过 Batch 吸附试验测定多孔介质材料在某一温度条件下对污染物的吸附容量。当材料的吸附达到平衡状态时，液体中的污染物浓度与多孔介质颗粒中的污染物吸附量之间的关系曲线称为吸附等温曲线。溶液中的污染物在土体表面的吸附等温特性通常采用 Langmuir 模型、Freundlich 模型和 Dubinin-Radushkevich（简称 D-R）模型进行描述[1]。

Langmuir 模型假定：颗粒表面平坦，吸附点位数量有限、能量相等，且各吸附点位仅能吸附单个原子或分子，各吸附质（污染物）之间不发生相互作用；其适用于分析固液面间的单分子层吸附，存在最大吸附量，且吸附过程可逆。而实际上，土体为多种矿物组成的复杂多孔介质材料，具有表面能量分布不均、非均质性等特点。但 Langmuir 模型仍能较好地拟合众多试验研究中的结果，故常用于计算材料的最大吸附量，Langmuir 模型可由式（5-3）表示：

$$q_e = \frac{K_L q_m C_e}{1 + K_L C_e} \tag{5-3}$$

其线性表达式为：

$$\frac{C_e}{q_e} = \frac{1}{K_L q_m} + \frac{C_e}{q_m} \tag{5-4}$$

式中：q_m——溶质在吸附剂表面的最大吸附量（mg/kg）；

$\quad\quad K_L$——与结合强度有关的 Langmuir 常数。

Freundlich 模型是一种非线性吸附的经验公式，适用于颗粒表面不均匀、吸附点位能力呈指数分布的吸附材料，为多层分子吸附。其表达式为：

$$q_e = K_F C_e^N \tag{5-5}$$

式中：K_F——与吸附能力相关的 Freundlich 常量（L/kg），可用于表示吸附能力的强弱（需结合 N 值）；

$\quad\quad N$——吸附量随平衡浓度增长的强度，N 越小表示固相颗粒对污染物分子的亲和力越强，吸附等温曲线非线性越显著。

该模型的局限性为无法计算最大吸附量，且污染物浓度范围较大时，Freundlich 模型与实测数据存在偏离，但在较低的浓度范围内，Freundlich 模型可较好地拟合吸附试验结果。

D-R 模型可描述能量分布不均匀的颗粒表面吸附，并可计算自由吸附能，进而判定其吸附机理，其表达式为：

$$q_e = q_m \exp(-K_{DR}\varepsilon^2) \tag{5-6}$$

式中：q_m——最大吸附量（mol/kg）；

$\quad\quad K_{DR}$——与吸附能量相关的常数（mol^2/kJ^2）；

$\quad\quad \varepsilon$——Polanyi 吸附势（kJ/mol），通过下式计算：

$$\varepsilon = RT \ln\left(1 + \frac{1}{C_e}\right) \tag{5-7}$$

式中：R——理想气体常数，8.314 5 J/(mol·K)，即 0.008 314 5 kJ/(mol·K)；

T——绝对温度(K)；

C_e——平衡状态下溶液中溶质的物质的量浓度(mol/L)。

平均自由吸附能(E，单位：kJ/mol)为：

$$E = -\frac{1}{\sqrt{2K_{DR}}} \tag{5-8}$$

根据 $|E|$ 的数值可判断吸附机理：当 $1.0 < |E| < 8.0$ 时，吸附以物理吸附为主[2-3]；当 $8.0 \leqslant |E| \leqslant 16.0$ 时，吸附主要以离子交换吸附为主；而 $|E| > 16.0$ 时，吸附以颗粒扩散为主。

1. 分配系数

吸附平衡时的分配系数 K_d 可表达为：

$$K_d = \frac{q_e}{C_e} = \frac{(C_0 - C_e) \cdot V}{C_e \cdot m_s} \tag{5-9}$$

2. 阻滞因子

当溶质的吸附符合 Henry 定律时，有

$$q_e = K_d C_e \tag{5-10}$$

阻滞因子可表示为：

$$R_d = 1 + \frac{\rho_d}{n} \cdot K_d \tag{5-11}$$

式中：n——土壤的孔隙率；

ρ_d——土壤的干密度(kg/L)。

溶质在土壤表面的吸附为非线性的情况下，假定用 Freundlich 方程来描述其吸附性时，其阻滞因子可表示为：

$$R_d = 1 + \frac{\rho_d}{n} \cdot K_F \cdot C_e^{N-1} \tag{5-12}$$

5.1.2 Batch 吸附试验

1. 材料组成及试验方法

聚磷基分散剂改性材料试验的材料包括：①未改良钙基膨润土(CaB)；②2%六偏磷酸钠改良钙基膨润土(SHMP-CaB)；③含 80%砂和 20%CaB 的未改良回填料(20CaB)；④含 80%砂和 20%SHMP-CaB 的回填料(SHMP-20CaB)。试验所用试剂为无色晶粒状 $Pb(NO_3)_2$ 和橙红色晶粒状 $K_2Cr_2O_7$，均为分析纯级。

聚阴离子纤维素改性材料的试验材料包括：①普通膨润土回填料(SB)；②聚阴离子纤维素(PAC)改良膨润土回填料(PSB)，其中 PAC 掺量为 0.6%(与回填料干土质量之比)；③黄原胶(XG)改良膨润土回填料(XSB)，其中 XG 掺量同样为 0.6%(与回填料干土质量之比)。试验

所用试剂为无色晶粒状 $Pb(NO_3)_2$ 和 $Zn(NO_3)_2$，分析纯。污染液选用 $Pb(NO_3)_2$ 和 $Zn(NO_3)_2$ 单一重金属污染液以及浓度比为 1∶1 的 $Pb(NO_3)_2$ - $Zn(NO_3)_2$ 复合污染液。在复合污染液中，所述浓度为两种污染液的总浓度，如复合污染液浓度为 10 mmol/L，则其中 $Pb(NO_3)_2$ 与 $Zn(NO_3)_2$ 的浓度均为 5 mmol/L。详细试验方案见表 5-1、表 5-2。

Batch 试验根据 ASTM D4646 - 03 规范进行测定。主要步骤为：首先将试剂完全溶于去离子水中，制备一定浓度的储备液以备用；将储备液稀释为不同初始浓度（C_0）的污染液，储存备用；在洁净的 200 mL 容量塑料瓶中称取 10 g 试验土样（干质量），注入 100 mL 不同 C_0 的污染液，并拧紧瓶盖防止渗漏；将盛有土样和污染液的塑料瓶置于翻转仪中，在室温下匀速混合 24 h，然后用 50 mL 离心管取适量混合物在实验室离心机［见图 5-1(a)］中以 7 500 r/min 转速离心 10 min，待水土分离后从上清液中取样。所取上清液经浓硝酸酸化后，用火焰原子吸收法在原子分光光度计［如图 5-1(b)所示］上测试污染物浓度。塑料瓶中剩余混合物立即用于 pH、EC 和 Zeta 电位测量（Zeta 电位测量仪器如图 5-2 所示）。

（a）实验室离心机   （b）原子分光光度计

图 5-1　实验室离心机、原子分光光度计

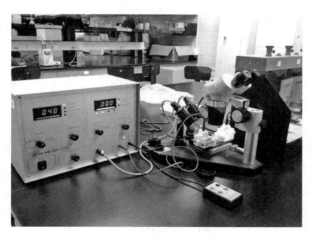

Zeta - METER3. 0[+]

图 5-2　实验室 Zeta 电位测量仪照片

表 5-1　聚磷基分散剂改性材料 Batch 吸附试验方案

试样	膨润土掺量/%	砂掺量/%	六偏磷酸钠掺量/%	污染物初始浓度/(mg·L^{-1})
CaB	100 (2 g)	0 (0 g)	0	
SHMP-CaB	100 (2 g)	0 (0 g)	2	Pb:0~40 000 或 Cr: 0~1 000
20CaB	20 (2 g)	80 (8 g)	0	
SHMP-20CaB	20 (2 g)	80 (8 g)	2	

表 5-2　聚阴离子纤维素改性材料 Batch 吸附试验方案

试样编号	污染液类型	固体质量/g	固液比/(g·mL^{-1})	污染液浓度/(mmol·L^{-1})
SB	Pb(NO$_3$)$_2$			0, 2, 5, 10, 20, 30, 40, 60, 80, 100, 120, 160, 200
PSB-0.6	Zn(NO$_3$)$_2$	10	1:20	0, 2, 5, 10, 20, 30, 40, 60, 80, 100, 120, 160, 200
XSB-0.6	Pb(NO$_3$)$_2$+Zn(NO$_3$)$_2$			0, 1+1, 2.5+2.5, 5+5, 10+10, 15+15, 20+20, 30+30, 40+40, 50+50, 60+60, 80+80, 100+100

2. 聚磷基分散剂改性材料污染液化学特征

（1）初始状态特征

笔者课题组研究发现,固液比为 1:10 时,高岭土-钙基膨润土回填料和钙基膨润土对 Pb^{2+}的最大去除率分别约为 1 000 mg/L 和 10 000 mg/L[4],因此本研究选取 Pb^{2+}最大设计浓度为 40 000 mg/L;对于不易被土体吸附的 Cr(Ⅵ),最大设计浓度选为 1 000 mg/L。图 5-3 为 Pb^{2+}和 Cr(Ⅵ)污染液 pH、电导率（EC）和实测浓度随设计浓度的变化。由图可知：①半对数坐标下,Pb^{2+}设计浓度由 0.1 mg/L 增加至 40 000 mg/L,溶液 pH 从 6.0 降低至 3.8。同样地,Cr(Ⅵ)设计浓度由 0.1 mg/L 增加至 1 000 mg/L,溶液 pH 从 5.6 降低至 4.2,如图 5-3(a)所示。②双对数坐标中,污染液中 Pb^{2+}和 Cr(Ⅵ)浓度由 0.1 mg/L 增至最大值,溶液中电解质增加,Pb^{2+}和 Cr(Ⅵ)溶液电导率由大约 3 μS/cm 分别增加至 25 500 μS/cm 和 2 400 μS/cm,如图 5-3(b)所示。③两种污染液实测浓度和设计浓度差异不大,如图 5-3(c)所示,整体上实测值略低于设计值,实测浓度与设计浓度的比值在 0.8~1.1 之间。

（2）吸附平衡状态溶液特征

图 5-4(a)为半对数坐标下,吸附平衡后试样的 pH-Pb^{2+}浓度变化曲线。试样 pH 随 Pb^{2+}浓度增加呈非线性降低趋势。0.1~1 000 mg/L 浓度范围内,未改良试样（CaB 和 20 CaB）和六偏磷酸钠改良试样（SHMP-CaB 和 SHMP-20 CaB)pH 分别为 8 和 7,明显高于初始溶液,且随浓度增加各试样 pH 基本无变化；继续增加浓度至 40 000 mg/L,各试样 pH 急剧降低,最大可达 4 个单位,此时,除 SHMP-CaB 试样外,其余试样 pH 相当且均趋近于初始溶液。上述现象表明试样在较低浓度的 Pb^{2+}溶液中具有良好缓冲能力,当浓度＞1 000 mg/L,试样缓冲能力明显降低。四种试样表现出一致的 pH-Pb^{2+}浓度变化规律；受偏酸性六偏磷酸钠改良剂的影响,改良试样的 pH 较未经改良试样低；各 Pb^{2+}浓度

下，含砂回填料试样（SHMP－20CaB 和 20 CaB）的 pH 略高于膨润土试样（SHMP-CaB 和 CaB）。

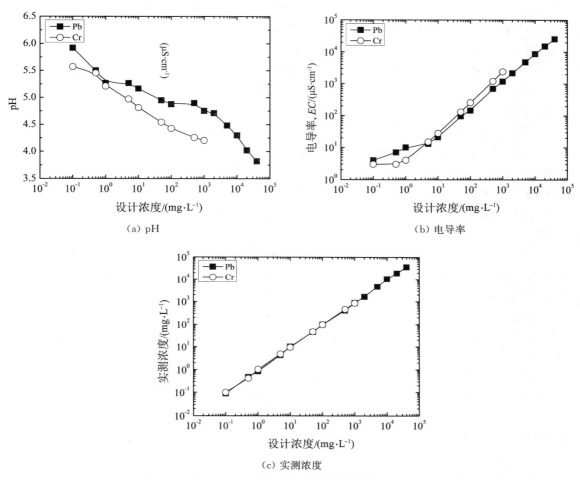

（a）pH

（b）电导率

（c）实测浓度

图 5-3　污染液 pH、电导率和实测浓度随设计浓度的变化

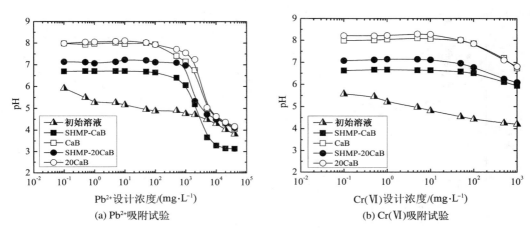

(a) Pb²⁺吸附试验

(b) Cr(Ⅵ)吸附试验

图 5-4　平衡状态下试样 pH 与设计浓度的关系

图 5-4(b)为半对数坐标中吸附平衡时试样 pH 随 Cr(Ⅵ)设计浓度的变化曲线。图中显示:①改良试样 pH 随 Cr(Ⅵ)浓度增加呈非线性降低趋势;浓度由 0.1 mg/L 增加至 10 mg/L,pH 维持在 7 不变,继续增加浓度至 1 000 mg/L,pH 缓慢减小至约为 6。②未改良试样 pH 随 Cr(Ⅵ)浓度的变化规律与改良试样一致;各 Cr(Ⅵ)浓度下,未改良试样 pH 较改良试样高约一个单位,这种差异是由酸性六偏磷酸钠引起的。③改良前后,膨润土试样 pH 稍低于砂-膨润土试样,但受试样缓冲能力影响,各试样 pH 均显著高于初始溶液。④0.1~1 000 mg/L Cr(Ⅵ)浓度范围内试样 pH 降幅(如 0.1~0.7 个单位)小于相同 Pb^{2+} 浓度范围的 pH 降幅(如 0.7~2 个单位)。

图 5-5(a)为双对数坐标中达吸附平衡后各试样的电导率值-Pb^{2+} 浓度变化关系。图中电导率随 Pb^{2+} 浓度增加呈非线性增加趋势,这与前述 pH 的变化规律相反。0.1~100 mg/L 浓度范围内,各试样电导率值无明显变化,且明显高于初始溶液电导率;继续增加浓度至 40 000 mg/L,试样电导率呈近乎线性增加,数值上趋近于初始溶液电导率。上述现象表明,较低 Pb^{2+} 浓度(<100 mg/L)时,试样电导率主要受土体电导率控制,Pb^{2+} 对电导率的影响较小;随着 Pb^{2+} 浓度增加,土体电导率的影响被弱化,Pb^{2+} 的影响占主导作用。此外,Pb^{2+} 浓度小于 1 000 mg/L,SHMP-CaB 试样电导率较 CaB 试样高,这是由于六偏磷酸钠赋予改良试样更多的导电离子;与 CaB 和 SHMP-CaB 试样相比,SHMP-20CaB 和 20CaB 试样中膨润土的含量较少(如 2 g),因而电导率较前两者略低。

图 5-5(b)为双对数坐标中不同 Cr(Ⅵ)设计浓度下吸附平衡状态的试样电导率测试结果。由图可知:①电导率随 Cr(Ⅵ)浓度增加呈非线性增加趋势:0.1~10 mg/L Cr(Ⅵ)浓度范围内,电导率保持为稳定值。10~1 000 mg/L Cr(Ⅵ)浓度范围内,电导率表现出逐渐增加的趋势。②浓度增大,试样电导率朝着趋近于初始溶液电导率的方向发展。0.1 mg/L Cr(Ⅵ)浓度下,SHMP-CaB、CaB、SHMP-20CaB 和 20CaB 的电导率值分别为 1 267 $\mu S/cm$、456 $\mu S/cm$、456 $\mu S/cm$ 和 232 $\mu S/cm$,较初始溶液(3 $\mu S/cm$)高两个数量级以上;1 000 mg/L Cr(Ⅵ)浓度下,各试样电导率分别增加至 3 730 $\mu S/cm$、3 835 $\mu S/cm$、3 355 $\mu S/cm$ 和 4 030 $\mu S/cm$,比初始溶液电导率(2 400 $\mu S/cm$)高 50% 左右。③相同 Cr(Ⅵ)浓度下,改良试样电导率明显较未改良试样高。膨润土试样电导率显著大于砂-膨润土试样。④对比图5-5(a)和图 5-5(b)可发现,相同金属浓度下,Cr(Ⅵ)吸附试样与 Pb^{2+} 吸附试样电导率处于相同数量级水平;两种重金属试验条件下,试样电导率随浓度变化规律表现出高度一致性。

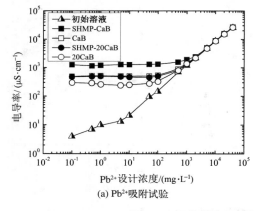
(a) Pb^{2+}吸附试验

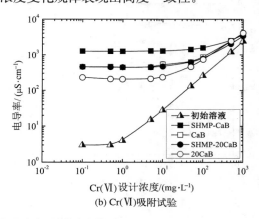
(b) Cr(Ⅵ)吸附试验

图 5-5　平衡状态下试样电导率与设计浓度的关系

图 5-6(a)为双对数坐标系下,吸附平衡状态时试样溶液的 Pb^{2+} 浓度 C_e(对初始溶液则为初始浓度 C_0)与 Pb^{2+} 设计浓度关系曲线。C_e 表征吸附平衡状态下溶液中未被土体吸附的 Pb^{2+} 的量。C_e 值偏离初始溶液 C_0 值越远,说明被土体吸附的污染物占其初始浓度的百分比越大。图中 1~5 000 mg/L 设计浓度范围内,C_e 与 C_0 偏离现象较明显,未改良试样和改良试样最大 C_e 偏离值分别发生于 1 000 mg/L 和 2 000 mg/L 设计浓度。

图 5-6(b)为平衡溶液中 Cr(Ⅵ)浓度 C_e 随 Cr(Ⅵ)设计浓度的变化规律。双对数坐标中,四个试样 C_e 值几乎与设计浓度值重叠,表明绝大部分 Cr(Ⅵ)仍存留于溶液中,被膨润土或砂-膨润土试样吸附的 Cr(Ⅵ)数量非常有限。

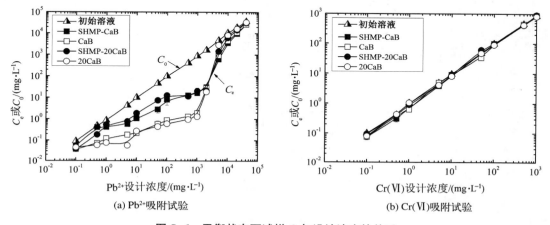

(a) Pb^{2+} 吸附试验　　　　　　　　(b) Cr(Ⅵ)吸附试验

图 5-6　平衡状态下试样 C_e 与设计浓度的关系

3. 聚阴离子纤维素改性材料污染液化学特征

(1) 初始状态溶液化学特征

图 5-7 为 $Pb(NO_3)_2$ 污染液、$Zn(NO_3)_2$ 污染液及二者复合污染液 pH、EC 值和实测浓度随设计浓度的变化。由图可知:①半对数坐标下,Pb^{2+}、Zn^{2+} 和 Pb^{2+}-Zn^{2+} 复合溶液设计浓度均由 2 mmol/L 增加至 200 mmol/L 时,三种溶液 pH 分别从 5.72 降低至4.25、从 6.54 降低至 5.84 和从 5.81 降至 4.66,如图 5-7(a)所示。②双对数坐标中,随着 Pb^{2+}、Zn^{2+} 和 Pb^{2+}-Zn^{2+} 复合溶液设计浓度均由 2 mmol/L 增加至 200 mmol/L 时,三种溶液 EC 值分别由 490 μS/cm 增加至 17 025 μS/cm、由 438 μS/cm 增加至 18 525 μS/cm 和由 438 μS/cm 增加至 18 886 μS/cm,如图 5-7(b)所示。③三种污染液实测浓度和设计浓度的大小基本一致,如图 5-8(c)所示。

(2) 平衡状态污染液化学特征

图 5-8(a)~(c)为半对数坐标下,吸附平衡后试样的上清液 pH 与污染液设计浓度(C_0)的关系曲线。以 $Pb(NO_3)_2$ 溶液作用的试样结果为例,各平衡状态的溶液 pH 均随 C_0 的增大呈降低趋势。在 C_0 为 2~10 mmol/L 时,试样的 pH 平缓降低,且明显高于初始溶液的 pH;随着 C_0 的继续增大,试样 pH 降低较为显著,与初始溶液 pH 的差异缩小并逐渐接近;浓度为 2 mmol/L 和 200 mmol/L 的 $Pb(NO_3)_2$ 溶液作用下,SB、PSB 和 XSB 等三种试样上清液 pH 相差约 3.5。此外,未改良土试样 SB 的上清液 pH 略高于两种改良土试样 PSB 和 XSB 的上清液 pH。对于 $Zn(NO_3)_2$ 溶液及 $Pb(NO_3)_2$-$Zn(NO_3)_2$ 复合溶液作用的试

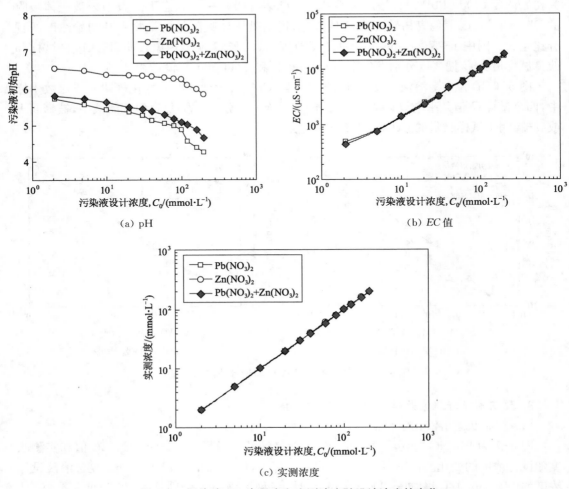

(a) pH

(b) EC 值

(c) 实测浓度

图 5-7 污染液 pH、电导率和实测浓度随设计浓度的变化

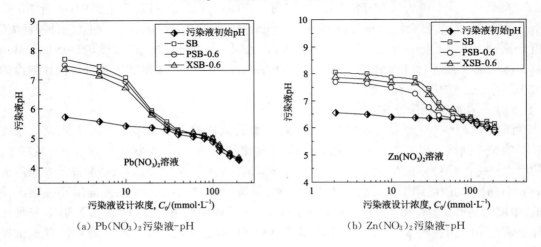

(a) Pb(NO₃)₂污染液-pH

(b) Zn(NO₃)₂污染液-pH

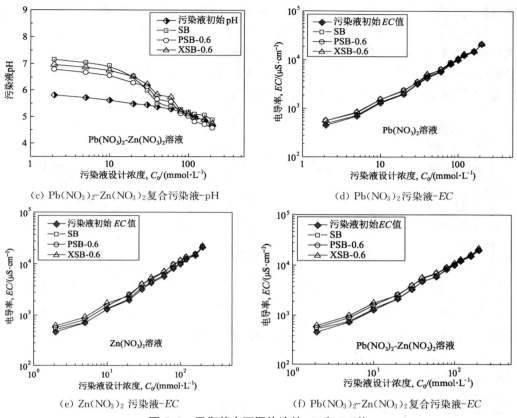

图 5-8　平衡状态下污染液的 pH 和 EC 值

样,同样呈现出相似的变化规律。在此 2 种溶液的 C_0 为 2～20 mmol 时,各试样的上清液 pH 基本无变化,待 C_0 继续增长,各试样上清液的 pH 急剧降低。上述现象表明:①在较低浓度的试验溶液中(<10 mmol/L),各试样均具有良好的酸碱缓冲能力;而当溶液浓度大于 10 mmol/L 时[对于 $Zn(NO_3)_2$ 溶液,此浓度为 20 mmol/L],各试样的酸碱缓冲能力明显降低。②偏中性的 PAC 和 XG 两种聚合物对改良回填料试样的 pH 略微有影响。

图 5-8(d)～(f)为双对数坐标下,吸附平衡后试样的上清液 EC 值与污染液设计浓度(C_0)的关系曲线。总体上,平衡状态的试样上清液 EC 值随 C_0 增大呈线性增大的趋势;2～60 mmol/L 范围内,试样上清液 EC 值略高于相应的污染液初始 EC 值,随污染液浓度继续增大,二者逐渐趋于一致。这是由于在浓度较低时,试样本身的 EC 值与污染液初始 EC 值在同一数量级,前者导致上清液中 EC 值略大于污染液初始 EC 值。而随着污染液浓度增大,污染液的初始 EC 值远大于试样本身的 EC 值,因此,平衡状态下试样上清液的 EC 值与污染液初始 EC 值差异逐渐缩小。此外,改良回填料试样(PSB 和 XSB)上清液的 EC 值略大于未改良回填料试样(SB)上清液的 EC 值。这是由于 PAC 和 XG 两种聚合物富含大量可遇水电离的官能团,因此赋予了试样及其上清液更多的导电离子,导致其 EC 值较高。

图 5-9 为平衡状态时试样上清液浓度(C_e)与污染液设计浓度(C_0)关系曲线。其中,C_e 表征吸附平衡状态下溶液中未被土体吸附的污染物的含量(即残余污染物的含量)。C_e 值偏离溶液初始浓度值 C_0 越远,说明被土体吸附的污染物占其初始浓度的百分比越大,即吸

附浓度越大。三种污染液在 2~40 mmol/L 的设计浓度范围内,C_e 偏离 C_0 的现象较明显;随污染液浓度增大,偏离程度逐渐减小。在相同的 Pb 或 Zn 污染物设计浓度条件下,复合溶液作用的试样平衡浓度较高,这是由于复合溶液中同时存在 Pb、Zn 两种污染物(其污染物总浓度较高),二者形成了竞争吸附关系,导致各自被土体吸附的量均较单一污染物作用时降低,平衡状态下溶液中残留的污染物含量增大,因此复合溶液作用的试样 C_e 较大。

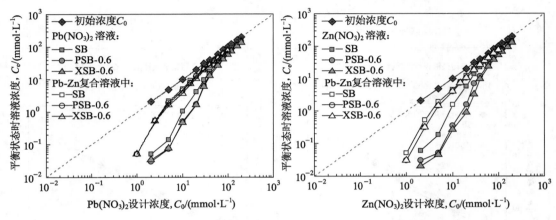

图 5-9　平衡状态下的上清液浓度与污染液初始浓度关系

5.1.3　去除率

1. 初始浓度对聚磷酸盐改性材料 Pb^{2+} 去除率的影响

图 5-10 为半对数坐标中 Pb^{2+} 去除率随 Pb^{2+} 初始浓度变化而变化的规律。低浓度时,去除率离散性较大,但测试溶液中 Pb^{2+} 浓度普遍小于 0.5 mg/L。一般而言,浓度测值越小,对仪器精度要求越高,测量值出现较大误差的可能性越大,此处误差可能来源于仪器精度误差、试样受污染,或土体本身携带微量 Pb^{2+}。已有膨润土材料对重金属 Pb 的吸附研究也多针对 Pb^{2+} 浓度大于 1 mg/L 的情况开展。

由图 5-10 可知,Pb^{2+} 初始浓度增加,去除率大体上呈先缓慢增加后急剧降低的规律,拐点发生于 2 000 mg/L 初始浓度(临界浓度)处,此临界浓度值近似于图 5-4(a)中试样 pH 出现降低趋势的设计浓度值。Pb^{2+} 设计浓度小于临界浓度,未改良试样去除率为 95.8%~99.8%,高于改良试样(去除率为 81.7%~98.7%),这一规律与 Pb^{2+} 设计浓度小于 2 000 mg/L 时,未改良试样较改良试样具有更高 pH 的现象相吻合,表明在小于 2 000 mg/L Pb^{2+} 设计浓度范围内,去除率与 pH 密切相关。文献[5]在膨润土对重金属 Pb^{2+} 的去除特性研究中也指出,pH=2~7,Pb^{2+} 去除率迅速增加,pH>7 后去除率基本

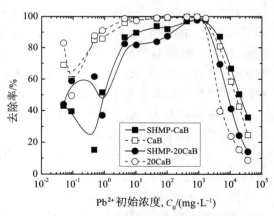

图 5-10　去除率与 Pb^{2+} 初始浓度的关系

不变,这一观点与本研究一致。相关研究表明[5-6],pH<7 时,Pb^{2+} 在溶液中的赋存形态为 Pb^{2+}(如图5-11所示),膨润土对 Pb^{2+} 的去除为吸附作用,主要吸附机理为离子交换,即 Pb^{2+} 通过等当量取代膨润土表面可交换吸附点位上的 H^+ 或 Na^+;pH=7~10,溶液中 Pb^{2+} 的存在形式主要为 $Pb(OH)^+$ 和 $Pb(OH)_2$,膨润土对 Pb^{2+} 的去除包括对 $Pb(OH)^+$ 的吸附作用和 $Pb(OH)_2$ 自身的沉淀作用,此时,吸附机理主要为内表面络合作用;pH>10 时,Pb^{2+} 在溶液中

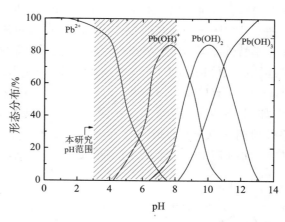

图 5-11　不同 pH 下 Pb^{2+} 在溶液中的赋存形态[6]

的存在形式主要为 $Pb(OH)_3^-$ 和 $Pb(OH)_2$,膨润土对 Pb^{2+} 的去除主要来源于 $Pb(OH)_2$ 的沉淀作用。相同 Pb 设计浓度下,砂-膨润土试样(SHMP-20CaB 和 20CaB)与膨润土试样(SHMP - CaB 和 CaB)相差不大,究其原因可能是两种试样具有相似的 pH(7~8),Pb^{2+} 在溶液中发生的沉淀主导了吸附作用,相较之下膨润土含量的影响有限。

　　当设计浓度大于临界浓度,试样去除率排序为 SHMP - CaB>CaB>SHMP - 20CaB>20CaB,与图 5-4(a)中相同浓度下试样 pH 大小顺序不一致,表明 pH 对 Pb^{2+} 去除率的影响被减弱,去除率的主导因素由 $Pb(OH)_2$ 沉淀转变为离子交换,吸附机理发生了变化。此时,经改良试样的去除率高于未经改良试样,表明六偏磷酸钠有助于提高膨润土对 Pb^{2+} 的吸附能力。砂-膨润土试样去除率显著低于膨润土试样,试样中膨润土含量的影响较突出。这是由于膨润土含量增加的同时有效吸附点位也相应地增加,从而吸附效率得到提高。

　　2. 初始浓度对聚磷酸盐改性材料 Cr(Ⅵ)去除率的影响

　　图 5-12 为 Cr(Ⅵ)去除率与Cr(Ⅵ)初始浓度关系曲线。各试样的 Cr(Ⅵ)去除率随Cr(Ⅵ)初始浓度增加表现出较大差异性,但最大去除率均<35%。浓度增大,膨润土试样(SHMP-CaB 和 CaB)去除率总体呈降低趋势,最大去除率呈现两个峰值:1 mg/L 浓度下,上述两个膨润土试样最大去除率分别为 32% 和 30%;50 mg/L 浓度时,最大去除率分别为 14% 和 9%。与之相比,砂-膨润土试样(SHMP-20CaB 和 20 CaB)随浓度增加呈先增大后降低的趋势,最大去除率发生于 50 mg/L 浓度(32% 和 20%)。浓度达到最大,各试样去除率约为 4%。虽然四个试样对 Cr(Ⅵ)的去除率较 Pb^{2+} 低,但从图 5-12 中可明显看出,改良后,试样对 Cr(Ⅵ)的去除率

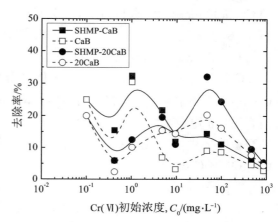

图 5-12　去除率与 Cr(Ⅵ)初始浓度的关系

明显得到提高,表明六偏磷酸钠的改良作用将有助于提高隔离墙材料对 Cr(Ⅵ)的滞留围堵。

图 5-12 中 Cr(Ⅵ)与图 5-10 中 Pb^{2+} 在相同试样中的去除率相差较大的原因是两种重金属化学特性差异较大。图 5-13 为 Cr 在不同条件中的赋存形态。氧化条件下,Cr(Ⅵ)容易被还原成三价铬,pH<3.0,主要以稳定 Cr^{3+} 形式存在;pH>3.5 条件下,Cr^{3+} 水化生成 $Cr(OH)^{2+}$、$Cr(OH)_2^+$、$Cr(OH)_3$、$Cr(OH)_4^-$,其中 $Cr(OH)_3$ 为固相,以不定型沉淀的形式存在,如图 5-13(a)所示。pH 不同,Cr(Ⅵ)主要以铬酸盐(H_2CrO_4)、氢铬酸离子($HCrO_4^-$)和铬酸根离子(CrO_4^{2-})形式存在,Cr 浓度大于 1 mg/L 时,$HCrO_4^-$ 失去一个水分子生成 $Cr_2O_7^{2-}$,如图 5-13(b)所示。上述含 Cr(Ⅵ)的盐具有易溶解特性,因而在水土环境中迁移能力较强。

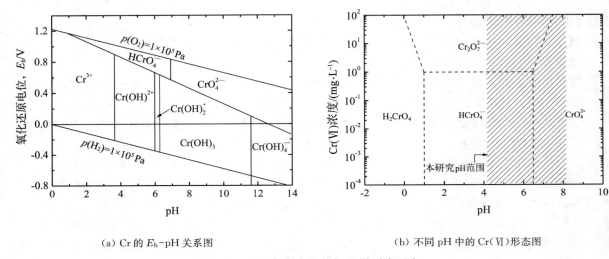

(a) Cr 的 E_h-pH 关系图　　　　　　(b) 不同 pH 中的 Cr(Ⅵ)形态图

图 5-13　不同溶液状态中 Cr 的赋存形态

Khan 等[7]研究膨润土对三价、六价 Cr 的吸附特性时指出,低 pH(如 pH=1~4)溶液中,含羟基的氧化物表面带正电荷,这对带正电荷离子的吸附不利,但对以阴离子形式存在的 Cr(Ⅵ)的吸附则是有利的。本吸附试验未控制试验溶液 pH,吸附平衡状态下,试样 pH 为 6~8,土体表面带负电荷,此时,试样对阳离子 Pb^{2+} 具有较高亲和力,而对阴离子形式存在的 Cr(Ⅵ)则表现出较低的吸附能力。

Cr(Ⅵ)与土体间的结合取决于土体矿物成分及 pH。CrO_4^{2-} 及其质子化产物 $HCrO_4^-$ 是 Cr(Ⅵ)在土体中最易于迁移的两种形式,其中 CrO_4^{2-} 可被针铁矿[FeO(OH)]、氧化铝和其他表面带正电荷土壤胶体所吸附;$HCrO_4^-$ 也可微量吸附于土体中,或保持溶解状态[8]。中性至碱性土中,Cr(Ⅵ)主要以可溶盐(如 Na_2CrO_4)、辅以中等至低溶解度铬酸盐(如 $CaCrO_4$、$BaCrO_4$、$PbCrO_4$)的形式存在;pH<6 的酸性土中,$HCrO_4^-$ 成为主要存在的铬酸盐[8]。

3. 初始浓度对聚阴离子纤维素改性材料 Pb^{2+} 去除率的影响

图 5-14 为平衡状态下试样对 Pb^{2+} 的吸附浓度(C_s)及去除率与污染液设计浓度(C_0)的关系。吸附浓度表征吸附平衡状态下溶液中被试样所吸附的污染物的量。C_s 与 C_0 值的偏

离程度越小,表明试样吸附的污染物越多。整体上,C_s 随污染物设计浓度 C_0 增大而增大,试样的吸附浓度先迅速增长,而后趋于缓慢。而试样对 Pb^{2+} 的去除率则急剧降低,而后降低逐渐趋缓。污染液设计浓度相同时,改良回填料 PSB 和 XSB 对 Pb^{2+} 的去除率均高于未改良回填料 SB。这一规律对于单一 Pb 溶液或 Pb-Zn 复合溶液作用的条件下均成立。其可能原因为改良回填料中的 PAC 和 XG 两种聚合物发生水解后,其分子链上富含带负电荷的羧基和羟基。

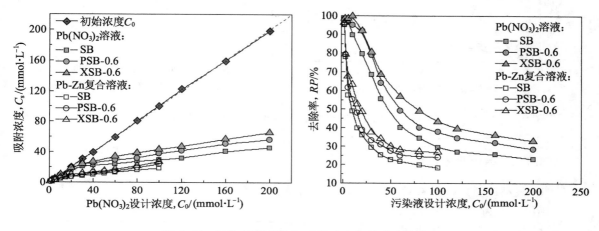

图 5-14　Pb^{2+} 的吸附浓度、去除率与初始浓度的关系

膨润土对 Pb^{2+} 的去除率受污染液 pH 的影响较大,结合图 5-7(a)中平衡状态下试样的上清液 pH 变化规律,对本研究中膨润土吸附 Pb^{2+} 的作用机理进行分析。污染液设计浓度较低(0～10 mmol/L)时,吸附平衡状态下各试样上清液的 pH≈7,$Pb(OH)^+$ 为主要的存在形式,并有少量的 Pb^{2+} 和 $Pb(OH)_2$ 存在;膨润土对 Pb^{2+} 的去除主要为 $Pb(OH)^+$ 的吸附作用及小部分的 $Pb(OH)_2$ 沉淀作用,吸附机理主要为内表面络合作用。而当污染液设计浓度较大(10～200 mmol/L)时,吸附平衡状态下各试样上清液的 pH 显著降低(pH 为 4～7);在试样的上清液中,Pb 多以 Pb^{2+} 和 $Pb(OH)^+$ 的形式存在,且 pH 越低,Pb^{2+} 的含量越占主导地位。膨润土对 Pb^{2+} 的吸附机理为离子交换,即膨润土颗粒的可交换吸附位点上的 H^+ 或 Na^+ 被溶液中当量的 Pb^{2+} 所取代。此外,相关研究表明,当 pH>10 时,$Pb(OH)_2$ 与 $Pb(OH)_3^-$ 为主要存在形式,膨润土对 Pb^{2+} 的去除机理主要是 $Pb(OH)_2$ 的沉淀作用。

4. 初始浓度对阴离子纤维素改性材料 Zn^{2+} 去除率的影响

图 5-15 为平衡状态下试样对 Zn^{2+} 的吸附浓度(C_s)及去除率与污染液设计浓度(C_0)的关系。整体上,C_s 随污染物设计浓度 C_0 增大而增大,试样的吸附浓度先迅速增长,而后趋于缓慢。而试样对 Zn^{2+} 的去除率则急剧降低,而后降低逐渐趋缓。污染液设计浓度相同时,改良回填料 PSB 和 XSB 对 Zn^{2+} 的去除率均高于未改良回填料 SB。这一规律对于单一 $Zn(NO_3)_2$ 溶液或 $Pb(NO_3)_2$-$Zn(NO_3)_2$ 复合溶液作用的条件下均成立。其可能原因为改良回填料中的 PAC 和 XG 两种聚合物发生水解后,其分子链上富含带负电荷的羧基(COO^-),其机理将在下文展开详细讨论。

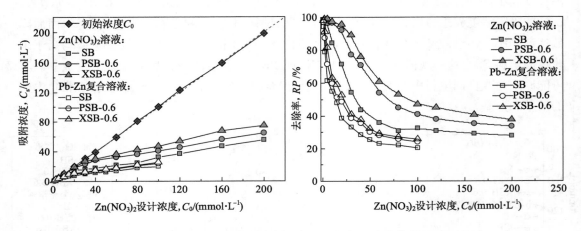

图 5-15 Zn²⁺ 的吸附浓度、去除率与初始浓度的关系

5.1.4 等温吸附特性

1. 聚磷酸盐改性材料对 Pb²⁺ 的等温吸附特性

图 5-16 为 Pb²⁺ 在改良前、后隔离墙材料上的等温吸附曲线。由图可知,试样对 Pb²⁺ 的吸附量 q_e 随平衡浓度 C_e 增加而呈非线性增加,其中初始浓度大于 5 000 mg/L 时,吸附曲线的斜率变缓和,SHMP-20CaB 和 20CaB 试样曲线尤为明显。根据 Giles 等[9] 对等温吸附曲线的分类,Pb²⁺ 在 SHMP-CaB 和 CaB 上的吸附曲线属于"L"形,SHMP-20CaB 和 20CaB 对 Pb²⁺ 的吸附曲线则为典型的"H"形。这两种等温线代表试样对 Pb²⁺ 具有较高的亲和力,随着浓

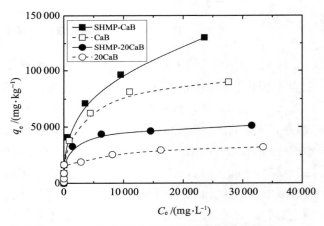

图 5-16 Pb²⁺ 在隔离墙材料上的等温吸附曲线

度增加,试样对 Pb²⁺ 的吸附逐渐趋于饱和,Pb²⁺ 越来越难碰撞到膨润土表面吸附点位上,试样对 Pb²⁺ 的亲和力有所降低。试验浓度范围内,各试样对 Pb²⁺ 的最大吸附量均发生于最高浓度下(40 000 mg/L),此时,SHMP-CaB、CaB、SHMP-20CaB 和 20CaB 最大吸附量分别为 130 400 mg/kg、89 950 mg/kg、51 200 mg/kg 和 32 050 mg/kg。改良试样对 Pb²⁺ 的吸附量较未改良试样有所提高,吸附量大小排序与浓度高于临界浓度时,去除率的排序一致。

为进一步确定 Pb²⁺ 在隔离墙材料上的吸附特性与机理,根据 Langmuir、Freundlich 和 D-R 三种模型,将等温吸附的试验数据通过最小二乘法进行拟合,拟合结果分别如图5-17、图 5-18 和图 5-19 所示。

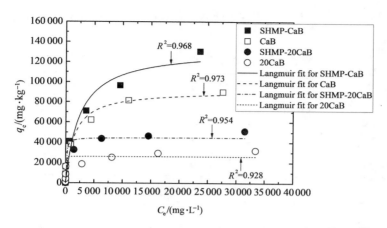

图 5-17　Pb²⁺ 在隔离墙材料上吸附的 Langmuir 等温模型拟合

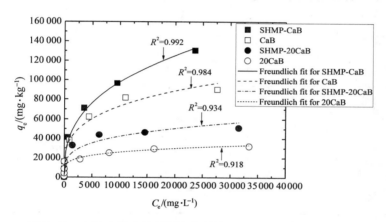

图 5-18　Pb²⁺ 在隔离墙材料上吸附的 Freundlich 等温模型拟合

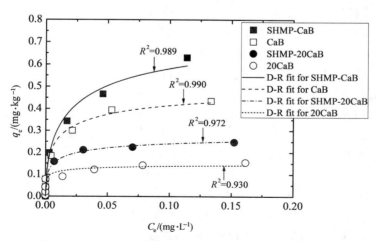

图 5-19　Pb²⁺ 在隔离墙材料上吸附的 D-R 等温模型拟合

　　根据拟合结果所得的等温吸附参数见表 5-3。采用 Langmuir 模型拟合的 R^2 范围为 $0.928 \sim 0.973$,而采用 Freundlich 模型和 D-R 模型拟合时,R^2 范围分别为 $0.918 \sim 0.992$

和 $0.930 \sim 0.990$，表明以上三种模型均可较好地描述 Pb^{2+} 在隔离墙材料上的等温吸附过程。

表 5-3　Pb^{2+} 在隔离墙材料上的等温吸附参数

	膨润土		砂-膨润土回填料	
	SHMP-CaB	CaB	SHMP-20CaB	20CaB
Langmuir 模型				
$q_m/(mg \cdot kg^{-1})$	132 964.48	91 582.70	44 796.30	26 058.54
$K_L/(L \cdot mg^{-1})$	0.000 411	0.000 682	0.010 7	0.142
R^2	0.968	0.973	0.954	0.928
Freundlich 模型				
$K_F/(L \cdot kg^{-1})$	3 618.34	5 671.04	3 790.13	4 046.07
n_F	2.794	3.604	3.822	4.956
R^2	0.992	0.984	0.934	0.918
D-R 模型				
$q_m/(mg \cdot kg^{-1})$	151 389.45	101 204.37	57 109.23	30 845.07
$K_{DR}/(mol^2 \cdot kJ^{-2})$	0.006 76	0.004 87	0.004 03	0.002 27
$E/(kJ \cdot mol^{-1})$	—8.60	—10.13	—11.14	—14.84
R^2	0.989	0.990	0.972	0.930

表 5-3 中，由 Langmuir 模型计算的最大吸附量 q_m 最接近于试验测得的最大吸附量。经六偏磷酸钠改良后，膨润土和砂-膨润土回填料试样的 q_m 分别较相应的未改良试样提高 45% 和 72%（基于 Langmuir 模型计算结果）。造成这一现象的原因可能是：六偏磷酸钠的改良作用增加了膨润土的细粒含量，进而增大了比表面积，增加了吸附面；改良后黏土表面负电势增强，土体对 Pb^{2+} 的吸附能力也相应地提高；六偏磷酸钠与 Pb^{2+} 间具有较强烈的亲和力，反应生成难溶物质。

此外，由 Langmuir 模型计算的 SHMP-CaB、CaB、SHMP-20CaB、20CaB 试样 q_m 值分别为 132 964.48 mg/kg、91 582.70 mg/kg、44 796.30 mg/kg 和 26 058.54 mg/kg，略小于 D-R 模型计算所得相应 q_m 值（如 151 389.45 mg/kg、101 204.37 mg/kg、57 109.23 mg/kg 和 30 845.07 mg/kg）。一般而言，D-R 模型假定吸附剂所有微孔都被吸附质所填充，这一理想状态的假定导致计算所得 q_m 值较 Langmuir 模型计算得到的单层吸附量大。虽然 Freundlich 模型不能预测最大吸附量，但对不同试样均有 $1 < n_F < 10$，表明隔离墙材料对 Pb^{2+} 的吸附是有利的。此外，基于 D-R 模型的试样平均吸附自由能（E）为 $-14.84 \sim -8.60$ kJ/mol，在 8.0 kJ/mol$< |E| <$16.0 kJ/mol 范围内，证明试样对 Pb^{2+} 的吸附机理主要为离子交换。D-R 模型分析吸附机制时会存在一定误差，可采用 FTIR 试验进一步验证分析。

Ouhadi 等[10]通过分析吸附 Pb^{2+} 和 Zn^{2+} 后膨润土孔隙液中碱土离子(如 Na^+、Ca^{2+} 和 Mg^{2+})的浓度情况研究膨润土对重金属离子的吸附机理,发现初始溶液中重金属浓度增加,由膨润土表面释放到孔隙液中的碱土离子也随之增多,并指出离子交换和 pH 现象是吸附作用的主要控制机理,该观点也与本书试验结果基本吻合。重金属浓度增加,金属离子水化后释放出更多氢离子,溶液 pH 降低[11-12]。

原本沉淀于土体表面的碳酸盐在低 pH 条件下发生溶解,降低了土粒间因碳酸盐沉淀而发生的胶结,同时破坏了黏土矿物间因碳酸盐而发生的桥接,释放出更大的比表面积用于吸附重金属。此外,$Pb_3(CO_3)_2(OH)_2$ 的沉淀也是膨润土去除溶液中 Pb^{2+} 的机制之一。

2. 聚磷酸盐改性材料对 $Cr(Ⅵ)$ 的等温吸附特性

图 5-20 为 $Cr(Ⅵ)$ 在改良前、后的膨润土和砂-膨润土试样中的 q_e-C_e 等温吸附曲线。吸附量 q_e 随平衡浓度 C_e 增加呈非线性增加。$C_e>400$ mg/L 时,q_e 增幅显著降低,吸附曲线为"L"形,表明试样对 $Cr(Ⅵ)$ 具有较高亲和力。试验浓度范围内,SHMP-CaB、CaB、SHMP-20CaB 和 20CaB 最大吸附量分别为 301.50 mg/kg、239.50 mg/kg、468.00 mg/kg 和 385.50 mg/kg,表明:① 改良试样对 $Cr(Ⅵ)$ 吸附能力较未改良试样有所提高。② 砂-膨润土试样对 $Cr(Ⅵ)$ 的吸附量稍大于膨润土试样,这一规律与去除率结果一致,其原因可能是较低膨润土含量的试样对 $Cr(Ⅵ)$ 斥力能相对较低,$Cr(Ⅵ)$ 易于接近土粒表面,此外,砂也对 $Cr(Ⅵ)$ 的吸附有一定贡献。

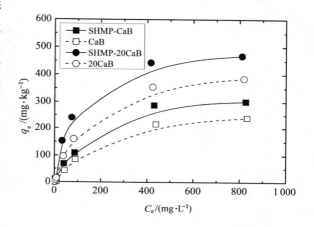

图 5-20　$Cr(Ⅵ)$ 在隔离墙材料上的等温吸附曲线

王艳[13]研究 Cd^{2+} 在黄土上的吸附特性时也发现单位黄土上 Cd^{2+} 的吸附量随黄土含量增加而逐渐减小,并指出这是由于黄土含量较大时,土粒间发生强烈的胶结、絮凝作用,导致黄土与 Cd^{2+} 的接触面积减小。与王艳的观点相反,Khan 等[7]研究 Ag^+ 在膨润土上的吸附特性,结果显示 Ag^+ 的吸附百分比随吸附剂含量增加而增加,并认为产生这一现象的原因为吸附剂含量较高时,交换/吸附点位也相应增加。造成上述不同观点的原因可能是不同吸附剂对不同吸附质的吸附特性截然不同。除此之外,Sharma 等[14]在废水中 $Cr(Ⅵ)$ 的处理研究中指出河床砂可有效去除水溶液中的 $Cr(Ⅵ)$,25℃下 Langmuir 模型拟合的最大吸附量达 150 mg/kg,但受试验浓度的影响,未能证明河床砂对 $Cr(Ⅵ)$ 的吸附量较膨润土材料大,这进一步说明 $Cr(Ⅵ)$ 在膨润土材料上的吸附特性仍未完全明确。

图 5-21、图 5-22 和图 5-23 分别为 $Cr(Ⅵ)$ 在改良前、后隔离墙材料中的 Langmuir、Freundlich 和 D-R 模型拟合结果。

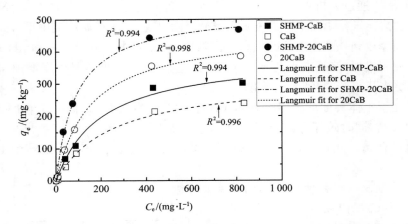

图 5-21　Cr(Ⅵ)在隔离墙材料上吸附的 Langmuir 等温模型拟合

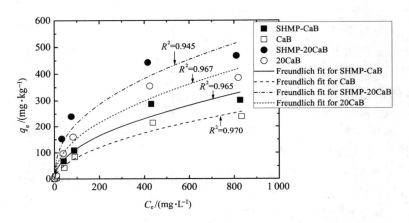

图 5-22　Cr(Ⅵ)在隔离墙材料上吸附的 Freundlich 等温模型拟合

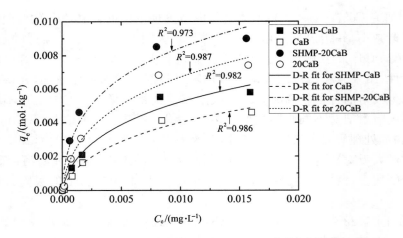

图 5-23　Cr(Ⅵ)在隔离墙材料上吸附的 D-R 等温模型拟合

　　根据拟合结果所得的 Cr(Ⅵ)在隔离墙材料上的等温吸附参数列于表 5-4。Langmuir 模型的拟合度较其余两个模型高,然而 Langmuir 模型计算的 q_m(317.77～528.87 mg/kg)小于 D-R 模型计算结果(583.96～921.96 mg/kg),前者更接近于试验值(239.50～468.00 mg/kg)。与未改良试样相比,改良膨润土和改良砂-膨润土的最大吸附量分别提高了 22% 和 13%(基于 Langmuir 模型计算结果),说明改良作用提高了隔离墙材料对 Cr(Ⅵ)的吸附能力。Khan 等[7]也指出 0.52～520 mg/L(10^{-5}～10^{-3} mol/L)浓度范围内,六价铬在膨润土上的吸附更符合 Freundlich 模型,与 Langmuir 模型方程吻合度较低。

　　虽然 Langmuir 模型和 D-R 模型拟合 q_m 数值上差异较大,但二者体现出试样吸附量大小的排序一致:SHMP-20CaB>20CaB>SHMP-CaB>CaB。Freundlich 模型参数中,亦有 $1<n_F<10$,表明隔离墙材料对 Cr(Ⅵ)的吸附是有利的。D-R 模型计算所得改良膨润土试样和砂-膨润土试样的平均吸附自由能(E)为 -9.24～-8.23 kJ/mol,表明这些试样对 Cr(Ⅵ)的吸附机理主要为离子交换,而未改良膨润土对 Cr(Ⅵ)的吸附则以物理吸附为主($|E|=7.84$ kJ/mol<8.0 kJ/mol)。

表 5-4　Cr(Ⅵ)在隔离墙材料上的等温吸附参数

	膨润土		砂-膨润土回填料	
	SHMP-CaB	CaB	SHMP-20CaB	20CaB
Langmuir 模型				
$q_m/(\text{mg} \cdot \text{kg}^{-1})$	388.47	317.77	528.87	466.29
$K_L/(\text{L} \cdot \text{mg}^{-1})$	0.005 13	0.004 12	0.011 10	0.006 60
R^2	0.994	0.996	0.994	0.998
Freundlich 模型				
$K_F/(\text{L} \cdot \text{kg}^{-1})$	11.95	6.97	30.79	17.50
n_F	2.023	1.860	2.377	2.114
R^2	0.965	0.970	0.945	0.967
D-R 模型				
$q_m/(\text{mg} \cdot \text{kg}^{-1})$	691.08	583.96	921.96	830.44
$K_{DR}/(\text{mol}^2 \cdot \text{kJ}^{-2})$	0.007 38	0.008 14	0.005 85	0.006 86
$E/(\text{kJ} \cdot \text{mol}^{-1})$	-8.23	-7.84	-9.24	-8.54
R^2	0.982	0.986	0.973	0.987

3. 聚阴离子纤维素改性材料对 Pb^{2+} 的等温吸附特性

　　图 5-24 为三种隔离墙材料对 Pb^{2+} 的等温吸附曲线。整体上,各试样对 Pb^{2+} 的吸附量 q_e 随平衡浓度 C_e 增加呈非线性增大;平衡浓度 C_e 为 0～10 mmol/L 时,吸附曲线的斜率较大,吸附量 q_e 急剧增大;待平衡浓度 C_e 大于 10 mmol/L 后,等温吸附曲线的斜率逐渐趋缓,

吸附量 q_e 的增长趋于缓慢。按照 Giles 等[9] 对等温吸附曲线的分类,本研究中的三种隔离墙材料对 Pb^{2+} 的等温吸附曲线均属于"L"形。此种类型等温吸附线表示试样对 Pb^{2+} 具有较好的亲和性。随溶质浓度增大,试样对 Pb^{2+} 的吸附趋于饱和,膨润土颗粒表面的吸附点位越来越少,试样对 Pb^{2+} 的亲和性有所减小。在本研究的试验浓度范围内,各试样对 Pb^{2+} 的最大吸附量均发生在初始浓度最高时,即发生在 $Pb(NO_3)_2$ 溶液浓度为 200 mmol/L,$Pb(NO_3)_2$-$Zn(NO_3)_2$ 复合溶液总浓度为 200 mmol/L 时。无论是在单一溶液还是复合溶液中,PSB 和 XSB 两种聚合物改良隔离墙材料对 Pb^{2+} 的吸附量较普通隔离墙材料 CB 有所提高,且三者对 Pb^{2+} 的吸附量大小排序与去除率排序一致。

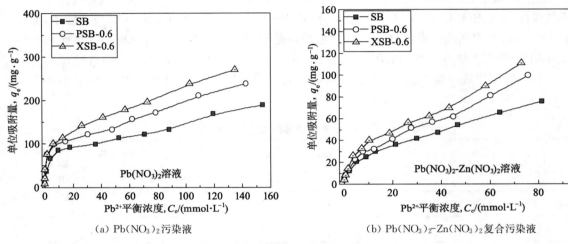

(a) $Pb(NO_3)_2$ 污染液　　　　　　　　(b) $Pb(NO_3)_2$-$Zn(NO_3)_2$ 复合污染液

图 5-24　隔离墙回填料对 Pb^{2+} 的等温吸附曲线

对于聚合物改良隔离墙材料,其吸附重金属的机理既涉及土体(主要指膨润土)对重金属的吸附、聚合物对重金属的吸附,同时又包括二者对重金属的共同作用。其中,膨润土对重金属的吸附作用过程与前文描述一致。而聚合物对重金属的吸附,则涉及了离子交换、络合、分子间作用力和表面沉淀等。聚阴离子纤维素和黄原胶与 Pb^{2+} 或 Zn^{2+} 主要通过离子交换和螯合作用(络合作用的一种)相结合,聚阴离子纤维素和黄原胶等聚合物的分子侧链上含有丰富的羧基官能团,使黄原胶带显著的负电,可与带正电的 Pb^{2+} 或 Zn^{2+} 形成离子对。此外黄原胶的分子链段中含有大量的吸附中心——羟基基团(—OH),这些吸附中心都有孤对电子,在遇到含有空电子轨道的重金属阳离子后,可与之配位结合,通过螯合作用吸附重金属。对于聚阴离子纤维素,其分子链所带基团与黄原胶相似,对重金属的吸附机理与黄原胶一致。此外,Deng 等[15] 指出,在膨润土与聚合物结合过程中,二价重金属阳离子起到了"架桥"作用,膨润土颗粒、黄原胶和聚阴离子纤维素分子链均带负电,二者通过带正电的重金属阳离子相结合,同时达到去除重金属的效果。

为进一步明确隔离墙回填料对 Pb^{2+} 的吸附特性与机理,本书采用 Langmuir 模型、Freundlich 模型和 D-R 模型,对等温吸附试验结果进行拟合,其结果分别见图 5-25、图 5-26和图 5-27 所示,各项拟合参数见表 5-5。

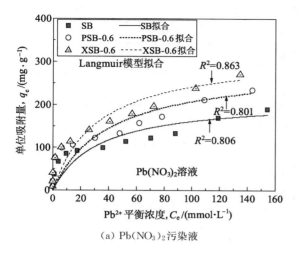

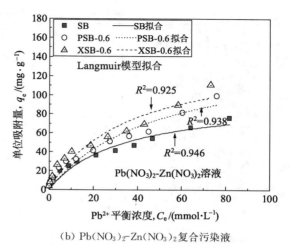

（a）Pb(NO₃)₂污染液　　　　　　　　（b）Pb(NO₃)₂-Zn(NO₃)₂复合污染液

图 5-25　隔离墙回填料吸附 Pb²⁺ 的 Langmuir 等温模型拟合

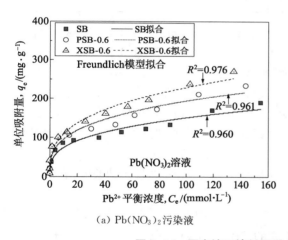

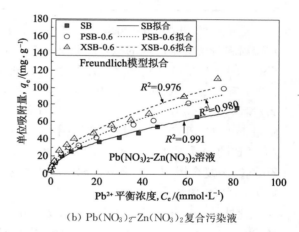

（a）Pb(NO₃)₂污染液　　　　　　　　（b）Pb(NO₃)₂-Zn(NO₃)₂复合污染液

图 5-26　隔离墙回填料吸附 Pb²⁺ 的 Freundlich 等温模型拟合

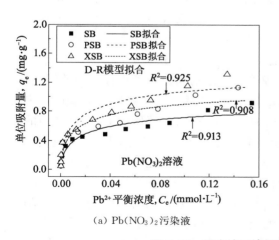

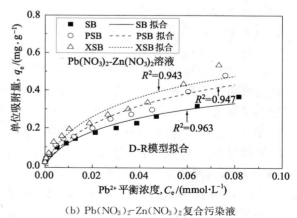

（a）Pb(NO₃)₂污染液　　　　　　　　（b）Pb(NO₃)₂-Zn(NO₃)₂复合污染液

图 5-27　隔离墙回填料吸附 Pb²⁺ 的 D-R 等温模型拟合

表 5-5　Pb²⁺ 在隔离墙回填料上的等温吸附参数

模型名称	参数	Pb(NO₃)₂污染液			Pb(NO₃)₂-Zn(NO₃)₂污染液		
		SB	PSB-0.6	XSB-0.6	SB	PSB-0.6	XSB-0.6
Langmuir 模型	q_m/(mg·g⁻¹)	215.158	291.241	320.535	97.276	147.168	144.797
	K_L/(L·mg⁻¹)	0.030	0.024	0.030	0.031	0.021	0.028
	R^2	0.806	0.801	0.863	0.946	0.938	0.925
Freundlich 模型	K_F/(L·g⁻¹)	35.648	46.955	51.81	7.967	7.87	10.342
	N	0.313	0.308	0.323	0.503	0.570	0.532
	R^2	0.960	0.961	0.976	0.991	0.980	0.976
D-R 模型	q_m/(mol·kg⁻¹)	1.073	1.449	1.589	0.529	0.729	0.760
	q_m/(mg·g⁻¹)	222.380	300.150	329.131	109.710	151.110	157.532
	K_{DR}/(mol²·kJ⁻²)	0.009 46	0.006 1	0.007 81	0.011 58	0.013 11	0.011 65
	R^2	0.913	0.908	0.925	0.963	0.947	0.943
	E/(kJ·mol⁻¹)	−10.28	−12.80	−11.31	−9.29	−8.73	−9.26

在单一的 Pb(NO₃)₂污染液环境中,Langmuir 模型、Freundlich 模型和 D-R 模型对隔离墙材料等温吸附曲线的拟合度分别为 0.801～0.863、0.960～0.976 和 0.908～0.925;在 Pb(NO₃)₂-Zn(NO₃)₂复合污染液环境下,三种模型的拟合度分别为 0.925～0.946、0.976～0.991 和 0.943～0.963。表明以上三种模型均可较好地描述隔离墙材料对 Pb²⁺ 的等温吸附过程。表 5-5 中,由 Langmuir 模型计算的最大吸附量 q_m 最接近于吸附试验实测最大吸附量;单一的 Pb(NO₃)₂污染液环境中,经聚阴离子纤维素和黄原胶改良的隔离墙材料 PSB 和 XSB 的最大吸附量 q_m 分别较未改良试样 SB 提高了 35% 和 49%;在 Pb(NO₃)₂-Zn(NO₃)₂复合污染液环境下,PSB 和 XSB 材料的最大吸附量 q_m 分别较未改良试样 SB 提高了 51% 和 49%。

此外,Langmuir 模型计算的最大吸附量小于 D-R 模型拟合所得最大吸附量。在单一的 Pb(NO₃)₂污染液环境中,Langmuir 模型计算的 SB、PSB 和 XSB 试样的 q_m 值分别为 215.158 mg/g、291.241 mg/g 和 320.535 mg/g;而 D-R 模型计算的相应结果分别为 222.380 mg/g、300.150 mg/g 和 329.131 mg/g。在 Pb(NO₃)₂-Zn(NO₃)₂复合污染液环境下,Langmuir 模型计算的 SB、PSB 和 XSB 试样的 q_m 值分别为 97.276 mg/g、147.168 mg/g 和 144.797 mg/g;而 D-R 模型计算的相应结果分别为 109.710 mg/g、151.110 mg/g 和 157.532 mg/g。其原因为 D-R 模型对吸附材料进行了理性状态的假定,认为吸附剂所有微孔都被吸附质所填充,这一假定导致计算的最大吸附量较 Langmuir 模型的结果大。Freundlich 模型虽无法预测 q_m,但分别在两种不同溶液环境下,三种试样的 N 值均小于 1,表明材料对 Pb²⁺ 亲和力较强,具有较好的吸附能力。此外,由 D-R 模型计算所得材料的平均吸附自由能(E)的绝对值为 8.73～12.80 kJ/mol,在 8.0 kJ/mol<$|E|$<16.0 kJ/mol 范围内,表明三种材料对 Pb²⁺ 的吸附机理主要为离子交换吸附。

Ouhadi 和 Yong 等[16-18]指出离子交换作用和 pH 现象是吸附作用的主要控制机理,随重金属污染液初始浓度增大,膨润土表面释放出的吸附点位越多。这与本研究结果基本吻合,重金属浓度越大,重金属阳离子水化后释放出更多的氢离子,降低了溶液 pH,其水化过

程可用式(5-13)表示:

$$M^{2+}(aq) + nH_2O \longleftrightarrow M(OH)_n^{2-n} + nH^+ \qquad (5-13)$$

膨润土颗粒与低 pH 溶液接触后,原本沉淀于土体表面的碳酸盐发生溶解,破坏了土体原有的胶结和碳酸盐的桥接作用(黏土矿物可通过碳酸盐桥接),进而释放出了更多的吸附点位和比表面积,促进了膨润土对重金属离子的吸附。

此外,已有研究发现在污染液 pH 较低(pH<2)时,聚合物分子侧链上的羧基(—COO⁻)和氨基(—NH₂⁻)等与溶液中的氢离子结合,形成羧酸和氨基酸,从而降低了与重金属阳离子结合的官能团的数量,影响了吸附效率。而随着 pH 的增大(pH=2~4),氢离子浓度减小,羧基、氨基等官能团可充分与重金属离子相结合,形成螯合吸附。当 pH=4~7时,重金属离子一部分与羧基、氨基等官能团形成螯合吸附,另一部分水解形成氢氧化物难溶物,并进一步被吸附在膨润土表面,形成沉淀。

4. 聚阴离子纤维素改性材料对 Zn^{2+} 的等温吸附特性

图 5-28 为三种隔离墙材料对 Zn^{2+} 的等温吸附曲线。整体上,各试样对 Zn^{2+} 的吸附量 q_e 随平衡浓度 C_e 增加呈非线性增大的规律。平衡浓度 C_e 为 0~10 mmol/L 时,吸附曲线的斜率较大,吸附量 q_e 急剧增大;待平衡浓度 C_e 大于 10 mmol/L 后,等温吸附曲线的斜率逐渐趋缓,吸附量 q_e 的增长趋于缓慢。三种隔离墙材料对 Zn^{2+} 的等温吸附曲线均属于"L"形。表明试样对 Zn^{2+} 具有较好的亲和性。随溶质浓度增大,试样对 Zn^{2+} 的吸附趋于饱和,膨润土颗粒表面的吸附点位越来越少,试样对 Zn^{2+} 的亲和性有所减小。在本研究的试验浓度范围内,各试样对 Pb^{2+} 的最大吸附量均发生在初始浓度最高时,即发生在 Zn(NO₃)₂溶液浓度为 200 mmol/L,Pb(NO₃)₂-Zn(NO₃)₂复合溶液总浓度为200 mmol/L时。无论在单一溶液或是复合溶液中,PSB 和 XSB 两种聚合物改良隔离墙材料对 Zn^{2+} 的吸附量较普通隔离墙材料 CB 有所提高,且三者对 Zn^{2+} 的吸附量大小排序与去除率排序一致。

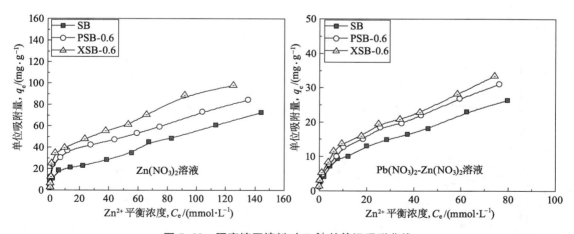

图 5-28　隔离墙回填料对 Zn^{2+} 的等温吸附曲线

肖利萍等[19]认为膨润土吸附 Zn^{2+} 的机理为:一方面,膨润土双电层中的可交换阳离子被 Zn^{2+} 置换,此吸附属于非专性吸附;另一方面,膨润土充分水化后,释放出氢氧根离子(OH⁻),使 Zn^{2+} 生成氢氧化物等难溶沉淀物,并进一步通过吸附架桥、电性中和作用被吸附在膨润土表面,最终形成絮凝沉降,达到去除污染液中 Zn^{2+} 的目的。王忠安等[20]指出,膨润土的多孔特性(即比表面积大)、富含可交换性阳离子和颗粒表面丰富的羟基,均有利于促进膨润土对 Zn^{2+} 的吸附;此外溶液初始的 pH 同样会影响膨润土对 Zn^{2+} 的吸附特性;在酸性较大时(pH<4),溶液中 H^+ 浓度较大,膨润土颗粒表面吸附了大量的 H^+,占据了吸附点位,使颗粒表面负电势减小,严重减弱了膨润土与重金属离子的结合能力;随着溶液 pH 增大,H^+ 浓度逐渐降低,膨润土吸附重金属离子的能力增强;当 pH>7 时,有 $Zn(OH)_2$ 沉淀产生,进一步提高了重金属离子的吸附率。杨秀敏等[21]则通过 XRD、FTIR 等测试研究了膨润土与 Cu^{2+}、Zn^{2+} 和 Cd^{2+} 的吸附机理,结果发现在吸附了重金属离子后,膨润土双电层厚度($d_{(001)}$)有所减小,但吸附前后膨润土吸收频谱基本一致,表明重金属离子进入了膨润土层间,但并未改变膨润土的晶格结构。与 Pb^{2+} 的吸附机理相似,阴离子纤维素和黄原胶改良隔离墙材料吸附重金属 Zn^{2+} 的机理主要为离子交换和螯合作用。

为进一步确定 Zn^{2+} 在隔离墙材料上的吸附特性与机理,根据 Freundlich、Langmuir 和 D-R 三种模型对的试验数据进行拟合,拟合结果分别如图 5-29～图 5-31 所示,拟合参数见表 5-6。

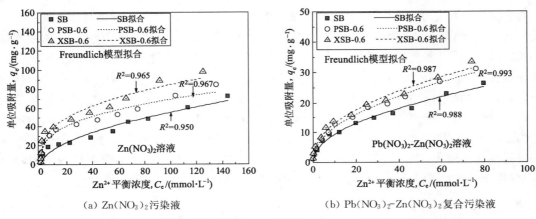

（a）$Zn(NO_3)_2$ 污染液   （b）$Pb(NO_3)_2$-$Zn(NO_3)_2$ 复合污染液

图 5-29　隔离墙回填料吸附 Zn^{2+} 的 Freundlich 等温模型拟合

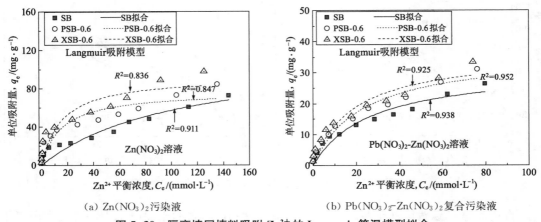

（a）$Zn(NO_3)_2$ 污染液   （b）$Pb(NO_3)_2$-$Zn(NO_3)_2$ 复合污染液

图 5-30　隔离墙回填料吸附 Zn^{2+} 的 Langmuir 等温模型拟合

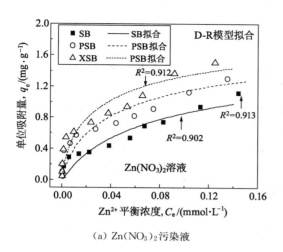 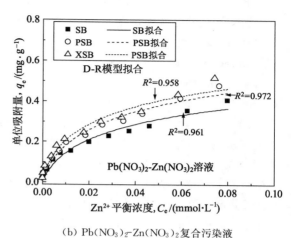

（a）Zn(NO₃)₂污染液　　　　　　（b）Pb(NO₃)₂-Zn(NO₃)₂复合污染液

图 5-31　隔离墙回填料吸附 Zn²⁺ 的 D-R 等温模型拟合

在单一的 $Zn(NO_3)_2$ 污染液环境中，Langmuir 模型、Freundlich 模型和 D-R 模型对隔离墙材料等温吸附曲线的拟合度分别为 0.836～0.911、0.950～0.967 和 0.902～0.913；在 $Pb(NO_3)_2$-$Zn(NO_3)_2$ 复合污染液环境下，三种模型的拟合度分别为 0.925～0.952、0.987～0.993 和 0.958～0.972。表明三种模型均可较好地描述隔离墙材料对 Zn^{2+} 的等温吸附过程。表 5-6 中，由 Langmuir 模型计算的最大吸附量 q_m 最接近于吸附试验实测最大吸附量。单一的 $Zn(NO_3)_2$ 污染液环境中，经聚阴离子纤维素和黄原胶改良的隔离墙材料 PSB 和 XSB 的最大吸附量 q_m 分别较未改良试样 SB 提高了 20% 和 52%。在 $Pb(NO_3)_2$-$Zn(NO_3)_2$ 复合污染液环境下，PSB 和 XSB 材料的最大吸附量 q_m 分别较未改良试样 SB 提高了 15% 和 15%。

表 5-6　Zn²⁺ 在隔离墙回填料上的等温吸附参数

模型名称	参数	Zn(NO₃)₂污染液			Pb(NO₃)₂-Zn(NO₃)₂污染液		
		SB	PSB-0.6	XSB-0.6	SB	PSB-0.6	XSB-0.6
Freundlich 模型	$K_F/(L \cdot g^{-1})$	4.527	15.085	18.440	3.067	3.952	4.766
	N	0.544	0.332	0.331	0.481	0.468	0.437
	R^2	0.950	0.967	0.965	0.988	0.993	0.987
Langmuir 模型	$q_m/(mg \cdot g^{-1})$	77.066	92.782	117.408	31.612	36.507	36.432
	$K_L/(L \cdot mg^{-1})$	0.066	0.066	0.010	0.038	0.044	0.054
	R^2	0.911	0.847	0.836	0.938	0.952	0.925
D-R 模型	$q_m/(mol \cdot kg^{-1})$	1.495	1.676	1.824	0.563	0.671	0.675
	$q_m/(mg \cdot g^{-1})$	97.183	108.941	118.585	36.611	43.585	43.889
	$K_{DR}/(mol^2 \cdot kJ^{-2})$	−0.016	−0.011	−0.009	−0.011	−0.010	−0.009
	R^2	0.902	0.913	0.912	0.961	0.972	0.958
	$E/(kJ \cdot mol^{-1})$	−7.845	−12.039	−12.471	−9.672	−9.853	−10.364

此外，Langmuir 模型计算的最大吸附量小于 D-R 模型拟合所得最大吸附量。在单一的 $Zn(NO_3)_2$ 污染液环境中，Langmuir 模型计算的 SB、PSB 和 XSB 试样的 q_m 值分别为 77.066 mg/g、92.782 mg/g 和 117.408 mg/g，而 D-R 模型计算的相应结果分别为 97.183 mg/g、108.941 mg/g 和 118.585 mg/g。在 $Pb(NO_3)_2$-$Zn(NO_3)_2$ 复合污染液环境下，Langmuir 模型计算的 SB、PSB 和 XSB 试样的 q_m 值分别为 31.612 mg/g、36.507 mg/g 和 36.432 mg/g；而 D-R 模型计算的相应结果分别为 36.611 mg/g、43.585 mg/g 和 43.889 mg/g。其原因为 Langmuir 模型和 D-R 模型假定条件不同所致。Freundlich 模型虽无法预测 q_m，但分别在两种不同溶液环境下，三种试样的 N 值均小于 1，表明材料对 Zn^{2+} 亲和力较强，具有较好的吸附能力。除 $Zn(NO_3)_2$ 污染液作用的 SB 材料外，由 D-R 模型计算所得材料的平均吸附自由能（E）的绝对值为 9.672～12.471，在 8.0 kJ/mol $<|E|<$ 16.0 kJ/mol 范围内，表明三种材料对 Zn^{2+} 的吸附机理主要为离子交换吸附，单一溶液作用下 SB 材料的平均自由能的绝对值为 7.845，接近于 8，说明 SB 材料对 Zn 的吸附既有物理吸附又有离子交换吸附。

5.1.5 Zeta 电位

胶体系统的许多重要特征都可通过直接或间接测量颗粒电荷或电势来进行解释，如离子或偶极分子的吸附、颗粒稳定（分散）性和沉降特性等。Zeta（ζ）电位表征固相表面净电荷，与 pH 和离子强度密切相关。图 5-32 为聚磷酸盐改性材料试样 ζ 电位与 Pb^{2+} 浓度的关系。各试样 ζ 电位均呈负值，这是由于天然膨润土表面电荷为负电荷所致。大体上，随浓度增加，ζ 电位呈波形变化趋势：0～1 mg/L 和 100～1 000 mg/L Pb^{2+} 浓度范围内，ζ 电位随浓度增加而增加；1～100 mg/L Pb^{2+} 浓度范围内，ζ 电位随浓度增加而有所降低。浓度为 0 mg/L，SHMP-CaB 和 SHMP-20CaB 试样 ζ 电位分别为 -10.8 mV 和 -6.24 mV，较未改良试样（约为 -4.5 mV）高，证明六偏磷酸钠的改良作用增加了膨润土

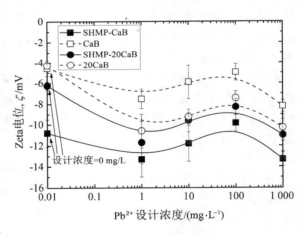

图 5-32　试样 ζ 电位与 Pb^{2+} 浓度关系

表面负电势。相同 Pb^{2+} 浓度下，试样 ζ 电位绝对值排序为 SHMP-CaB＞SHMP-20CaB＞20CaB＞CaB。

Chakir 等[22]对不同 pH 条件下，吸附 Cr^{3+}（浓度 52 mg/L＝10^{-3} mol/L）膨润土试样的 ζ 电位进行测量，指出 Cr^{3+} 并未被吸附到膨润土表面，并认为膨润土颗粒表面所带负电荷被靠近该表面的水化阳离子中和，这些水化阳离子可被孔隙液中的 Cr^{3+} 所置换，因此 Cr^{3+} 的吸附未改变膨润土颗粒表面的负电势，即膨润土对 Cr^{3+} 的吸附机理以离子交换为主。本研究 Pb^{2+} 吸附前、后，试样 ζ 电位保持为负值，这一结果与 Chakir 的研究结果一致，佐证了前述吸附机理主要为离子交换的观点。

图 5-33 为试样 ζ 电位与 $Cr(VI)$ 浓度关系。图中，各试样 ζ 电位均呈负值，表明 $Cr(VI)$

的吸附未改变膨润土表面电势;除 20CaB 外,其余三个试样的 ζ 电位随 Cr(Ⅵ)浓度增加均呈先增加后降低趋势;浓度等于 10 mg/L 时,SHMP-CaB、SHMP-20CaB 和 CaB 的 ζ 电位达最大值,分别为−18.3 mV、−13.2 mV 和−8.8 mV。

0～10 mg/L Cr(Ⅵ)浓度范围内,试样因吸附了以阴离子形式存在的 Cr(Ⅵ),因而负的 ζ 电位逐渐增大;浓度继续增大至 1 000 mg/L,伴随着土粒絮凝沉淀作用的凸显,ζ 电位降低并接近初始值[Cr(Ⅵ)浓度为 0 mg/L 时的 ζ 电位]。Cr(Ⅵ)吸附条件下,试样 ζ 电位绝对值排序为 SHMP‑CaB＞SHMP‑20CaB＞CaB≥20CaB。

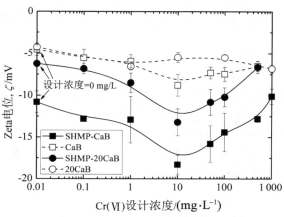

图 5-33 试样 ζ 电位与 Cr(Ⅵ)浓度关系

化学渗透半透膜效应研究

5.2.1 原理介绍

国内外大量研究表明,黏土颗粒间的静电斥力使金属离子的迁移受到一定的阻隔作用。岩土工程领域将这种类似阻滞膜的现象称为"膜效应"。膜效应是指化学势梯度作用下,溶剂能够自由通过多孔介质,而溶质扩散运移受到约束的现象。多孔介质的膜效应使得溶剂自低浓度向高浓度迁移,这一现象称为化学渗透。污染物在黏性土及其他相关岩土工程材料中的运移过程中,材料表现出"缺陷的"或"非理想的"的膜效应,称为"化学渗透半透膜效应",用化学渗透膜效率系数 ω 表示。理想的膜效应能够完全阻隔电解质的迁移(ω＝1),当 ω＝0 时,膜材料对电解质没有阻隔作用。黏土通常被认为是"非理想膜",因此化学渗透系数 ω 的变化范围是 0＜ω＜1。隔离工程屏障化学渗透效应的产生是由于黏土膜两侧存在化学浓度势能差。化学渗透压力差是指阻止理想膜化学渗透流的理论压力值,即 Δπ。化学渗透压的理论值(Δπ)为具有膜效应的多孔介质两侧溶液活度 a_1 和 a_2 的函数:

$$\Delta\pi = \frac{RT}{V_w}\ln\frac{a_1}{a_2} \tag{5-14}$$

式中:Δπ——化学渗透压力差;

R——通用气体常数,可取 8.314 5 J/(mol·K);

T——绝对温度(K);

$\overline{V}_w$——水的偏摩尔体积(m³/mol);

a_1/a_2——离子活度之比。

为了简便计算,理想状态下稀溶液化学渗透压力差用 van't Hoff 方程计算:

$$\Delta\pi = \nu RT \sum_{i=1}^{N} \Delta C_i \tag{5-15}$$

式中:ν——电解质分子离子数,对于 $Pb(NO_3)_2$、$Zn(NO_3)_2$,ν 均取 3;

ΔC——试样两侧溶质浓度差;

N——溶质离子种类。

对于封闭边界系统,Malusis[23]提出用式(5-16)计算 ω:

$$\omega = \frac{\Delta p}{\Delta\pi} \tag{5-16}$$

式中:Δp——实际化学渗透压力差($\Delta p = p_t - p_b$);

$\Delta\pi$——理论化学渗透压力差。

ω 的初始值 ω_0 可以根据式(5-17)计算:

$$\omega_0 = \frac{\Delta p}{\Delta\pi_0} = \frac{\Delta p}{\nu RTC_0} = \frac{\Delta p}{\nu RT(C_{ot} - C_{ob})} \tag{5-17}$$

式中:C_{ob}、C_{ot}——分别为试样底部和顶部的溶液初始浓度,其中 $C_{ob}=0$。

由于封闭边界条件的试验系统能够稳定控制试样两端溶质浓度,因此其兼具试样有效扩散系数测定的功能[23]。采用稳定状态法测定有效扩散系数 D^*。稳定阶段扩散试验结果示意图如图 5-34 所示,当曲线呈线性变化趋势时,认为溶液扩散进入稳定阶段。溶质单位截面积的累积质量 Q_t 按公式(5-18)得到[23]:

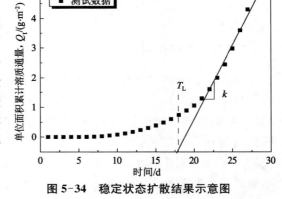

图 5-34　稳定状态扩散结果示意图

$$Q_t = \frac{1}{A}\sum_{j=1}^{N_t} \Delta m_j = \frac{1}{A}\sum_{j=1}^{N_t} C_{b,j} \Delta V_j \tag{5-18}$$

式中:Δm——Δt 时间间隔内收集的流出溶液中溶质质量增量;

ΔV——Δt 时间间隔内收集的流出溶液体积增量;

C_b——试样低浓度一侧 Δt 时间间隔内收集流出溶质浓度。

稳定扩散阶段的 Q_t 解析解基于理想浓度边界条件($C_{0t}=C_0$,$C_{0b}=0$)的一维扩散试验。有效扩散系数 D^* 可由公式(5-19)得到[23]:

$$D^* = \frac{L}{nC_{0t}} \cdot \frac{dQ_t}{dt} \tag{5-19}$$

其阻滞因子 R_d 和分配系数 K_p 可表示为[23]:

$$R_{\mathrm{d}} = \frac{6D^{*}}{L^{2}} \cdot T_{\mathrm{L}}; \; K_{\mathrm{p}} = n \cdot (R_{\mathrm{d}} - 1)/\rho_{\mathrm{d}} \tag{5-20}$$

式中：L——试样高度(m)；

　　　T_{L}——Q_{t}-t 曲线的横坐标截距；

　　　n——试样孔隙率；

　　　ρ_{d}——试样干密度。

5.2.2　试验方案

1. 试验仪器

测试装置示意图如图 5-35 所示。该测试装置由 4 个部分组成,分别为试液供给—收集系统、试验腔室、压差测试系统和数据采集系统。

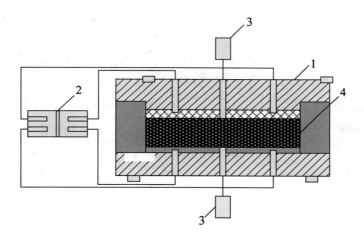

图 5-35　土柱化学渗透试验装置图
1—试样腔室；2—精密注射泵；3—差压传感器；4—试样

试验系统中的精密注射泵见图 5-36(a),差压传感器见图 5-36(b),数据采集仪见图 5-36(c)。试验时采用定时定速进行抽注,精确控制抽注速率,能有效保证各通道抽注流量完全一致。整个注射泵形成一个循环抽注系统,见图 5-37。整个测试系统图见图 5-38。

　　（a）注射泵　　　　　　（b）差压传感器　　　　　（c）数据采集仪

图 5-36　各试验仪器实物图

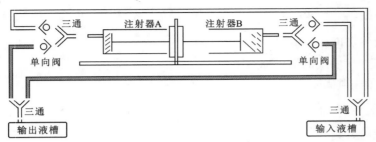

图 5-37　循环抽注系统示意图

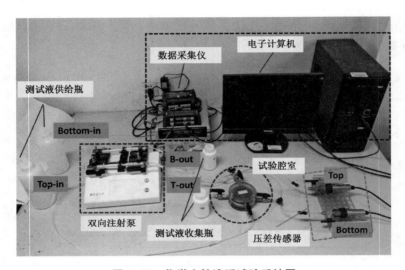

图 5-38　化学土柱渗透试验系统图

2. 试验参数

为探究竖向隔离屏障材料在不同溶质中的半透膜效应,本书针对改性前后屏障材料的化学渗透半透膜效率系数进行系统分析。其中,未改性材料包括膨润土总掺量 12.5%、含水率 41% 的 SB 材料(编号 SB-1～SB-3)和南京黏土材料(编号为 NC-1)。改性屏障材料包括聚磷酸盐改性材料(六偏磷酸钠掺量为 2% 的回填料,编号为 SB2)、阴离子纤维素改性材料(编号 PSB)、黄原胶改性回填料(编号 XSB)和刚性竖向隔离屏障材料 MSB。

试验所涉重金属污染液为 $Pb(NO_3)_2$ 溶液、$Zn(NO_3)_2$ 溶液、$Pb(NO_3)_2$-$Zn(NO_3)_2$ 复合溶液。

5.2.3　试验方法

目前国内外尚未出现化学土柱渗透试验相关规范方法,试验方法参照相关学者[24-27]的经验,其中关键步骤是试验前对测试土样的阳离子冲刷和试验过程中对测试系统的饱和及密封。

1. 试样冲刷阶段

如图 5-39(a)所示,由于试验土体本身含有阳离子,对后期试样底部收集液的电导率与浓度值测试会造成一定干扰。因此试验前应对试样进行冲刷[26-27],冲刷的另一目的是对试样进行二次饱和。

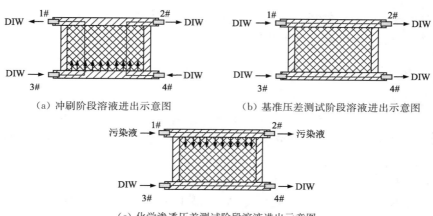

（a）冲刷阶段溶液进出示意图　　　　（b）基准压差测试阶段溶液进出示意图

（c）化学渗透压差测试阶段溶液进出示意图

图 5-39　化学渗透膜效率测试各阶段示意图

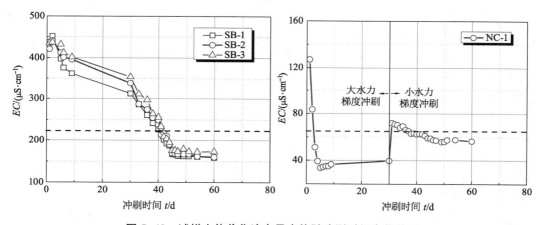

图 5-40　试样土体收集液电导率值随冲刷时间变化关系

各试样冲刷结果如图 5-40 所示。由图可知，SB 工程屏障材料试样的初始电导率约为 440 μS/cm，随着冲刷的进行，各试样收集液的电导率值均逐渐减小，并于 44 d 后趋于稳定值 160 μS/cm，该结果满足 50% 要求。NC 材料试样的初始电导率值约为 127 μS/cm，其在 1 m 水头冲刷下收集液的电导率随冲刷时间急剧减小，2 d 就减小到初始值的 50% 以下。可能原因在于 NC 材料渗透系数较 SB 工程屏障材料大，在高水头作用下渗流速率过快，去离子水不容易与土体颗粒充分接触，无法较为有效地洗出土壤中的阳离子。将 NC 材料试样的水头更换为 0.1 m，重新进行冲刷试验。结果表明，其收集液电导率值上升到 72 μS/cm 后缓慢下降，并于 46 d 后趋于稳定，且满足 50% 要求。

2. 基准差压测试阶段

试样冲刷阶段结束后，将试样腔室与注射器在保水状态下连接。在试样腔室顶部、底部进水孔分别以 0.025 2 mL/min 的速率同时抽注煮沸去离子水，同时试样顶部与底部差压传感器每 1 min 进行一次测量，测量稳定时的压力，二者差值作为基准差压。定期收集试样两端抽出液，测试其 pH、电导率、离子浓度值。

3. 化学渗透差压测试阶段

基准压差测试阶段结束后，将试样腔室顶部抽注的煮沸去离子水更换为污染物溶液。

底部仍抽注煮沸去离子水,按照基准压差测试阶段操作测量试样两端压力,同时收集抽出端溶液,进行 pH、电导率、离子浓度测试。

5.2.4 化学渗透膜效率系数

1. 未改良土的化学渗透膜效率系数

图 5-41(a)～(d)为各试样膜效率系数随化学渗透时间变化关系。由图 5-41(a)～(c)可知,SB 屏障材料试样的膜效率系数在各浓度梯度下均先大幅度减小,后逐渐趋于稳定。单一溶质浓度从 5 mmol/L 增加到 60 mmol/L 时,SB-1 材料的膜效率系数从 0.024 减小到 0.009,SB-2 材料的膜效率系数从 0.030 减小到 0.008;复合溶液浓度从(5+5)mmol/L 增加到(30+30)mmol/L 时,SB-3 材料的膜效率系数从 0.021 减小到 0.009。各浓度梯度下膜效率系数先急剧减小后趋于稳定的原因可能为开始阶段试样两端溶质浓度差较大,化学扩散未达到平衡,随着扩散进行,浓度差在减小,导致压差在减小。当离子扩散趋于稳定后,其两端浓度差与压差均趋于稳定,使膜效率系数逐渐稳定。除此之外,SB 屏障材料试样的膜效率系数均随溶质浓度的增大而减小,原因为溶质浓度增大导致膨润土双电层压缩更为明显,黏粒间的电场大幅削弱,使其对阳离子的静电斥力减弱,导致离子扩散通道增大。同时,由图 5-41(d)知,NC 材料对重金属离子的化学阻隔效应基本为零。原因在于所采用的南京黏性土黏粒含量较低,双电层较薄,黏粒间电场作用不明显,无法对重金属阳离子的迁移起到阻隔作用。

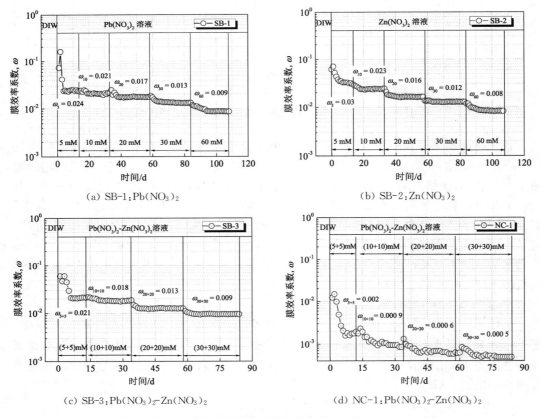

(a) SB-1:Pb(NO₃)₂

(b) SB-2:Zn(NO₃)₂

(c) SB-3:Pb(NO₃)₂-Zn(NO₃)₂

(d) NC-1:Pb(NO₃)₂-Zn(NO₃)₂

图 5-41 膜效率系数随化学渗透时间变化关系(注:mM=mmol/L)

表 5-7 统计了 SB 屏障材料膜效率系数随溶质浓度变化的关系。结果表明,SB 屏障材料的膜效率系数随溶质初始浓度的减小而减小。原因在于 SB 材料的双电层厚度随溶质浓度的增大而减小,使双电层间的电场对溶质离子的静电斥力减弱,导致其化学阻隔性能减弱。同时,在低浓度条件下(<20 mmol/L),SB 屏障材料对单一溶液中 Zn 的化学阻隔性能要略强于 Pb,超过 20 mmol/L 后对二者的化学阻隔效应基本相同。该现象的可能原因为:低浓度环境下,SB 材料分散效果好,双电层厚度较大,使试样内部有效连通孔隙少,扩散通道被压制,而 Zn 离子水化半径要高于 Pb,致使相同条件下 SB 材料对其的静电排斥效应更强,从而导致其对 Zn^{2+} 的膜效率系数高于 Pb^{2+};当溶质浓度很高时,膨润土的双电层厚度急剧减小,使其对阳离子的选择性吸附和阻隔性能减弱。

表 5-7　各试样不同浓度下膜效率系数统计表

试样编号	试样厚度/mm	孔隙率 n	污染液类型	污染液浓度/(mmol · L^{-1})	膜效率系数 ω
SB-1	10	0.529	Pb(NO$_3$)$_2$	5	0.024
				10	0.021
				20	0.017
				30	0.013
				60	0.009
SB-2	10	0.529	Zn(NO$_3$)$_2$	5	0.030
				10	0.023
				20	0.016
				30	0.012
				60	0.008
SB-3	10	0.529	Pb(NO$_3$)$_2$-Zn(NO$_3$)$_2$	5+5	0.021
				10+10	0.018
				20+20	0.013
				30+30	0.009
NC-1	10	0.501	Pb(NO$_3$)$_2$-Zn(NO$_3$)$_2$	5+5	0.002 0
				10+10	0.000 9
				20+20	0.000 6
				30+30	0.000 5

2. 聚磷酸盐改性材料化学渗透膜效率系数

表 5-8 列出了计算的理论化学渗透压力差和稳定后的化学渗透膜效率系数,以及化学渗透膜效率系数达到稳定所需要的时间。由表可知,随着污染液浓度的增加,离子扩散达到化学平衡状态所需的时间越长,试样两端压力差稳定所需的时间也越久,化学渗透膜效率系数稳定的时间也越长。随着污染液浓度的增加,两种方法计算的试样化学渗透膜效率系数均逐步降低,并逐渐趋于稳定。由于利用经验公式算得的理论化学渗透压力差小于 van't Hoff 公式计算值,因此利用经验公式计算得到的化学渗透膜效率系数(以下简称膜效率—EC)大于 van't Hoff 公式计算的化学渗透膜效率系数(以下简称膜效率—vH),前者约

为后者的 1.5 倍。采用经验公式计算的化学渗透膜效率系数更接近实际值,但现有文献均采用 van't Hoff 公式计算工程屏障材料的化学渗透膜效率系数,因此将试验结果与其他文献进行对比时,采用 van't Hoff 公式计算的结果。

图 5-42 为各试样化学渗透膜效率系数随化学渗透时间变化的关系。由图可见,在每个浓度梯度的开始阶段,试样 SB2-P 和 SB2-Z 的化学渗透膜效率系数均大幅度减小,后逐渐趋于稳定,原因为每阶段化学渗透开始时化学梯度较大,随着扩散的进行试样达到化学平衡,化学渗透膜效率系数也趋于稳定。随着重金属污染液浓度的增加,试样化学渗透膜效率系数逐渐减小,其原因为随着污染液浓度的增加,膨润土颗粒与重金属污染液间发生离子交换,双电层被压缩,对重金属阳离子的静电斥力减弱,因此对污染物的阻隔能力下降,扩散更为显著。

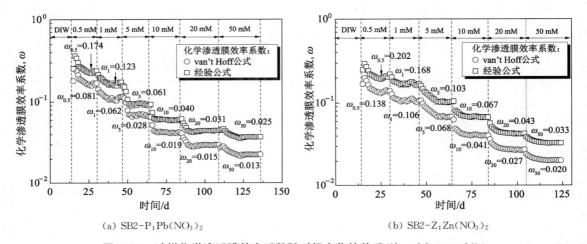

图 5-42 试样化学渗透膜效率系数随时间变化的关系(注:mM=mmol/L)

表 5-8 试样理论化学渗透压力差和化学渗透膜效率系数 ω

浓度 C/ (mmol/L)	$\Delta\pi$-vH/kPa	$\Delta\pi$-EC/kPa	ω-vH	ω-EC	稳定时间/d	ω-vH	ω-EC	稳定时间/d
			SB2-P:Pb(NO₃)₂			SB2-Z:Zn(NO₃)₂		
0.5	3.66	2.59	0.169	0.239	10	0.138	0.203	7
1	7.31	4.83	0.115	0.174	10	0.106	0.168	8
5	36.56	26.84	0.065 7	0.09	10	0.068	0.103	10
10	73.12	51.26	0.043	0.061	13	0.041	0.067	10
20	146.24	97.62	0.03	0.044	13	0.027	0.043	11
50	365.61	233.15	0.022	0.037	18	0.020	0.033	12

图 5-43 为试样的化学渗透膜效率系数随污染液浓度变化的关系。如图所示,随着污染液浓度增加,试样的化学渗透膜效率系数迅速减小,重金属浓度超过 5 mmol/L 后趋于稳定,其原因可能为随着污染液浓度增加膨润土双电层被压缩,对重金属的阻隔能力下降,化

学渗透膜效率系数减小；当浓度增大到一定值时，双电层压缩不再明显，因此化学渗透膜效率系数不再发生明显变化。

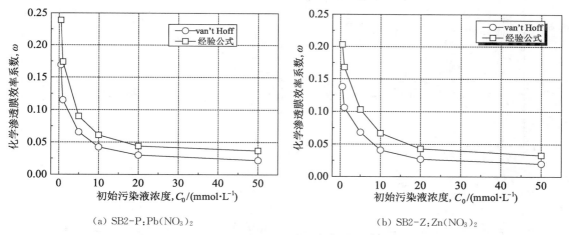

（a）SB2-P：Pb(NO$_3$)$_2$　　　　　　　（b）SB2-Z：Zn(NO$_3$)$_2$

图 5-43　试样化学渗透膜效率系数随污染液初始浓度变化关系

3. 聚阴离子纤维素改性材料的化学渗透半透膜效率系数

图 5-44(a)～(f)为各试样化学渗透膜效率系数的时程曲线。整体上，随污染液浓度梯度的增大，各隔离墙材料试样的化学渗透膜效率系数呈减小趋势；在各级浓度的污染液作用下，试样的化学渗透膜效率系数呈现出先增长而后降低并最终趋于稳定。以经验公式结果（ω_1）为例：对于 SB 试样，随 Pb、Zn 浓度由 0.5 mmol/L 增长至 50 mmol/L，SB 试样阻隔重金属 Pb 的化学膜效率系数由 0.071 降至 0.010；PSB 试样阻隔重金属 Pb 的化学膜效率系数由 0.158 降至 0.021；XSB 试样的结果则由 0.193 降至 0.024。此外，各试样阻隔重金属 Zn 的化学渗透膜效率渗透系数也呈现相似的变化规律。

以上结果表明，相同浓度的污染液条件下，PSB 和 XSB 两种改良隔离墙材料的阻隔性能优于未改良隔离墙材料 SB，其阻隔重金属 Pb、Zn 运移的化学渗透膜效率系数约为 SB 材料的 2 倍（图 5-45）。上述现象的主要原因为：①每一级浓度下的化学渗透试验，在其开始阶段，顶部溶液的浓度随着溶液的注入而增大，导致试样两端溶液浓度差较大；而随着重金属 Pb、Zn 向试样内部扩散，并到达试样底部液体，试样两端浓度差逐渐减小，导致化学渗透压差减小；当离子扩散趋于稳定后，其两端浓度差与压差均趋于稳定，进而试样的化学渗透膜效率系数趋于稳定。②随着试样顶部溶液浓度的增大，隔离墙材料中的膨润土双电层中，阳离子置换更加充分，导致双电层压缩更明显，黏土颗粒间的电场作用显著降低，使其对重金属阳离子的静电斥力减小，导致重金属 Pb、Zn 的扩散通道增大、阻隔性能降低。③PSB 和 XSB 两种聚合物改良隔离墙材料呈现出更好的阻隔重金属运移的性能，其原因一是 PAC 和 XG 形成的水凝胶封堵了材料的孔隙，使得扩散通道更为曲折、狭小，其实际的孔隙率更小（根据传统计算孔隙率的方法，由于聚合物吸水膨胀，使得孔隙体积增大，因此孔隙率较大。但实际上水凝胶占据了孔隙体积，可将其看作近似于不可自由流动的固相状态。因此认为在计算孔隙体积时可将水凝胶体积剔除，其真实孔隙率较小）。二是加入两种聚合物后，使 PSB 和 XSB 材料具有更高的 CEC 值，导致化学渗透膜效应更明显、阻隔性能更显著。

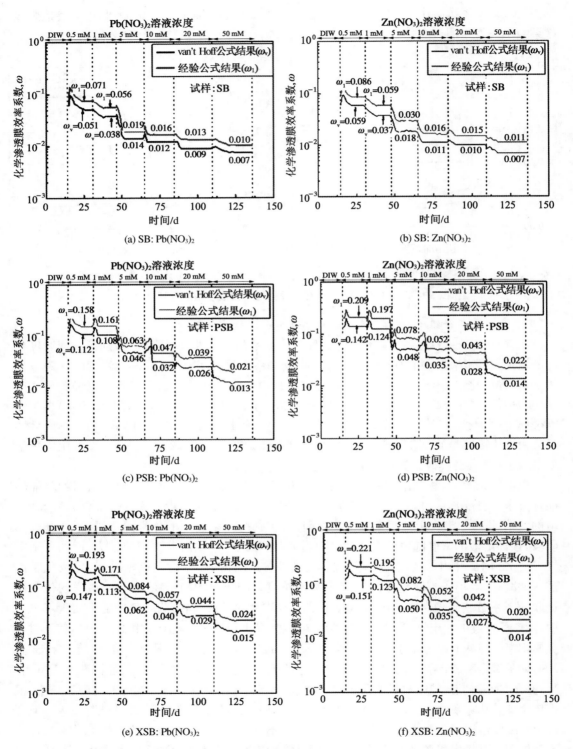

图 5-44 试样化学渗透膜效率系数随时间变化的关系(注:mM＝mmol/L)

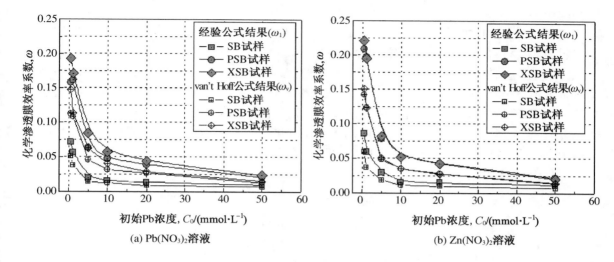

(a) Pb(NO₃)₂溶液　　　　　　　(b) Zn(NO₃)₂溶液

图 5-45　试样化学渗透膜效率系数与溶液浓度关系

4. MSB 材料的化学渗透半透膜效率系数

MSB 材料的化学渗透膜效率系数如图 5-46 所示。随着渗透液浓度的提高,化学渗透膜效率系数均逐级递减;随着扩散的进行试样达到化学平衡,化学渗透膜效率系数也趋于稳定。从图中结果可看出,随着污染液 Pb 和 Zn 的浓度的增加,膨润土颗粒与重金属污染液间发生离子交换,双电层被压缩。另外,MSB 生成水化产物如 C-S-H 和 Ht,吸附 Pb 和 Zn 离子能力削弱,从而使得重金属阳离子的静电斥力减弱,导致对污染物的阻隔能力下降,扩散更为显著。在 Pb 和 Zn 持续渗透作用下,膨润土的双电层压缩不再显著,水化产物的吸附能力趋于稳定,导致化学渗透膜效率系数不再发生明显变化。

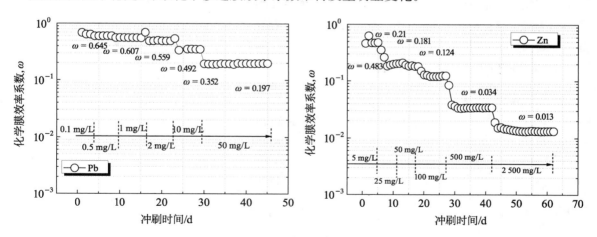

图 5-46　MSB 材料化学渗透膜效率系数与化学渗透时间关系

5. 化学渗透膜效率系数影响因素

图 5-47 统计了国内外学者对重金属污染液(部分学者采用 $CaCl_2$ 模拟重金属污染)作

用下工程屏障材料的化学渗透膜效率系数的研究结果，需要说明的是，此处所统计结果均为基于 van't Hoff 公式所得结果，用 ω_v 表示试样的化学渗透膜效率系数。包括了添加了膨润土的 CCL 材料，主要成分为 BPN 和超级黏土（Hyper clay）等聚合物改良膨润土的 GCL 材料，其余材料多为砂-膨润土隔离墙回填料。如图 5-47 所示，随着污染液浓度的增加，各试样的 ω_v 均呈降低趋势；黏土材料对污染物的化学阻隔效应存在较明显的临界浓度，污染液浓度由 0 mmol/L 增长至 5 mmol/L 时，各试样的 ω_v 显著减小；当污染液浓度超过 5 mmol/L 后，试样的 ω_v 缓慢降低并逐渐趋于稳定，部分材料的化学渗透膜效应几乎消失。因此，在重金属污染液浓度较低时，膨润土系工程屏障材料具有较好的阻隔重金属迁移的能力，而在浓度较高时，黏土的双电层压缩明显，阻隔效果并不显著。

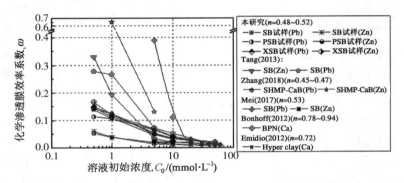

图 5-47　国内外文献中工程屏障材料的化学渗透膜效率系数

此外，CCL、BPN 和超级黏土等材料的 ω_v 显著高于其他材料，其原因可归结为：①BPN 和超级黏土均为聚合物改良膨润土材料，聚合物形成的水凝胶封堵了膨润土颗粒间连通的孔隙，使扩散通道更曲折、狭小，另一方面两种材料的 CEC 值得到明显提升，颗粒间电场作用更明显，因此阻隔效果较好；②对于文献[26]中的 CCL 材料，添加了一定量的膨润土，其压实度、孔隙孔径和膨润土质量等均与其他材料存在差异，膨胀特性、CEC 值等均较低，以上因素均会影响工程屏障材料阻隔重金属运移的性能。化学渗透膜效率随污染液浓度变化的拟合函数关系如图 5-48 所示。

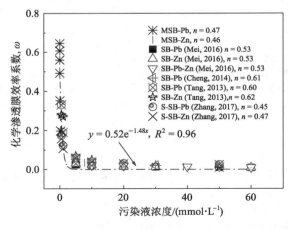

图 5-48　化学渗透膜效率系数随不同阳离子溶质浓度变化

　　图 5-49 统计了不同盐溶液环境下黏土颗粒的膜效率系数研究成果。结果表明,黏土颗粒对于低价阳离子的化学阻隔效果要好于高价阳离子。原因在于黏土颗粒的双电层厚度与环境中阳离子的价态呈反相关关系,金属阳离子的价态越高,其对黏土颗粒的双电层压缩效果越明显,从而导致黏土颗粒间的电场效应减弱。比较同一价态阳离子环境下的膜效率系数,可知同价态环境下阳离子相对质量越大,其水化阳离子的半径越小,导致黏土颗粒间电场的静电斥力对其的影响越小。

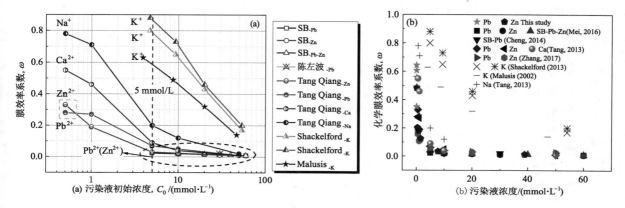

图 5-49　膜效率系数随不同阳离子溶质浓度变化

5.3　污染物运移参数研究

5.3.1　污染物在多孔介质中的运移理论

　　污染物在土体中的运移通常包含三个过程:对流(advection)、扩散(diffusion)和机械弥散(dispersion)。上述过程控制了非活性污染物(nonreactive contaminant)在地层中的扩散程度。对于活性污染物(reactive contaminant),其运移过程还应考虑化学传质(如吸附—解吸附、溶解—沉淀、氧化—还原和络合等)和微生物降解等过程,其中地层土对污染物具有吸附作用,使污染物浓度随地层深度或宽度呈衰减趋势,这也是地层土对受污染地下水有净化能力的主要原因之一。

　　1. 半无限空间体中的污染物运移

　　污染物运移及衰减模拟可用于污染场地风险分析、废弃物封闭系统和场地修复系统的设计评价。实际工程中,通常采用简单的数学模型(包含对流、扩散、弥散、吸附和生物降解作用)来预测某种可溶污染物在地层中的衰减及运移过程,这些模型基于以下三维控制偏微分方程:

$$R \frac{\partial C}{\partial t} = \left[\frac{\partial}{\partial x} \left(D_x \frac{\partial C}{\partial x} \right) + \frac{\partial}{\partial y} \left(D_y \frac{\partial C}{\partial y} \right) + \frac{\partial}{\partial z} \left(D_z \frac{\partial C}{\partial z} \right) \right]$$

$$- \left[\frac{\partial}{\partial x} (v_{sx} C) + \frac{\partial}{\partial y} (v_{sy} C) + \frac{\partial}{\partial z} (v_{sz} C) \right] \pm \lambda R_d C \tag{5-21}$$

式中：D_x、D_y 和 D_z——x、y 和 z 方向上的水动力弥散系数；

$\quad v_{sx}$、v_{sy} 和 v_{sz}——x、y 和 z 方向上的渗透速率；

$\quad C$——半无限空间体中计算点位处孔隙液的污染物浓度；

$\quad t$——时间；

$\quad R_d$——阻滞因子；

$\quad \lambda$——溶解/吸附相的衰减率系数（rate of decay coefficient）。

假定多孔介质单元中的污染物质量变化速率等于进、出单元体的污染物通量之差，单元体通过化学或生物反应作用失去/捕获污染物[28]。若含水层为均质土层，通过设定不同的初始条件和边界条件可得到式(5-21)的解析解，而其数值解则需借助数值分析软件进行计算。

一维条件下，假定线性平均流速恒定，忽略化学/生物反应作用，则在等温线性吸附（$q_e = K_d C_e$）和一级衰减前提下，均质、各向同性地层中污染物运移控制方程简化为：

$$\frac{\partial C}{\partial t} = \frac{D}{R_d} \frac{\partial^2 C}{\partial x^2} - \frac{v}{R_d} \frac{\partial C}{\partial x} \tag{5-22}$$

式中：C——污染物浓度（mg/L）；

$\quad t$——时间（s）；

$\quad D$——水动力弥散系数（m^2/s）；

$\quad x$——计算距离（m）；

$\quad v$——渗流速度（m/s）；

$\quad R_d$——阻滞因子。

根据达西定律，一维状态下，渗流速度（v）可表示为：

$$v = \frac{v_a}{n} = \frac{k \cdot i}{n} \tag{5-23}$$

式中：v_a、k 和 i——达西流速（m/s）、渗透系数（m/s）和水力梯度；

$\quad n$——孔隙率，定义为土体孔隙体积与土体总体积之比。

阻滞因子（R_d）与土体孔隙率 n、土体干密度 ρ_d 及吸附分配系数 K_d 有关：

$$R_d = 1 + \frac{\rho_d}{n} K_d \tag{5-24}$$

水动力弥散系数（D）为包含有效扩散系数（D^*）和机械弥散系数（D_{md}）的综合参数，其表达式为：

$$D = D^* + D_{md} \tag{5-25}$$

其中：

$$D^* = \tau D_0 \qquad (5-26)$$

$$D_{md} = \alpha_L \upsilon \qquad (5-27)$$

式中：τ——土体孔隙的弯曲因子；

D_0——污染物在无限稀释溶液中的扩散系数（m^2/s）；

α_L——纵向弥散度（m）；

υ——渗流速度（m/s）。

当 υ 较大时，$D_{md}/D \to 1$，$D^*/D \to 0$，D 主要受机械弥散作用控制；相反，当 $\upsilon \to 0$，则有 $D_{md}/D \to 0$，$D^*/D \to 1$，D 主要受扩散作用控制。污染物扩散控制机制与达西流速关系如图 5-50 所示[29]。

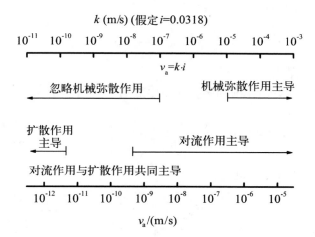

图 5-50　溶质运移控制机制与达西流速/渗透系数的关系

当初始条件和边界条件为：

$$C(x, 0) = 0, \ x > 0 \qquad 初始条件 \qquad (5-28)$$

$$\left.\begin{array}{l} C(0, t) = C_0, \ t \geqslant 0 \\ C(\infty, t) = 0, \ t \geqslant 0 \end{array}\right\} \qquad 边界条件 \qquad (5-29)$$

式（5-21）的解为：

$$C(x, t) = \frac{C_0}{2}\left[\mathrm{erfc}\left(\frac{R_d x - \upsilon t}{2\sqrt{Dt R_d}}\right) + \exp\left(\frac{\upsilon x}{D}\right)\mathrm{erfc}\left(\frac{R_d x + \upsilon t}{2\sqrt{Dt R_d}}\right) \right] \qquad (5-30)$$

2. 有限长度试样中的污染物运移

目前，国内外污染物运移主要通过土柱渗透试验或数值模拟进行评价。实验室内通常采用土柱渗透试验来获取污染物在土体中的运移参数（如 D 和 R_d），试验对象为有限长度（L）的柱状试样。污染物在半无限空间土体中与室内土柱试样中的运移情况分别如图 5-51（a）、（b）所示。室内土柱渗透试验过程中，通过监测出水口处的溶液浓度 $C_e = C_e(L, t)$，可得到 t-C_e 关系曲线（击穿曲线），对其进行拟合即可得到运移参数。

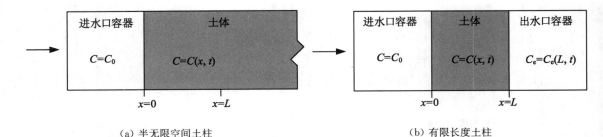

（a）半无限空间土柱　　　　　　　　　（b）有限长度土柱

图 5-51　半无限空间土柱与室内试验有限长度土柱示意图[30]

根据连续性条件，土柱试样出水口界面内、外侧溶质通量应保持一致。试样出水口界面处靠近试样一侧的污染物通量可表示为：

$$J(L^-, t) = qC_e \tag{5-31}$$

式中：q——流量，可根据达西定律计算。

一维运移情况下，污染物在饱和多孔介质中的通量 J 可表示为[31]：

$$J(x, t) = \frac{qC_0}{2}\left[\mathrm{erfc}\left(\frac{R_d x - vt}{2\sqrt{DtR_d}}\right) + \exp\left(\frac{vx}{D}\right)\mathrm{erfc}\left(\frac{R_d x + vt}{2\sqrt{DtR_d}}\right)\right] \tag{5-32}$$

将式（5-32）代入式（5-31）可得：

$$\frac{C_e(L, t)}{C_0} = \frac{1}{2}\left[\mathrm{erfc}\left(\frac{R_d - T}{2\sqrt{\frac{TR_d}{P_L}}}\right) + \exp(P_L)\mathrm{erfc}\left(\frac{R_d + T}{2\sqrt{\frac{TR_d}{P_L}}}\right)\right] \tag{5-33}$$

式中：T 和 P_L 分别为渗出液体积数和 Peclet 数，表达式分别为：

$$T = \frac{vt}{L} \tag{5-34}$$

$$P_L = \frac{vL}{D} \tag{5-35}$$

当试样内存在初始浓度 C_i，即初始条件变为 $C(x, 0) = C_i$，$x \leqslant L$，式（5-33）变为：

$$\frac{C_e(L, t) - C_i}{C_0 - C_i} = \frac{1}{2}\left[\mathrm{erfc}\left(\frac{R_d - T}{2\sqrt{\frac{TR_d}{P_L}}}\right) + \exp(P_L)\mathrm{erfc}\left(\frac{R_d + T}{2\sqrt{\frac{TR_d}{P_L}}}\right)\right] \tag{5-36}$$

实际操作中，常通过定期收集（移除）出水口处溶液并测量其浓度的方法获取水口处的污染物浓度值。此时，所得浓度不是溶液收集时刻流出试样的瞬时浓度，而是采样时间间隔内（$\Delta t = t_{final} - t_{initial}$）所收集溶液的平均浓度值 $\bar{C}_e$。根据这一考虑，Shackelford[32]基于渗出液中溶质质量计算方法，提出了另一种污染物运移计算公式——溶质增量质量比（incremental mass ratio，简称 IMR），其表达式为：

$$IMR = \frac{\Delta m}{V_p C_0} = \frac{\bar{C}_e}{C_0}\Delta T = \frac{R_d}{2P_L}\left[\left(\frac{TP_L}{R_d} - P_L\right)\mathrm{erfc}\left(\frac{R_d - T}{2\sqrt{\dfrac{TR_d}{P_L}}}\right) + \right.$$

$$\left.\left(\frac{TP_L}{R_d} + P_L\right)\exp(P_L)\mathrm{erfc}\left(\frac{R_d + T}{2\sqrt{\dfrac{TR_d}{P_L}}}\right)\right]\Bigg|_{T_{\mathrm{initial}}}^{T_{\mathrm{final}}} \tag{5-37}$$

式中：Δm——Δt 时间内,有限长度土柱出水口端通过的污染物的质量;

V_p——土柱试样孔隙体积;

T_{initial} 和 T_{final}——溶液收集初始、终了时刻的渗出液体积数,ΔT 为 Δt 时间内渗出液体积数增量($\Delta t = T_{\mathrm{final}} - T_{\mathrm{initial}}$);

$\bar{C}_e$——Δt 时间内渗出液的平均浓度值。

在 IMR-T 坐标中,每个 IMR 数据对应的横坐标亦相应取为溶液收集期间渗出液体积数平均值,$T_{\mathrm{average}} = (T_{\mathrm{final}} + T_{\mathrm{initial}})/2$。

对式(5-37)进行累加,可得到试验期间出水口通过的污染物累计质量比(cumulative mass ratio,简称 CMR)。

$$CMR = \sum_{i=1}^{n} IMR = \frac{\sum_{i=1}^{n}\Delta m_i}{V_p C_0} = \frac{R_d}{2P_L}\left[\left(\frac{TP_L}{R_d} - P_L\right)\mathrm{erfc}\left(\frac{R_d - T}{2\sqrt{\dfrac{TR_d}{P_L}}}\right) + \right.$$

$$\left.\left(\frac{TP_L}{R_d} + P_L\right)\exp(P_L)\mathrm{erfc}\left(\frac{R_d + T}{2\sqrt{\dfrac{TR_d}{P_L}}}\right)\right] \tag{5-38}$$

应当注意的是,因 CMR 对应取样终了时刻的污染物累积质量比,故 CMR-T 坐标中,每个 CMR 数据对应的横坐标为 T_{final}。Shackelford[32]通过算例证明,采用式(5-38)拟合运移参数(P_L 和 R_d)与式(5-33)拟合参数间的误差小于 3%;延长采样时间(减少数据点)对式(5-38)的拟合结果几乎没有影响,对式(5-33)的拟合结果则会造成较大偏差。因此,采用式(5-38)进行运移参数拟合可减少采样次数,并保证拟合结果的精度。对于易挥发/沉淀的污染物,延长采样时间可导致 CMR 值偏低,从而影响拟合结果的可靠性,此时,采样间隔不宜过长。

5.3.2　未改性屏障材料中的污染物运移参数

图 5-52 分别给出了根据式(5-36)和式(5-38)两种方法确定铅、锌和钙运移通过砂-膨润土竖向隔离屏障材料的水动力弥散系数和阻滞因子的结果。

需要指出的是,通过这两种方法确定水动力弥散系数和阻滞因子,以及本书重金属污染物运移特性研究中存在如下假定:

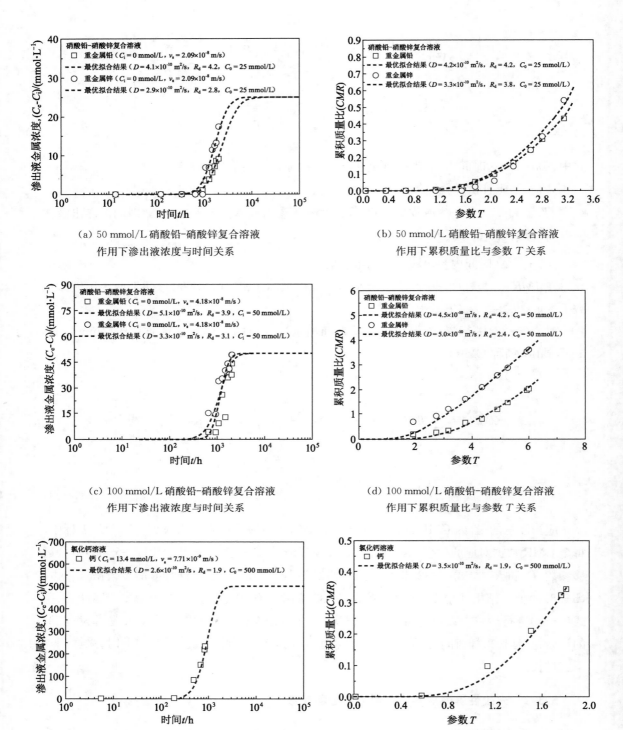

（a）50 mmol/L 硝酸铅-硝酸锌复合溶液
作用下渗出液浓度与时间关系

（b）50 mmol/L 硝酸铅-硝酸锌复合溶液
作用下累积质量比与参数 T 关系

（c）100 mmol/L 硝酸铅-硝酸锌复合溶液
作用下渗出液浓度与时间关系

（d）100 mmol/L 硝酸铅-硝酸锌复合溶液
作用下累积质量比与参数 T 关系

（e）500 mmol/L 氯化钙溶液作用下
渗出液浓度与时间关系

（f）500 mmol/L 氯化钙溶液作用下
累积质量比与参数 T 关系

图 5-52　铅、锌、钙运移通过砂-膨润土竖向隔离屏障材料的水动力弥散系数和阻滞因子拟合结果

① 重金属污染源稳定连续,初始浓度恒定;

② 重金属污染物运移通过的有限长度路程为定值;

③ 竖向隔离屏障材料处于饱和状态、均质、各向同性,孔隙率为定值;

④ 给定重金属污染作用下,渗流速度、水动力弥散系数和阻滞因子为定值,运移方向具有单向性;

⑤ 重金属污染运移过程中未考虑土-膨润土竖向隔离屏障材料的半透膜效应;

⑥ 不考虑重金属污染物在竖向隔离屏障材料中的解吸附行为。

根据图 5-52 所给出的试验结果,可针对铅、锌、钙运移通过砂-膨润土竖向隔离屏障材料得出如下结论:

首先,相同浓度条件下重金属铅的水动力弥散系数略大于重金属锌的试验结果,前者较后者平均高出 29%。分析原因在于铅离子和锌离子自扩散系数(D_0)的差异。相同浓度和试验条件下试样的孔隙比、渗透系数一致,则可认为同一试样内铅、锌机械弥散基本一致。另一方面,铅、锌离子的分子扩散取决于离子本身的自扩散系数和表征试样通道弯曲程度的表观弯曲因子。因此,对于同一试样而言,描述铅、锌离子分子扩散的有效扩散系数(D^*)间的相对大小主要取决于其自扩散系数。铅离子和锌离子在水(25 ℃)中无限扩散的自扩散系数 D_0 分别为 9.25×10^{-10} m²/s 和 7.02×10^{-10} m²/s[28]。

其次,重金属铅、锌的水动力弥散系数总体上随金属浓度增加而增大,如图 5-53 所示。主要原因在于控制分子扩散的表观弯曲因子和控制机械弥散的渗流速度随重金属浓度增大而增大。由重金属作用下膨润土渗透系数和微观结构变化规律可知,重金属与膨润土可交换离子发生阳离子交换,促使颗粒双电层斥力范围压缩,形成紧致团聚体,导致宏观孔隙比例增大。由此,重金属作用下表观弯曲因子和渗流速度均增大。

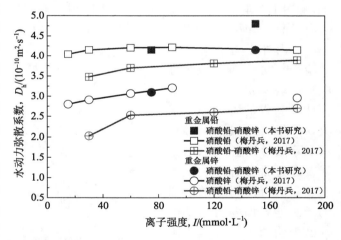

图 5-53　重金属铅、锌运移通过砂-膨润土竖向隔离屏障材料的水动力弥散系数与离子强度关系

再次,Amadi 和 Osinubi[33] 的土柱试验研究发现重金属铅的有效扩散系数随膨润土掺量增加而减小。因此,相同渗流速率条件下,提高隔离屏障材料中膨润土掺量可减少重金属因弥散而引起的运移量。

最后,击穿曲线和累积质量比 CMR 试验结果均显示相同时间内重金属锌的运移速率大于重金属铅。这表明本书研究渗流速度条件下:①砂-膨润土竖向隔离屏障材料对重金属铅的吸附作用较重金属锌更为显著;②与重金属通过弥散方式的运移相比,膨润土对重金属的吸附作用对阻隔重金属运移通过砂-膨润土竖向隔离屏障材料的影响更为显著。相同浓度条件下,重金属铅的阻滞因子较重金属锌试验结果高出 20%～35%。这一试验结果可通过重金属铅、锌存在形式和膨润土对两者的选择吸附顺序分析进行解释。

土的 pH 显著影响土对铅、锌等重金属的吸附量(阻滞因子)。大量的批处理吸附试验结果均显示膨润土对重金属铅和锌的吸附量随 pH 增大呈先增后降的总体变化趋势，且在 pH 为 6～10 时达到最大，可达 80% 以上。本书研究中试样流出液 pH 稳定为 6.0～6.5。该 pH 环境下重金属铅易以不可溶形式存在。通过 Visual MINTEQ 软件（3.1 版）计算 50 mmol/L 和 100 mmol/L 硝酸铅-硝酸锌复合溶液在 pH 为 6.0～6.5 时重金属铅和锌的存在形式可知，17%～24% 的重金属铅以不可溶形式存在，其余以 Pb^{2+} 和 $Pb_4(OH)_4^{4+}$ 等阳离子形式存在；而重金属锌则全部以 Zn^{2+} 和 $Zn(NO_3)^+$

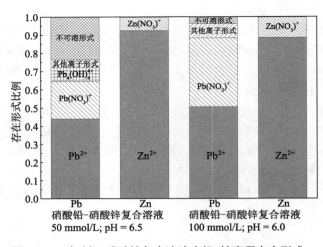

图 5-54 硝酸铅-硝酸锌复合溶液中铅、锌离子存在形式

的阳离子形式存在（见图 5-54）。不可溶重金属铅的部分被计入了膨润土对重金属铅的吸附。另一方面，膨润土对重金属铅较重金属锌具有更强的选择吸附性；相同浓度和 pH 条件下，膨润土对重金属铅的吸附量大于对重金属锌的吸附量。已有研究结果显示蒙脱石对金属离子的选择吸附性依次为 Ca＞Pb＞Cu＞Mg＞Cd＞Zn。

国内外学者通过大量试验研究发现，通过批处理吸附试验确定分配系数从而计算获得的阻滞因子偏大，将严重高估工程屏障材料实际截污性能。因此，不建议通过批处理吸附试验获取隔离屏障材料的阻滞因子。笔者课题组前期研究已表明通过批处理吸附试验所获得砂-膨润土竖向隔离屏障材料对铅、锌的饱和吸附量为 92 mg/L 和 43 mg/L，所获得阻滞因子较相同浓度和孔隙率条件

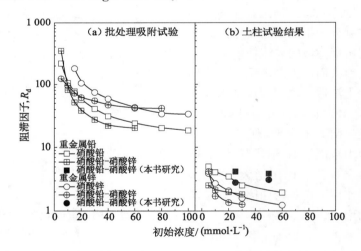

图 5-55 批处理吸附试验和土柱试验确定砂-膨润土竖向隔离屏障材料中重金属铅、锌的阻滞因子

下通过土柱化学渗透试验所测定的试验结果高出 11～49 倍，如图 5-55 所示。

5.3.3 磷酸盐改性屏障材料中的污染物运移参数

1. 模型参数确定

根据式（5-30）至（5-36）可知，渗透试验（一维）体系中污染物扩散模拟需知道污染液渗流速度 v、水动力弥散系数 D 和阻滞因子 R_d，这三个参数的准确选取不仅直接影响现阶段

污染风险评价的精确性,还决定了未来风险评估的可靠性,是污染物运移模拟的主要参数。根据柔性壁渗透试验结果和达西定律,v 可通过渗透系数 k、水力梯度 i 和孔隙率 n 进行求算,D 和 R_d 可通过参数回归分析得到。

表 5-9 列出了各试样的柔性壁渗透试验相关参数,其中 SHMP-20CaB 代表经六偏磷酸钠改良试样,代号后的"-1"和"-2"表示进行了两组平行试验,即有两个平行试样;20CaB 指未改良试样。表中渗透系数取柔性壁渗透试验各试样最后四个数据点的平均值;孔隙率 (n)、试样高度 (x) 和试样干密度 (ρ_d) 均由柔性壁渗透试验结束后(最终状态)的试样测得。需要特别说明的是,未改良试样(20CaB)在自来水渗透条件下的渗透系数超过隔离墙回填料常用渗透系数值(10^{-9} m/s),未对其开展污染液条件下的柔性壁渗透试验,因此,采用自来水测试条件下的相关参数作为其模拟计算参数,以便与改良试样情况进行对照。考虑到自来水和 1 mol/L Ca^{2+} 溶液条件下,改良土试样渗透系数没有发生显著变化,且未改良试样中膨润土物理化学性质较改良膨润土更为稳定,据此推测在未改良试样中,用自来水条件下的渗透系数相关参数代替污染液渗透情况的参数,不会引起显著误差。

由表 5-9 可知,在相同水力梯度条件下,各改良试样渗透系数均较未改良试样低一个数量级左右,由此引起的改良试样渗流速度 v($8.42 \times 10^{-9} \sim 1.98 \times 10^{-8}$ m/s)也明显低于未改良试样(1.91×10^{-7} m/s)。测试试样的达西流速($v_a = ki$)落在 $3.22 \times 10^{-9} \sim 7.59 \times 10^{-7}$ m/s 范围内,该达西速度内,污染物扩散机制由分子扩散作用和机械弥散共同主导,式(5-25)中 D 同时受 D^* 和 D_{md} 控制。

表 5-9　柱状试验试样状态参数

试样编号	测试溶液	水力梯度 i	渗透系数 $k/(\text{m} \cdot \text{s}^{-1})$	孔隙率 n	渗流速度 $v/(\text{m} \cdot \text{s}^{-1})^a$	试样高度 L/m^b	试样干密度 $\rho_d/(\text{g} \cdot \text{cm}^{-3})$
SHMP-20CaB-1	5 mmol/L Ca^{2+}	26	1.24×10^{-10}	0.383	8.42×10^{-9}	0.074 3	1.65
SHMP-20CaB-2		26	1.36×10^{-10}	0.367	9.64×10^{-9}	0.075 0	1.69
SHMP-20CaB	1 mol/L Ca^{2+}	26	2.89×10^{-10}	0.379	1.98×10^{-8}	0.073 4	1.66
SHMP-20CaB-1	4.8 mmol/L Pb^{2+}	26	1.66×10^{-10}	0.371	1.16×10^{-8}	0.073 3	1.68
SHMP-20CaB-2		26	1.63×10^{-10}	0.390	1.09×10^{-8}	0.075 3	1.64
SHMP-20CaB-1	19.2 mmol/L Cr(Ⅵ)	26	2.08×10^{-10}	0.390	1.39×10^{-8}	0.076 8	1.64
SHMP-20CaB-2		26	2.52×10^{-10}	0.398	1.65×10^{-8}	0.076 6	1.62
20CaB	自来水	26	2.92×10^{-9}	0.398	1.91×10^{-7}	0.073 9	1.64

a $v = ki/n$;

b 柔性壁渗透试验结束后测得的最终试样高度。

2. 运移参数回归及分析

(1) 水动力弥散系数(D)

根据式(5-36),利用 Origin 8.0 软件的曲线拟合功能对图 5-56 的 Ca^{2+} 击穿曲线测试结果进行回归分析,得到相应的水动力弥散系数和阻滞因子。图 5-56(a) 展示了 5 mmol/L Ca^{2+} 运移参数回归分析情况,由图可知,两个平行样拟合曲线较为接近:水动力弥散系数 D

分别为 2.29×10^{-10} m²/s 和 2.36×10^{-10} m²/s，拟合度（R^2）分别为 0.996 和 0.993。图 5-56(b) 中，1 mol/L Ca²⁺ 运移回归分析得到的 D 为 2.86×10^{-10} m²/s，拟合度为 0.962。较高的拟合度表明回归拟合结果与试验测量结果非常相近，回归分析得到的模型参数可较好地描述重金属在试样中的运移情况。此外，1 mol/L Ca²⁺ 的水动力弥散系数较 5 mmol/L Ca²⁺ 约大 25%，但二者位于同一数量级范围内。

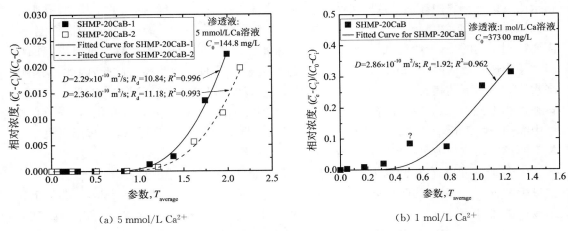

(a) 5 mmol/L Ca²⁺ 　　　　　　　　　　(b) 1 mol/L Ca²⁺

图 5-56　相对浓度比方法拟合 Ca²⁺ 运移参数结果

根据式(5-33)，采用污染物累积质量比(CMR)的方法，亦可对 Ca²⁺ 击穿曲线测试结果进行回归分析。以 5 mmol/L Ca²⁺ 在 SHMP-20CaB-1 试样中的运移数据为例，CMR 具体计算过程如表 5-10 所示，其中 $IMR = (\bar{C}_e/C_0)\Delta T$。拟合结果如图 5-57 所示。

表 5-10　CMR 计算过程

渗出液体积数				相对浓度，$\bar{C}_e/C_0$	IMR	CMR
$T_{initial}$	T_{final}	ΔT	$T_{average}$			
0.000	0.037	0.037 48	0.018 74	0	0	0
0.037	0.070	0.032 84	0.053 90	0	0	0
0.070	0.100	0.030 14	0.085 39	0	0	0
0.100	0.140	0.039 08	0.120 00	0	0	0
0.140	0.173	0.033 39	0.156 24	0	0	0
0.173	0.257	0.084 30	0.215 08	0	0	0
0.257	0.335	0.078 06	0.296 26	0	0	0
0.335	0.647	0.311 55	0.491 07	0	0	0
0.647	0.997	0.350 41	0.822 05	0	0	0
0.997	1.224	0.226 89	1.110 70	0.001 31	0.000 30	0.000 30
1.224	1.542	0.318 14	1.383 22	0.002 84	0.000 90	0.001 20
1.542	1.946	0.403 91	1.744 24	0.013 56	0.005 48	0.006 68
1.946	2.044	0.098 07	1.995 23	0.022 40	0.002 20	0.008 88

由图 5-57(a) 可见，5 mmol/L Ca²⁺ 运移条件下，两个平行样击穿曲线拟合所得 D 分别

为 1.44×10^{-10} m²/s 和 2.89×10^{-10} m²/s，R^2 均为 1.000。图 5-57(b)中，1 mol/L Ca^{2+} 击穿曲线的拟合 D 值为 2.68×10^{-10} m²/s，R^2 为 0.999。与图 5-56 中根据浓度比方法[式(5-30)]拟合结果相比，图 5-57 中采用 CMR 方法拟合所得 D 值误差在 7%～59% 范围。该现象与文献[32]采用两种方法拟合运移参数误差小于 3% 的结果有所差异，其原因可能是本研究击穿曲线的不完整导致的。此外，两种拟合方法下，SHMP-20CaB-1 试样 D 值差异最大，原因尚不可知。Pb^{2+} 和 Cr(Ⅵ)因渗出液浓度较低而无法进行拟合，故结果不予呈现。

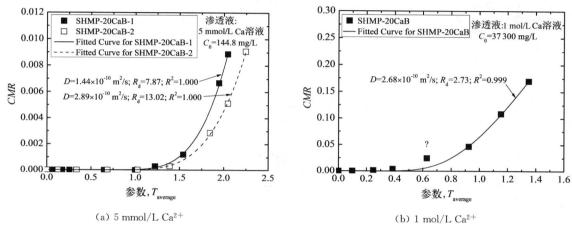

（a）5 mmol/L Ca^{2+}　　　　　　　　　（b）1 mol/L Ca^{2+}

图 5-57　CMR 方法拟合 Ca^{2+} 运移参数结果

（2）阻滞因子（R_d）

由图 5-56 可知，根据式(5-30)拟合所得 5 mmol/L Ca^{2+} 运移条件下两个平行试样的阻滞因子 R_d 分别为 10.84 和 11.18，1 mol/L Ca^{2+} 运移条件下试样 R_d 为 1.92。5 mmol/L Ca^{2+} 溶液中的阻滞因子约为 1 mol/L Ca^{2+} 情况时的 6 倍，表明改良试样对低浓度 Ca^{2+} 溶液的阻隔效果优于高浓度条件。此外，与水动力弥散系数相比，阻滞因子对溶质浓度变化更为敏感。

图 5-57 中根据式(5-33)方法拟合时，两个平行样的 R_d 分别为 7.87 和 13.02，1 mol/L Ca^{2+} 运移试样的 R_d 为 2.73。对比图 5-56 和图 5-57 得到的阻滞因子值可发现，两种方法拟合所得 R_d 值存在 16%～38% 的差异，该现象亦可能由击穿曲线的不完整所导致。

5.3.4　聚阴离子纤维素改性屏障材料中的污染物运移参数

基于化学渗透膜效率试验的有效扩散系数 D^*、阻滞因子 R_d 和分配系数 K_p 可由公式(5-19)～公式(5-20)进行拟合、计算。图 5-58 为 Pb^{2+} 污染液浓度为 5 mmol/L 时，PSB 和 XSB 试样的 Pb^{2+} 累计质量通量 Q_t 随化学渗透时间 t 的变化，Q_t-t 关系近似直线，二者的拟合度良好，R^2 均大于 0.9。因此，可认为溶质扩散进入稳定阶段。根据 Q_t-t 的拟合结果，可计算拟合直线的斜率 β 及横坐标轴距 T_L，进一步地根据此两参数求得扩散系数 D^* 与阻滞因子 R_d。同理，根据 PSB 和 XSB 在 Pb^{2+} 液、Zn^{2+} 污染液作用时的 Q_t-t 关系可求得各试样在重金属 Pb、Zn 作用下的有效扩散系数（D^*）、阻滞因子（R_d）和分配系数（K_p）详见表 5-11

和表 5-12。

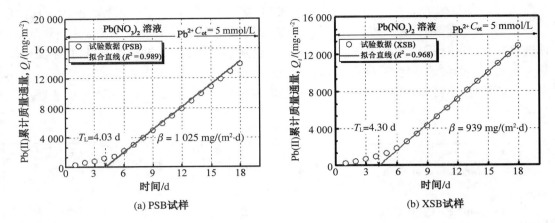

(a) PSB试样　　　　　　　　　　(b) XSB试样

图 5-58　试样单位面积重金属累计质量通量 Q_t 与时间 t 关系

表 5-11　Pb 的有效扩散系数、阻滞因子和分配系数

试样	参数	Pb(NO₃)₂污染液初始浓度/(mmol·L⁻¹)					
		0.5	1	5	10	20	50
SB	$\beta/[\text{mg}\cdot(\text{m}^2\cdot\text{d})^{-1}]$	123	315	1 599	3 316	6 691	16 840
	T_L/d	3.47	1.9	1.79	1.43	1.13	1.02
	R^2	0.916	0.986	0.995	0.997	0.995	0.963
	$D^*/(\text{m}^2\cdot\text{s}^{-1})$	2.75×10^{-10}	3.52×10^{-10}	3.58×10^{-10}	3.7×10^{-10}	3.74×10^{-10}	3.77×10^{-10}
	R_d	4.948	3.469	3.318	2.749	2.165	1.992
	K_p	2.113	1.322	1.241	1.007	0.624	0.531
PSB	$\beta/[\text{mg}\cdot(\text{m}^2\cdot\text{d})^{-1}]$	100	249	1 297	2 988	5 995	16 056
	T_L/d	4.94	3.95	3.73	3.31	2.36	2.06
	R^2	0.912	0.984	0.989	0.996	0.998	0.998
	$D^*/(\text{m}^2\cdot\text{s}^{-1})$	1.93×10^{-10}	2.4×10^{-10}	2.5×10^{-10}	2.88×10^{-10}	2.89×10^{-10}	3.1×10^{-10}
	R_d	4.938	4.915	4.835	4.941	3.535	3.306
	K_p	2.107	2.095	2.052	2.109	1.196	1.234
XSB	$\beta/[\text{mg}\cdot(\text{m}^2\cdot\text{d})^{-1}]$	81	228	1219	2 788	5 952	15 502
	T_L/d	6.58	4.00	3.66	3.05	2.62	2.28
	R^2	0.958	0.982	0.968	0.986	0.998	0.978
	$D^*/(\text{m}^2\cdot\text{s}^{-1})$	1.51×10^{-10}	2.12×10^{-10}	2.27×10^{-10}	2.6×10^{-10}	2.77×10^{-10}	2.89×10^{-10}
	R_d	5.149	4.406	4.311	4.108	3.767	3.415
	K_p	2.221	1.823	1.772	1.952	1.481	1.709

表 5-12　Zn 的有效扩散系数、阻滞因子和分配系数

试样	参数	Zn(NO₃)₂污染液初始浓度/(mmol·L⁻¹)					
		0.5	1	5	10	20	50
SB	$\beta/[\text{mg}\cdot(\text{m}^2\cdot\text{d})^{-1}]$	38	94	492	1 050	2 172	5 659
	T_L/d	3.52	2.28	1.85	1.71	1.31	1.18
	R^2	0.995	0.989	0.991	0.976	0.994	0.981
	$D^*/(\text{m}^2\cdot\text{s}^{-1})$	2.69×10^{-10}	3.33×10^{-10}	3.48×10^{-10}	3.71×10^{-10}	3.84×10^{-10}	4.01×10^{-10}
	R_d	4.908	3.932	3.340	3.294	2.610	2.451
	K_p	2.092	1.569	1.252	1.228	0.862	0.848
PSB	$\beta/[\text{mg}\cdot(\text{m}^2\cdot\text{d})^{-1}]$	24	60	317	717	1 707	4 852
	T_L/d	6.62	4.55	4.23	3.56	3.04	2.34
	R^2	0.994	0.991	0.965	0.995	0.997	0.997
	$D^*/(\text{m}^2\cdot\text{s}^{-1})$	1.46×10^{-10}	1.83×10^{-10}	1.93×10^{-10}	2.19×10^{-10}	2.60×10^{-10}	2.96×10^{-10}
	R_d	5.026	4.318	4.242	4.037	4.104 4	3.592
	K_p	2.155	1.776	1.735	1.626	1.661	1.551
XSB	$\beta/[\text{mg}\cdot(\text{m}^2\cdot\text{d})^{-1}]$	30	66	327	855	1 959	5 137
	T_L/d	5.7	4.18	4.15	3.11	2.55	2.15
	R^2	0.978	0.972	0.965	0.995	0.998	0.996
	$D^*/(\text{m}^2\cdot\text{s}^{-1})$	1.77×10^{-10}	1.95×10^{-10}	1.93×10^{-10}	2.52×10^{-10}	2.89×10^{-10}	3.03×10^{-10}
	R_d	5.229	4.218	4.150	4.066	3.819	3.378
	K_p	2.263	1.722	1.686	1.641	1.509	1.272

图 5-59 为重金属 Pb、Zn 作用下各试样的有效扩散系数（D^*）与污染液浓度的关系。整体上,随污染液浓度的升高,试样的有效扩散系数 D^* 呈增长趋势。与未改良隔离墙材料 SB 相比,相同浓度污染液作用下的 PSB 和 XSB 材料的有效扩散系数较小,说明此两种材料的阻隔性能较好。对于 SB,其有效扩散系数先迅速增长,而后逐渐趋缓,达到平稳状态。而对于 PSB 和 XSB 材料,随污染液浓度增长,其有效扩散系数呈现出"台阶"状的增长趋势,在研究设定的溶液浓度范围内,尚未观察到此两种材料的有效扩散系数趋于平稳的状态。表明 PSB 和 XSB 材料抵抗污染液作用的能力有所提升,在 0～50 mmol/L 的 Pb、Zn 污染液作用下,材料尚能发挥阻隔重金属迁移的作用,亦表明若溶液浓度继续增大,材料的有效扩散系数将进一步增长直至达到稳定状态。

上述现象的主要原因为随着污染液浓度的升高,试样两端的溶液浓度差增大,导致化学势更大,离子扩散更显著。另一方面,污染液浓度的逐级升高,导致膨润土双电层中离子置换程度更加充分,双电层厚度被压缩,造成离子扩散通道愈发通畅、宽阔,表现为试样的化学渗透膜效率系数减小,阻隔重金属离子迁移的性能降低,离子扩散更加容易;当污染液浓度增加到一定值时,双电层压缩不再明显,扩散通道不再变化,有效扩散系数趋于稳定。

图 5-60 为重金属 Pb、Zn 作用下各试样的阻滞因子（R_d）与污染液浓度的关系。整体上,随污染液浓度的升高,试样的阻滞因子 R_d 呈降低趋势。对于 SB 材料,随污染液浓度由 0.5 mmol/L 增长至 50 mmol/L,其对重金属 Pb 的阻滞因子分别由 4.95 降至 1.99,对重金

属 Zn 的阻滞因子由 4.91 降至 2.45，阻滞因子降幅分别为 59％和 50％。而对于 PSB 和 XSB 两种聚合物改良隔离墙材料，其阻滞因子降幅则相对较少。以 PSB 试样为例，随污染液浓度由 0.5 mmol/L 增长至 50 mmol/L，其对重金属 Pb 的阻滞因子分别由 4.94 降至 3.31，对重金属 Zn 的阻滞因子分别由 5.02 降至 3.59，阻滞因子降幅分别为 34％和 28％。在阻滞因子 R_d 的数值方面，与未改良隔离墙材料 SB 相比，相同浓度污染液作用下的 PSB 和 XSB 材料的阻滞因子较大，说明此两种材料的阻隔性能较好。上述现象产生的原因与试样的有效扩散系数降低的原因一致。

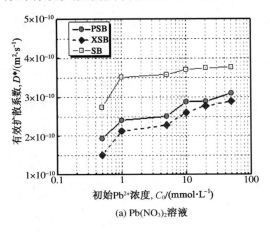

(a) Pb(NO₃)₂ 溶液

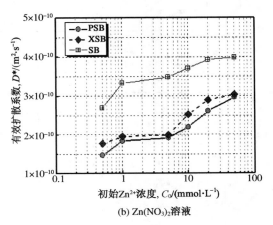

(b) Zn(NO₃)₂ 溶液

图 5-59　试样有效扩散系数 D^* 与溶液浓度关系

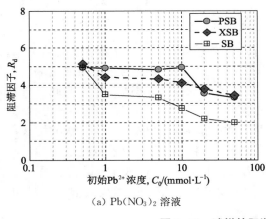

（a）Pb(NO₃)₂ 溶液

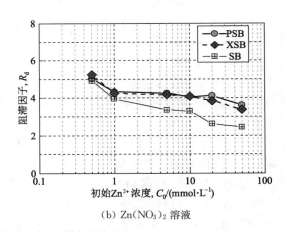

（b）Zn(NO₃)₂ 溶液

图 5-60　试样的阻滞因子 R_d 与溶液浓度关系

 ## 5.4　竖向阻隔屏障阻隔性能模拟与评价

5.4.1　未改性阻隔屏障阻隔性能模拟

竖向隔离工程屏障阻隔性能评价主要通过有效扩散系数和阻滞因子测定，结合对流-

弥散-扩散迁移理论,以计算污染物击穿竖向隔离工程屏障材料的时间。此类评价方法虽然能够反映工程屏障的阻隔性能,但无法考虑竖向隔离工程屏障施工过程及周围土层性质对阻隔性能的不利影响,同时无法预测污染物通过绕流的形式穿越竖向隔离工程屏障的时间。事实上,污染物通过击穿或绕流中任意一种方式迁移进入未受污染土层,则可认为竖向隔离工程屏障失效。因此,科学地模拟工程实况设计竖向隔离工程屏障的深度及宽度,需要同时结合污染物击穿和绕流迁移通过竖向隔离工程屏障的时间。对于不同的土层及地下水条件,这两者均会发生显著的变化。

本章利用大型箱体模型试验模拟实际复杂地层条件下复合重金属污染物在隔离屏障中的运移,并探讨竖向隔离工程屏障施工性能对其阻隔性能的影响。

1. 模型箱试验

(1) 试验设备

以南京地区为例,浅层土主要以砂土和粉质黏土为主,较为常见的土层形式为砂土-黏性土互层结构,其中浅层砂土厚度在 3 m 到 12 m 之间,黏土厚度在 2 m 到 5 m 之间。因此本节工况设计时采用砂土-黏性土互层结构。自上而下分别为第一砂土层,下覆黏性土层,第二砂土层。为模拟砂土-黏性土互层中受污染承压水层的污染物运移特征,按1：10 比例设计模型箱尺寸,整个模型试验的示意图如图 5-61 所示,实物图如图 5-62所示。

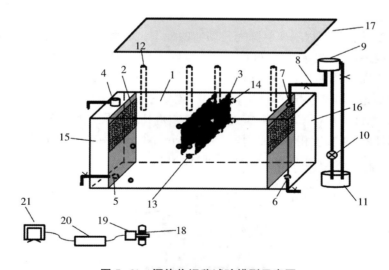

图 5-61　污染物运移试验模型示意图

1—模型箱主体;2—储液室隔板;3—隔离屏障隔板;4—去离子水水头管;5—水箱进排水阀;
6—污染液排水阀;7—污染液进水阀;8—软管;9—污染液水头箱;10—抽水泵;11—污染液循
环箱;12—测压管;13—电导率孔;14—针孔抽液孔;15—去离子水箱;16—污染液储液箱;
17—模型箱顶部盖板;18—橡皮圈;19—土壤电导率传感器;20—数据采集器;21—计算机

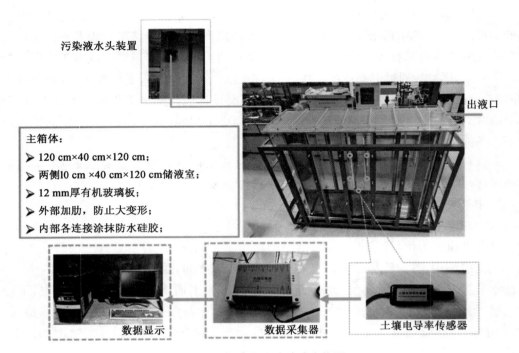

污染液水头装置

出液口

主箱体：
➤ 120 cm×40 cm×120 cm；
➤ 两侧10 cm×40 cm×120 cm储液室；
➤ 12 mm厚有机玻璃板；
➤ 外部加肋，防止大变形；
➤ 内部各连接涂抹防水硅胶；

数据显示　　　数据采集器　　　土壤电导率传感器

图 5-62　污染物运移试验实物图

（2）试验方案

国内外众多学者对工程隔离屏障完整墙体的模型试验和数值分析进行了研究，并取得了较为丰富的成果，验证了施工良好的 SB 工程隔离屏障对重金属离子的有效阻隔作用。本书针对工程隔离屏障施工不良工况（底部接触不良）进行研究。

为较为有效地模拟实际土层情况，箱体中填入三层土结构，自上而下分别为第一砂土层（S-1），下覆黏性土层（NCS），第二砂土层（S-2），其示意图见图 5-63。其中 S-1 土层位于箱体上部，砂土密实度相对较低，厚度为 55 cm；NCS 为南京黏性土，厚度为 30 cm，S-2 土层由于处于下部，砂土密实度相对较好，厚度为 30 cm。

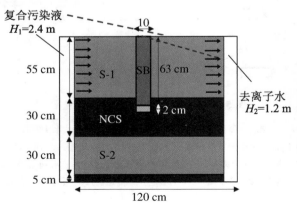

复合污染液
H_1=2.4 m

10

55 cm　　S-1　　SB　63 cm

去离子水
H_2=1.2 m

2 cm

30 cm　　NCS

30 cm　　S-2

5 cm

120 cm

图 5-63　模型试验工况示意图

工程隔离屏障阻隔污染物运移主要是依靠其较低的渗透系数,本小节设计的施工不良工况为施工过程中由于隔离屏障底部与下覆黏土层连接不紧密而造成二者间存在孔隙,使含水层水流能够较为快速地通过此不良通道击穿隔离屏障,致使隔离屏障失效。采用低掺量膨润土回填料模拟隔离屏障底部 2 cm 厚度的施工不良层,上部完整墙体材料为含 8% 膨润土掺量的隔离屏障墙体材料。各土层及隔离屏障参数见表 5-13 和表 5-14。

表 5-13　模型试验中各土层参数

土层	比重,G_s	液限,$w_L/\%$	塑限,$w_P/\%$	密实度,D_r	孔隙比,e	设计厚度,d/cm	饱和含水率,$w/\%$	渗透系数,$k/(m \cdot s^{-1})$
S-1	2.65	—	—	0.5	0.758	55	—	6.0×10^{-5}
NCS	2.74	34.49	20.42	—	1.000	30	36.14	7.0×10^{-9}
S-2	2.65	—	—	0.6	0.730	30	—	4.6×10^{-5}

表 5-14　隔离墙设计参数及污染物参数

隔离屏障	CB 掺量/%	宽度/cm	深度/cm	渗透系数,$k/(m \cdot s^{-1})$	水力梯度,i	污染液种类	污染液浓度/(mmol·L^{-1})
S-B-1	8	10	63	2.55×10^{-10}	12	Pb(NO$_3$)$_2$-Zn(NO$_3$)$_2$	30+30
S-B-2	3	10	2	6×10^{-7}			

（3）测试参数

① 测压管水头

SB 工程屏障能够有效阻隔重金属运移的原因在于其低渗透性（<10^{-9} m/s）,而溶质渗透速率与扩散速率的快慢均与其流体流速有较大关系。因此有必要实时监测工程隔离屏障两侧溶液的实际水头,通过实际水头差及渗透系数值判定通过墙体的流速大小。

在箱体正面分别设置 4 个测压管,编号 1♯～4♯,各测压管具体位置见图 5-64。其中,1♯ 和 4♯ 测压管分别位于污染液储液箱和去离子水储液箱边缘,用以监测两箱体实际水头;2♯ 和 3♯ 测压管分别位于工程隔离屏障两侧,用以监测墙体两侧的实际水头,确定水力梯度。各测压管水头值均每隔 1 d 进行一次记录。

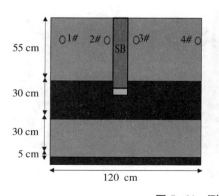

图 5-64　测压管布置图（箱体正面）

② 土壤电导率

电导率是监测土体中重金属离子污染物的有效手段。重金属离子侵入土体后,首先改变孔隙水的性质,然后和双电层中的吸附离子相互作用,改变土颗粒的结构,从而引起土体电导率的变化。根据王进学[33]的研究结果,无黏性土电导率与孔隙水电导率呈现良好的线性相关关系,且随孔隙水溶液的增大而增大,同时无黏性土电导率大小与电解质溶液种类相关度较小。因此土壤电导率的变化反映了其孔隙水中重金属离子的变化情况。

根据设计要求,在箱体正面分别设置5个土壤电导率探头孔,编号1♯~5♯,各土壤电导率探头孔具体位置见图5-65。其中,1♯~4♯电导率探头埋在上层砂土层中,1♯和2♯探头位于工程隔离屏障污染土一侧,3♯和4♯探头位于工程隔离屏障去离子水一侧,目的是测定工程屏障的存在对土壤中重金属离子分布的影响。5♯探头位于工程隔离屏障底部接触不牢处,其目的是测定施工不良对墙体实际阻隔性能的影响。所有电导率探头均每隔30 min进行一次数据采集。

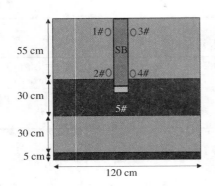

图5-65 土壤电导率布置图(箱体正面)

③ 土壤溶液浓度

已有研究表明,电导率是监测土体中重金属离子污染物的有效手段,但电导率只能定性判断土体的污染情况,不能进行定量分析。因此需要采用补充手段对土体的实际污染情况进行研究。

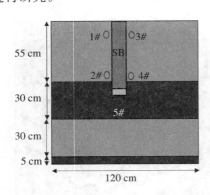

图5-66 取液孔布置图(箱体背面)

在箱体背面设置5个取液孔,与正面土壤电导率孔一一对应,编号1♯~5♯,各取液孔具体位置见图5-66。各取液孔每隔1 d进行一次采液,并采用原子光谱分析仪进行离子浓度检测,取其平均值作为检测浓度值。

（4）试验方法

模型箱试验基本操作步骤及注意要点如下：

① 箱体密封性测试

防漏水处理是模型试验的一个关键点，因此在进行箱体试验前必须进行相应的密封性测试。密封性测试采用高压气压进行。将箱体所有的阀门、出水口及传感器接口均进行关闭，用内径 6 mm 软管接入高压气压（200 kPa），并在各阀门与接口处均匀涂抹泡沫水，持续通气 20 min，观察箱体各处的漏气情况。整个测试过程中箱体各处均未发现气泡鼓胀和破裂，说明箱体密封性较好。

② S-2 层填筑（$\rho_d = 1.53$ g/cm^3，$D_r = 0.6$，$H = 30$ cm）

箱体密封性测试满足要求后，按照设计质量称取定量的干砂，加水饱和后，按预定干密度用小铲向主箱体内填筑饱和砂土，每次填筑 5 cm，分 6 次填筑。每层填筑完成后用压板将砂土压至设计高度处，并刮毛填土界面。砂土填筑完毕后打开下部 5 个进水阀，向砂土注水自下而上至浸没土层上表面，饱和过夜。砂土饱和完毕后测量土层实际高度为 30.3 cm。

③ NCS 层填筑（$w = 36.1\%$，$H = 30$ cm）

砂土填筑完毕后按照预定质量称取定量南京黏性土，加水至设计含水率，用手持式搅拌机均匀搅拌 30 min。然后用小铲将 S-2 砂土顶部刮毛后将预先制好的黏土均匀填入箱体中，按干密度要求分 6 次填筑，每次填入 5 cm，填完后用预制玻璃板平压到设计高度处，保证孔隙比的设计值。每层填筑完毕后用小铲刮毛表面，重复上面步骤填筑下一层。第二层填筑完毕后插入墙体隔板，重复上述步骤直至第三层填筑完毕。由于黏土存在一定的压缩固结，本次试验最终填入的黏土高度设计为 32 cm。黏土填筑完毕后将隔离墙挡板插入插槽中，然后打开上下进水孔进水饱和 3 d。

④ 隔离墙材料填筑

黏土饱和完毕后用小铲把墙体隔板内的黏土斜向挖出 10 cm，然后按照坍落度要求的配比进行回填材料的制备。将制备好的回填料用小铲均匀倒入沟槽中，回填完毕后静置 3 d，待墙体稳定。本次试验模拟的是隔离墙底部接触不良的工况，所以在墙体底部填入膨润土掺量为 3%、厚度为 2 cm 的隔离墙来模拟接触不良的工况，其余高度均按照预定的膨润土掺量回填。

⑤ S-1 层填筑（$\rho_d = 1.53$ g/cm^3，$D_r = 0.5$，$H = 55$ cm）

隔离墙填筑完毕后进行砂土 S-1 填筑，分 11 层，每次 5 cm，方法同 S-2 层填筑。填筑完毕后打开上部和下步所有开关，通入去离子水，一方面使上覆砂土层对下覆黏土层进行堆载固结，一方面进行饱和渗透。此过程持续 24 d 后黏土层基本不再沉降，其最终厚度在 30.4 cm。

⑥ 土层饱和

整个箱体土层填筑完成后将隔离墙挡板拔出，并在隔离墙体上部铺上一层保鲜膜，防止其含水率损失。然后将箱体顶部盖板盖住，盖板与箱体间用遇水膨胀橡胶条卡住，保证其密封性。箱体密封后在两侧储液箱分别注满去离子水，对各土层进行饱和。

⑦ 污染液注入

土层饱和完毕后通过压力泵从污染液循环箱中向污染液水头箱中注入 Pb（NO$_3$）$_2$-

$Zn(NO_3)_2$复合污染液,用以置换之前的去离子水,右侧储液箱中继续通入去离子水。保持左侧污染液储液箱液体水头为 2.4 m,去离子水储液箱液体水头为 1.2 m。

⑧ 渗透试验

污染液在水头的作用下将向 S-1 砂土层渗透;打开计算机软件,通过采集器采集电导率传感器的数据,并记录于表格;定期用注射器从针孔抽液孔抽出 S-1 砂土层中的孔隙水,并进行浓度测定。此外对测压管水头与出液面流量进行定期统计。

由于温度对溶质扩散及电导率探头均有一定影响[33],本试验在温度为 20℃的室内密闭房间进行。试验过程中操作照片如图 5-67~图 5-73 所示。

图 5-67　模型箱密封性测试

图 5-68　模型试验土

图 5-69　S-2 砂土层填筑　　　　　　图 5-70　黏性土层填筑

图 5-71　竖向隔离工程屏障填筑

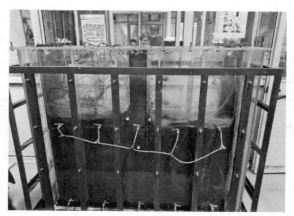

图 5-72　S-1 砂土层填筑试验图

图 5-73　土层饱和试验图

2. 结果分析

(1) 测压管水头

图 5-74 为各测压管水头随时间变化关系。由图可知,1♯测压管水头在渗透开始时为 2.28 m,3 d 后缓慢增加到 2.38 m,且随后稳定在 2.4 m 左右,与污染液水头持平;2♯测压管水头在渗透开始时仅为 1.56 m,经过 6 d 后达到 2.37 m,并逐渐稳定在 2.39 m 左右,较 1♯测压管水头减少 0.01 m。上述两个测压管水头开始均小于作用水头的原因为土体饱和时两端水头相等,均为 1.2 m,换成污染液进行渗透试验后,短期内土体水头分布未达到平衡,随着渗透的进行,靠近污染液端的 1♯测压管较远离污染液的 2♯测压管先稳定;同时,二者间存在稳定水头差,为水流在土体传递过程中由水流梯度方向造成的水头损失。3♯测压管水头经过 7 d 后稳定在 1.21 m 左右,与 2 号♯测压管水头差即为工程隔离屏障两侧的实际水头差;4♯测压管水头始终维持在 1.2 m,与去离子水端水头持平。上述试验结果表明,整个模型试验土层实际情况与设计工况基本一致,隔离工程屏障除设定的底部接触不牢外,墙体其余部分均施工良好,不存在大规模孔隙或排水通道。

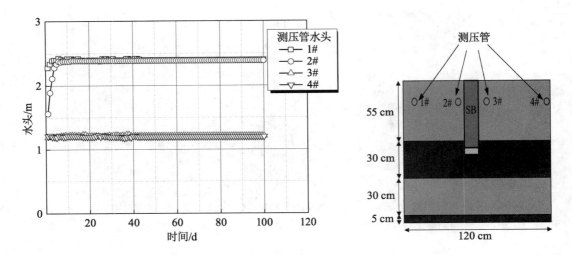

图 5-74　测压管水头变化

（2）出液面流量

图 5-75 为出液面累计流量随时间变化关系。由图可知,在 0～8 d 箱体右侧出液面基本没有液体流出,说明隔离屏障墙体对水流的影响作用明显;8 d 后出液面流量开始缓慢增加,至 20 d 时基本达到稳定,且随后累计流量呈线性增加,每天收集液体量在 250～270 mL,说明整个模型箱系统内部渗流场到达稳定。

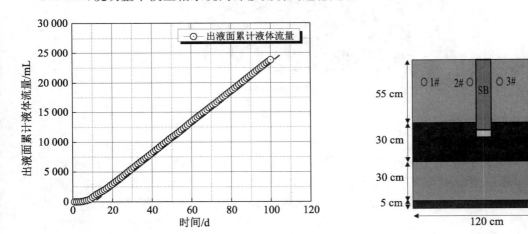

图 5-75　出液面累计流量变化

为分析底部接触不良工况对整个系统的渗透特性的影响,将累计流量数据进行处理,得到出液面单位面积单位时间的流量变化情况,如图 5-76 所示。由图可知,出液面单位流量值在 0～15 d 急剧增加到 9.82×10^{-9} m/s,并于 20 d 后逐渐稳定在 1.39×10^{-8} m/s。分析原因为渗透开始阶段土体水头分布未到达稳定,同时水流经过工程隔离屏障墙体需要一定时间,导致此时间段内出液面流量值浮动较大;随着渗流进行,土体水头逐渐趋于稳定,流量值也随之稳定。运用 SB 工程隔离屏障墙体两侧水头与出液面流量值可反算得渗流系统的整体渗透系数为 1.16×10^{-9} m/s。

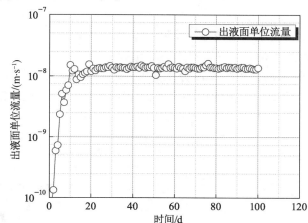

图 5-76　出液面单位流量变化

（3）电导率

根据文献[34]要求，土壤电导率探头在使用前应先进行标定。具体方法如下：

① 取本研究中 S-1 层过筛砂土 5 kg，用蒸馏水冲洗数遍，将砂土中的离子去掉，并将冲洗后的干净砂土置于 105℃烘箱中烘干。

② 分别配制浓度梯度为 0 mmol/L、(5+5) mmol/L、(10+10) mmol/L、(20+20) mmol/L、(30+30)mmol/L 的 $Pb(NO_3)_2$-$Zn(NO_3)_2$ 复合溶液各 1 L，并测定各溶液电导率值。

③ 分别称取 500 g 烘干后砂土 5 组，分别缓慢倒入编号为 1♯～5♯ 的 1 L 烧杯中，控制其密实度，然后向各烧杯中加入一定体积的浓度梯度为 0 mmol/L、(5+5) mmol/L、(10+10) mmol/L、(20+20) mmol/L、(30+30)mmol/L 的 $Pb(NO_3)_2$-$Zn(NO_3)_2$ 复合溶液，并记录砂土体积，用注射器抽除土样上表面多余的溶液，并将电导率探头缓慢插入土体中，测定其电导率值。

以上各操作步骤均在 20℃室内进行。

通过计算可得出标定试验砂土孔隙率为 0.428，其土壤电导率与孔隙水电导率关系见图 5-77。由图可知，在 $Pb(NO_3)_2$-$Zn(NO_3)_2$ 复合溶液下，砂土电导率值与电解质电导率值呈现较好的线性正相关关系，拟合系数达到 0.99。且该拟合线的斜率为 0.305。根据公式可计算出其 m 值为 1.403，该结果与王进学研究结果[34]较为一致（无黏性土的 m 系数在 1.42～1.5 之间，使用时可以取 1.457，由此产生的误差不超过

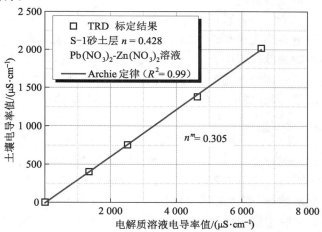

图 5-77　土壤溶液电导率与电解质溶液电导率标定关系

5%)。说明本研究用土壤电导率探头能够较为有效地测定土壤电导率值,数据可靠度较高。

图 5-78 为渗透试验时土壤溶液电导率随时间变化关系。由图可知,1♯和 2♯点位电导率响应很迅速,在渗流开始 8 d 后分别达到 115 μS/cm 和 97 μS/cm;二者在 20 d 后均呈线性趋势急剧增加,100 d 时的电导率值分别为 950 μS/cm 和 870 μS/cm。3♯和 4♯点位电导率分别在 18 d 和 15 d 后开始变化,说明此时已有少许污染物通过隔离墙体,到达未污染区,二者此后均缓慢增大,100 d 时电导率值分别为 198 μS/cm 和 235 μS/cm。5♯点位电导率在渗透 8 d 时开始变化,并逐渐增大,说明污染物已到达 SB 隔离工程屏障底部,渗透100 d 后的电导率值为 259 μS/cm。

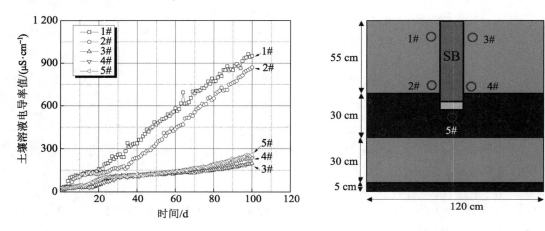

图 5-78　土壤溶液电导率变化

比较不同点位电导率随渗流时间变化可知,同一时刻 1♯点位电导率值最大,2♯点位次之,二者电导率值均远高于 3♯~5♯点位。原因在于 1♯、2♯点位位于含水层受污染一侧,溶质离子在渗流与扩散作用下能较为迅速地到达该点。由于 S-B 工程隔离屏障底部施工不牢,导致墙体与下覆黏土层间存在一定的排水通道,造成渗流场偏下,污染物能较为有效地从该点进入下覆黏性土层,使得 2♯点位的电导率值略小于 1♯点位。

3♯~5♯点位中,同一时刻 5♯点位电导率值最大,4♯点位次之,3♯点位最小。5♯点位电导率最大是因为墙体与下覆黏土层间存在较大的排水通道,引起污染物局部绕流,污染物浓度较集中。3♯点位监测的电导率基本来源于击穿墙体的溶质离子,而 4♯点位电导率值一部分来源于击穿墙体的溶质离子,另一部分来源于通过底部不牢处绕流而上的溶质离子,因此造成 4♯点位电导率值较 3♯略高。

（4）浓度变化

图 5-79 为抽出液浓度随时间变化关系。由图 5-79(a)知,1♯和 2♯取液孔 Pb 浓度随渗透时间的增加在 0~20 d 缓慢增加,20 d 后呈线性趋势急剧增加,并分别稳定在2 644 mg/L 和 2 281 mg/L;3♯取液孔在 18 d 后才检测到 Pb 浓度,说明此时污染物已通过隔离墙体,到达未污染区,之后呈缓慢增加趋势,100 d 时浓度为 273 mg/L;4♯取液孔在16 d 后才检测到 Pb 浓度,说明此时污染物已通过隔离墙体,到达未污染区,之后呈缓慢增加趋势,100 d 时浓度为 438 mg/L;5♯取液孔 Pb 浓度随时间增加而缓慢增加,且其浓度值高

于 4♯点位,100 d 时浓度为 488 mg/L。进一步分析 3♯点位和 4♯点位数据可知,污染物通过隔离墙体的方式可能存在两种,前者为水平击穿隔离墙体,后者为从底部绕流通过隔离墙体,且隔离墙体底部渗透系数较大。

由图 5-79(b)知,1♯和 2♯取液孔 Zn 浓度随着渗透时间的增加在 0～25 d 缓慢增加,25 d 后呈线性趋势急剧增加,并分别稳定在 790 mg/L 和 750 mg/L;3♯取液孔在 25 d 后才检测到 Zn 浓度,说明此时污染物已通过隔离墙体,到达未污染区,之后呈缓慢增加趋势,100 d 时浓度为 80 mg/L;4♯取液孔在 21 d 后才检测到 Zn 浓度,说明此时污染物已通过隔离墙体,到达未污染区,之后呈缓慢增加趋势,100 d 时浓度为 133 mg/L;5♯取液孔 Zn 浓度随时间增加而缓慢增加,且其浓度值高于 4♯点位,100 d 时浓度为149 mg/L。Pb、Zn 浓度的变化趋势与电导率变化趋势大致相同,说明二者在测量上均具有很好的可靠性。

图 5-79(c)(d)比较了 Pb、Zn 污染液浓度与渗透时间的关系。由图可知,除 2♯取液孔外,其余孔位 Pb 浓度值均高于同时刻 Zn 浓度值。2♯点位 Zn 浓度高于 Pb 浓度的原因在于 Pb 在下覆黏土层中的扩散系数略大于同浓度下 Zn 的扩散系数,导致同一时间段通过扩散作用从 S-1 砂土层进入 NCS 黏土层的 Pb 通量要多于 Zn,从而造成留在 S-1 砂土层的 Zn 要高于 Pb。3♯、4♯、5♯点位 Pb 浓度高于 Zn 浓度的原因可能为 SB 工程隔离屏障材料对 Pb 的吸附性能较 Zn 略差,在低渗流速率下墙体对于 Zn 的吸附通量要高于 Pb,使通过墙体的 Pb 离子量大于 Zn 离子量。

3. 模型试验数值模拟

(1) 控制方程

本研究采用 GeoStudio 2007 软件对室内箱体试验的过程进行数值模拟分析,过程中借助分析土壤中水分迁移的 Seep/W 模块和分析土壤中物质运移的 Ctran/W 模块进行联合计算。

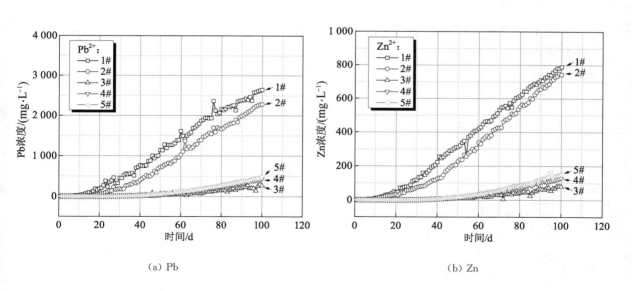

(a) Pb   (b) Zn

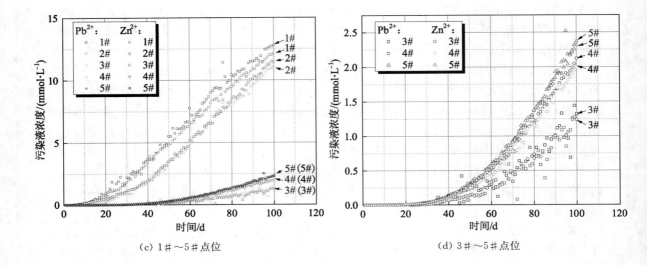

（c）1#～5#点位　　　　　　　　　　（d）3#～5#点位

图 5-79　抽出液浓度变化

对于 GeoStudio Seep/W 模块，饱和土体二维渗流分析的控制方程可描述为：

$$\frac{\partial}{\partial x}\left(k_x \frac{\partial H}{\partial x}\right) + \frac{\partial}{\partial y}\left(k_y \frac{\partial H}{\partial y}\right) + Q = \frac{\partial \theta}{\partial t} \tag{5-39}$$

式中：H——总水头；

k_x、k_y——x、y 方向的渗透系数（m/s）；

Q——边界流量（m^3）；

θ——体积含水率；

t——时间（s）。

对于 GeoStudio Ctran/W 模块，不考虑膜效应、只考虑吸附条件下饱和土体二维溶质运移的控制方程可描述为：

$$\frac{\partial}{\partial x}\left(D_\mathrm{L} \frac{\partial C}{\partial x}\right) + \frac{\partial}{\partial y}\left(D_\mathrm{T} \frac{\partial C}{\partial y}\right) - nv \frac{\partial C}{\partial x} = R_\mathrm{d} \frac{\partial C}{\partial x} \tag{5-40}$$

其中：

$$D_\mathrm{L} = D^* + \alpha_\mathrm{L} \frac{v}{n} \tag{5-41}$$

$$D_\mathrm{T} = D^* + \alpha_\mathrm{T} \frac{v}{n} \tag{5-42}$$

式中：C——溶质浓度（mg/L）；

n——土体孔隙率；

v——达西流速（m/s）；

α_L、α_T——纵向和横向弥散度（m）；

D^*——有效扩散系数（m^2/s）；

D_L、D_T——机械弥散系数（m^2/s）；

ρ_d——土体干密度（$\mathrm{g/cm}^3$）；

（2）参数获取

本次数值模拟有以下几点假定：

① 假定土体完全饱和，且各向同性，渗透性和扩散性满足 $k_x = k_y$，$D_x^* = D_y^*$；

② 假定土体在整个过程中不产生固结变形，孔隙率为定值；

③ 假定黏性土和隔离屏障材料无膜效应（化学渗透半透膜系数 ω 为 0）；

本数值模型中的各土层与隔离屏障的孔隙率 n、干密度 ρ_d、渗透系数 k、南京黏性土与完整墙体隔离屏障对重金属 Pb、Zn 的阻滞因子 R_d 和底部接触不良部分隔离屏障对重金属 Pb、Zn 的阻滞因子 R_d 取值设置见表 5-15。

其中，Pb、Zn 在 S-1 砂土层与 S-2 砂土层土中的有效扩散系数 D^* 与纵、横向弥散度 α_L、α_T 分别参照 Rowe[29] 和邵爱军[35] 相关研究中砂性土数值。

表 5-15　室内箱体模型数值计算参数表

土层	参数	参数取值	数据来源
S-1 砂土层	$k/(\mathrm{m \cdot s^{-1}})$	6×10^{-5}	本研究
	$D_{\mathrm{Pb}}^*/(\mathrm{m^2 \cdot s^{-1}})$	9.45×10^{-10}	文献[29]
	$D_{\mathrm{Zn}}^*/(\mathrm{m^2 \cdot s^{-1}})$	7.15×10^{-10}	
	n	0.432	本研究
	$\rho_d/(\mathrm{g \cdot cm^{-3}})$	1.458	
	纵向弥散度 α_L	0.2	文献[35]
	横向弥散度 α_T	0.015	
南京黏性土层	$k/(\mathrm{m \cdot s^{-1}})$	7.0×10^{-9}	本研究
	$D_{\mathrm{Pb}}^*/(\mathrm{m^2 \cdot s^{-1}})$	3.9×10^{-10}	
	$R_d(\mathrm{Pb})$	1.436	
	$D_{\mathrm{Zn}}^*/(\mathrm{m^2 \cdot s^{-1}})$	3.03×10^{-10}	
	$R_d(\mathrm{Zn})$	2.024	
	n	0.5	
	$\rho_d/(\mathrm{g \cdot cm^{-3}})$	1.35	
	纵向弥散度 α_L	0.35	文献[35]
	横向弥散度 α_T	0.02	
S-2 砂土层	$k/(\mathrm{m \cdot s^{-1}})$	4.76×10^{-5}	本研究
	$D_{\mathrm{Pb}}^*/(\mathrm{m^2 \cdot s^{-1}})$	9.45×10^{-10}	文献[29]
	$D_{\mathrm{Zn}}^*/(\mathrm{m^2 \cdot s^{-1}})$	7.15×10^{-10}	
	n	0.432	本研究
	$\rho_d/(\mathrm{g \cdot cm^{-3}})$	1.481	
	纵向弥散度 α_L	0.2	文献[35]
	横向弥散度 α_T	0.015	

（续表）

土层	参数	参数取值	数据来源
S-B工程隔离屏障	$k/(m \cdot s^{-1})$	2.55×10^{-10}	本研究
	$D_{Pb}^*/(m^2 \cdot s^{-1})$	3.89×10^{-10}	
	$R_d(Pb)$	1.817	
	$D_{Zn}^*/(m^2 \cdot s^{-1})$	2.7×10^{-10}	
	$R_d(Zn)$	1.260	
	n	0.529	
	$\rho_d(g \cdot cm^{-3})$	1.505	
	纵向弥散度 α_L	0.35	文献[35]
	横向弥散度 α_T	0.02	
S-B工程隔离屏障-底部接触不良	$k/(m \cdot s^{-1})$	6×10^{-7}	本研究
	$D_{Pb}^*/(m^2 \cdot s^{-1})$	7×10^{-10}	
	$R_d(Pb)$	1.2	
	$D_{Zn}^*/(m^2 \cdot s^{-1})$	5×10^{-10}	
	$R_d(Zn)$	1.05	
	n	0.728	
	$\rho_d/(g \cdot cm^{-3})$	1.529	
	纵向弥散度 α_L	0.35	文献[35]
	横向弥散度 α_T	0.02	

（3）模拟过程

本次采用平面二维渗流与污染物运移模拟，仅考虑土体部分，以此为依据建立瞬态渗流条件下的数值计算模型。数值计算模型按照本节室内模型箱的最大纵断面进行构建，长1.2 m，宽1.2 m，自上而下分别为S-1砂土层0.55 m，NCS黏性土层0.3 m，S-2砂土层0.3 m和NCS黏性土层0.05 m。模型中间为长0.65 m、宽0.1 m的S-B工程隔离屏障。其平面图如图5-80所示。

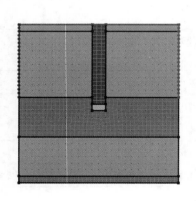 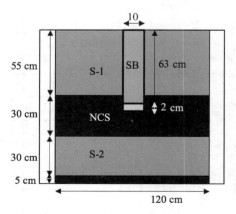

图5-80　GeoStudio数值计算模型的建立

模型网格划分:该箱体模型划分有限单元体时,各土层均采用正交格式进行布置。各单元体边长为 0.03 m。整个模型总共划分为 1 652 个单元格,共 1 704 个节点。

初始条件与边界条件:参照室内模型试验参数设置,S-1 砂土层左侧为污染液水头边界,水头高度 2.4 m,右侧为去离子水水头边界,水头高度 1.2 m,其余各边界均设置不透水边界。浓度边界与 S-1 砂土层左侧水头边界重合,采用(30+30)mmol/L 的 $Pb(NO_3)_2$-$Zn(NO_3)_2$ 复合污染液。S-1 右侧浓度边界设置为自由渗出边界。

计算方法:模型采用瞬态分析,渗流与污染物扩散均设置瞬态,计算时间为室内试验时长 100 d,计算步长为 0.5 d,每隔 2 步保存一次计算结果,对应试验时间为 1 d。

以上所有内容设置完毕后即可进行数值模拟计算。

(4) 结果分析

本次数值模拟浓度测试点参照模型试验点位布置,详见图 5-81。其中 1♯~5♯ 点位与模型试验一一对应,其作用在于对比验证 GeoStudio 软件对于模拟复杂土层结构受重金属污染的运移分析可靠性;6♯~8♯ 点位的目的在于探讨重金属污染物在 S-B 工程隔离屏障中的迁移规律;9♯ 点位的目的在于评判上层污染水是否越流进入下层含水层,造成地下水二次污染。

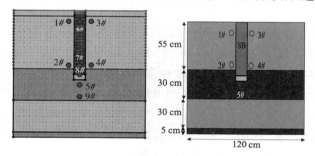

图 5-81　数值计算模型测试点位分布图

① 测压管水头

图 5-82 为数值模拟测压管水头及实测水头随时间变化关系。由图可知,初始阶段数值结果各水头值即达到稳定,而实测值均在 10 d 左右才逐渐稳定,但比较 1♯~4♯ 测压管水头数值结果与实测结果,发现二者稳定值吻合度较高,在 40 d 后基本相同,说明试验时严格控制了箱体的密封性,同时进行各部分土层填筑时,其渗透系数(孔隙比)与设计值较为接近。

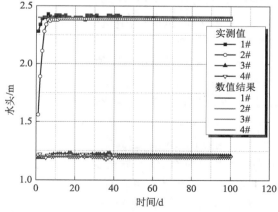

图 5-82　测压管水头随时间变化

② 出液面流量

图 5-83 为模型试验实测结果与数值模拟结果的出液面流量随时间变化关系。由图可知,数值结果初期单位流量值出现先陡降后上升的趋势,随后与实测结果的流量随时间变化曲线趋于一致,但数值结果较实测值高将近一倍。其单位流量值在 10 d 后基本稳定在 2.37×10^{-8} m/s。此结果说明本数值模型所设渗流边界与实际将近,能够较准确地模拟室内模型箱试验的渗流情况。二者流量值间的差距可能原因为实际模型试验中的各土层的孔隙率与设计值有略微偏差,造成渗透系数的不同。

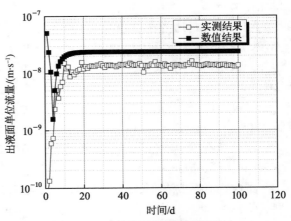

图 5-83　出液面流量随时间变化

③ 溶质浓度

图 5-84 为各点位重金属 Pb、Zn 浓度随时间变化关系。由图 5-84(a)知,1#～5#位点 Pb 浓度变化规律与室内模型试验规律相一致:1#、2#点位 Pb 浓度值远大于 3#～5#点位 Pb 浓度;3#～5#位点中,5#点位浓度值最大,4#点位次之,3#点位最小。100 d 时 1#点位 Pb 浓度值为 2 420 mg/L,2#点位 Pb 浓度值为 2 249 mg/L,3#点位 Pb 浓度值为 548 mg/L,4#点位 Pb 浓度值为 877 mg/L,5#点位 Pb 浓度值为 977 mg/L。比较 6#～8#点位 Pb 浓度变化情况,6#点位 Pb 浓度值最大,7#点位次之,8#点位最小。100 d 时 6#点位 Pb 浓度值为 1 509 mg/L,7#点位 Pb 浓度值为 1 400 mg/L,8#点位 Pb 浓度值为 1 291 mg/L。由图 5-81 知,三者位置均在 SB 隔离工程屏障内部,且位置顺序依次向下,由于 SB 工程屏障底部嵌入弱,透水层不牢,导致底部渗流场偏下,含水层上部渗流场改变不明显,上部靠近 6#点位的 Pb 通过渗流扩散作用进入 SB 工程屏障。越靠近底部不牢处,重金属 Pb 通过底部排水通道绕流穿过墙体的通量越大,使得进入墙体的 Pb 通量减小。因此反映在点位浓度上为 6#＞7#＞8#。另结果表明,位于下覆黏土层下边界的 9#点位在 16 d 后能监测到 Pb 浓度,并随渗流进行缓慢增大,100 d 时 Pb 浓度达到 410 mg/L。说明在此工况下重金属 Pb 通过绕流形式进入下层承压含水层,造成因为设置隔离屏障而引起的二次污染。

由图 5-84(b)知,1#～5#点位 Zn 浓度变化规律与室内模型试验规律相一致:1#、2#点位 Zn 浓度值远大于 3#～5#点位 Zn 浓度;3#～5#位点中,5#点位浓度值最大,4#点位次之,3#点位最小。100 d 时 1#点位 Zn 浓度值为 751 mg/L,2#点位 Zn 浓度值为 701 mg/L,3#点位 Zn 浓度值为 161 mg/L,4#点位 Zn 浓度值为 267 mg/L,5#点位 Zn 浓度值为 299 mg/L。比较 6#～8#点位 Zn 浓度变化情况,其规律与 Pb 类似,均是 6#点位 Pb 浓度值最大,7#点位次之,8#点位最小。100 d 时 6#点位 Zn 浓度值为 462 mg/L,7#点位 Zn 浓度值为 425 mg/L,8#点位 Zn 浓度值为 398 mg/L。分析原因同上。另结果表明,位于下覆黏土层下边界的 9#点位在 22 d 后能监测到 Zn 浓度,并随渗流进行缓慢增大,100 d 时 Zn 浓度达到 115 mg/L。说明在此工况下重金属 Zn 通过绕流形式进入下层承压含水层,造成因设置隔离屏障而引起的二次污染。

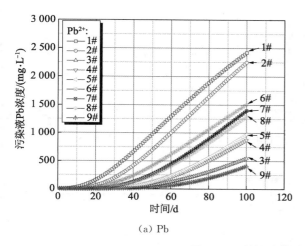
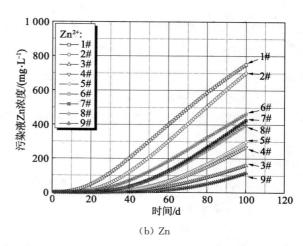

（a）Pb   （b）Zn

图 5-84 数值计算模型测试点位浓度变化图

（5）浓度结果讨论

图 5-84 结果表明数值模拟的 Pb、Zn 浓度在各点位的变化规律与室内模型试验结果一致，但二者的拟合程度未知。图 5-85 则给出了各点位实测结果与数值结果的对比关系。由图可知，1♯、2♯点位 Pb、Zn 浓度实测结果与数值结果相似度高，二者相差在 10% 以内。而 3♯～5♯点位 Pb、Zn 浓度实测结果与数值结果则偏离较大，且后者均大于前者。分析可能存在以下几点原因：

① S-B 工程屏障的实际孔隙比较数值设计值略小，导致实际渗透系数和离子有效扩散系数均小于数值设定值，使相同时间内通过隔离屏障的离子量减小。

② 数值模型存在一定的边界效应，模型的右边界为水头边界，同时是水流渗出边界，但不是离子流出边界，导致到达模型右边界的离子浓度在不断积累，引起整个模型内离子浓度的分布。

③ 室内模型试验时污染液处于复合状态，重金属 Pb、Zn 同时存在，其在 SB 工程屏障中会产生一定的半透膜效应，对溶质离子的运移起一定的抑制作用，而数值模拟虽然选用的是同种条件下的吸附方程与有效扩散系数，但未考虑上述化学渗透效应。

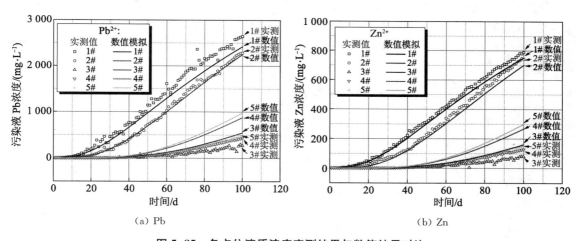

（a）Pb   （b）Zn

图 5-85 各点位溶质浓度实测结果与数值结果对比

5.4.2 聚磷酸盐改性阻隔屏障阻隔性能评价

根据式(5-26)和式(5-27)，纵向弥散度 α_L 和弯曲因子 τ 均为污染物运移计算的重要构成参数。不同介质含水层中，α_L 数值可在 0.003～200 m 范围内变化[29]。有学者在评估防污屏障对污染物阻隔效果的过程中，采用参数 $\alpha_L = 0.01$ m 进行模拟计算。为根据柔性壁渗透试验数据拟合结果推算弯曲因子 τ，本节亦假定 $\alpha_L = 0.01$ m，可知：$\tau = (D - \alpha_L v)/D_0$，结果见表 5-16。5 mmol/L Ca^{2+} 运移条件下，两个平行试样的 τ 值均为 0.18；金属浓度增大至 1 mol/L，τ 值降低为 0.11。

表 5-16 不同 $CaCl_2$ 溶液渗透条件下改良钙基膨润土隔离墙材料的弯曲因子 τ

试样编号	测试溶液	$D/(m^2 \cdot s^{-1})$	$D_{md}/(m^2 \cdot s^{-1})$	$D_0/(m^2 \cdot s^{-1})$	弯曲因子，τ
SHMP-20CaB-1	5 mmol/L Ca^{2+}	2.29×10^{-10}	8.42×10^{-11}	7.92×10^{-10}	0.18
SHMP-20CaB-2		2.36×10^{-10}	9.64×10^{-11}	7.92×10^{-10}	0.18
SHMP-20CaB	1 mol/L Ca^{2+}	2.86×10^{-10}	1.98×10^{-10}	7.92×10^{-10}	0.11

对于 Pb^{2+} 和 $Cr(Ⅵ)$ 运移的试样，由于试验时间限制，未能通过击穿曲线分析获得相应的水动力弥散系数 D 及阻滞因子 R_d。考虑到试验所用 Pb^{2+}、$Cr(Ⅵ)$ 溶液的浓度（分别为 4.8 mmol/L 和 19.2 mmol/L）与 5 mmol/L Ca^{2+} 相近，由此推测，这些溶液均不会引起改良回填料渗透系数的显著增加，因此 Pb^{2+} 和 $Cr(Ⅵ)$ 运移试样的水动力弥散系数 D 沿用 $\alpha_L = 0.01$ 和 5 mmol/L Ca^{2+} 试样的弯曲因子 $\tau = 0.18$ 进行计算，阻滞因子则采用 Batch 吸附试验所得 $R_{d, batch}$。未改良回填料的运移参数获取方法同 Pb^{2+} 和 $Cr(Ⅵ)$ 运移试样，但 τ 取相应测试溶液的 τ 值。各试样运移参数汇总于表 5-17。

需特别说明的是，虽然采用 $R_{d, batch}$ 进行重金属运移预测会使预测结果偏危险，且普遍认为通过土柱渗透试验获取的运移参数更符合现场实际情况，但对于容易被土体吸附的离子[如 Pb^{2+}]而言，需历经较长时间方能获得击穿曲线。在土柱渗透试验参数缺少的情况下，采用 Batch 试验运移参数对重金属运移情况进行估算。出于统一性考虑，以下部分若无特别说明，则污染物运移计算主要根据 Batch 试验所得阻滞因子($R_{d, batch}$)开展。本研究重金属运移计算旨在定性对比不同设计参数对重金属的阻滞特性，而非确定重金属的确切击穿时间，认为选用 $R_{d, batch}$ 进行运移预测不会引起过大误差。为简洁起见，5 mmol/L Ca^{2+}、4.8 mmol/L Pb^{2+} 和 19.2 mmol/L $Cr(Ⅵ)$ 溶液中仅取一个改良试样(SHMP-20CaB-1)进行计算。

表 5-17 运移参数汇总表($\alpha_L = 0.01$)

回填料类型	污染液类型	阻滞因子，$R_{d, batch}(R_d)$	弯曲因子，τ	扩散系数，$D_0/(m^2 \cdot s)$	水动力弥散系数，$D/(m^2 \cdot s)$
SHMP-20CaB-1	5 mmol/L Ca^{2+}	33.61 (10.84)	—	—	2.29×10^{-10}
20CaB		29.02	0.18	7.92×10^{-10}	2.05×10^{-9}
SHMP-20CaB	1 mol/L Ca^{2+}	5.03 (1.92)	—	—	2.86×10^{-10}
20CaB		4.48	0.11	7.92×10^{-10}	2.00×10^{-9}

（续表）

回填料类型	污染液类型	阻滞因子，$R_{d, batch}(R_d)$	弯曲因子，τ	扩散系数，$D_0/(m^2 \cdot s)$	水动力弥散系数，$D/(m^2 \cdot s)$
SHMP-20CaB-1	Pb^{2+}	2117.44	0.18	9.25×10^{-10}	2.82×10
20CaB		1657.81	0.18	9.25×10^{-10}	2.08×10
SHMP-20CaB-1	Cr(Ⅵ)	3.44	0.18	11.3×10^{-10}	3.42×10
20CaB		2.94	0.18	11.3×10^{-10}	2.11×10

击穿时间指污染物运移击穿防污屏障（如隔离墙和 GCL）所需时间，是隔离墙阻隔污染物运移性能的重要评价指标，应大于隔离墙服役时间，通常长达 30 年。目前关于击穿时间的定义尚不统一：工程应用中，污染物运移使隔离墙外侧达到饮用水/地下水评价标准规定的浓度阈值时，即认为隔离墙被污染物击穿；研究中一般取击穿曲线上相对浓度等于 50% 的时刻为击穿时间，此外，也有学者将防污屏障外侧目标离子浓度开始大于该侧初始浓度的时刻定义为击穿时间。初始浓度较高时，1%～50% 相对浓度下，隔离墙外侧目标离子浓度或已超出饮用水/地下水评价标准限值。综上，为考察各击穿时间的差异，本研究击穿时间除以 10% 和 50% 相对浓度定义外（t_{10} 和 t_{50}），还包含以隔离墙外侧重金属浓度达到我国《地下水质量标准》中第Ⅲ类地下水浓度上限值[Pb^{2+} 和 Cr(Ⅵ) 上限值均为 0.05 mg/L]的击穿时间 $t_{Ⅲ}$。

（1）改良作用的影响

为考察改良作用对土-膨润土隔离墙阻隔性能的影响，对 5 mmol/L Ca^{2+}、1 mol/L Ca^{2+}、4.8 mmol/L Pb^{2+} 和 19.2 mmol/L Cr(Ⅵ) 在 1 m 厚隔离墙中的运移情况进行计算，其中隔离墙由改良回填料或未改良回填料组成。金属在改良前、后墙体中的击穿曲线预测结果如图 5-86 所示。图中 SHMP-20CaB-1 代表经六偏磷酸钠改良的隔离墙回填料工况，20CaB 表示未经改良隔离墙墙体情况；图例后缀"-batch"表明阻滞因子均取自 Batch 试验。由图 5-86 可看出，改良回填料击穿曲线位于未改良回填料曲线的右侧，表明改良作用显著延迟了金属击穿时间。

将图 5-86 中各击穿曲线中相对浓度等于 10% 和 50% 所分别对应的击穿时间列于表 5-18，进行对比论述。其中，$t_{B, 未改良}$ 和 $t_{B, 改良}$ 分别指重金属在未改良回填料和改良回填料中的击穿时间。污染液为 5 mmol/L Ca^{2+} 溶液，相对浓度达 10% 的 $t_{B, 改良}$（33 484 d）为 $t_{B, 未改良}$（1 445 d）的 23.17 倍。这种延迟作用随着时间增加而略有增强，相对浓度达 50%，相对击穿时间（$t_{B, 改良}/t_{B, 未改良}$）比值增加为 25.83。造成 5 mmol/L Ca^{2+} 溶液击穿时间延迟的原因之一是改良回填料的阻滞因子（$R_{d, batch} = 33.61$）高于未改良回填料（$R_{d, batch} = 29.02$）（见表 5-17）。除了阻滞因子以外，改良回填料的低渗透性也是使得 5 mmol/L Ca^{2+} 溶液击穿时间被延迟的主要原因。改良回填料渗透系数较未改良情况低约 1.4 个数量级（1.24×10^{-10} m/s vs. 2.92×10^{-9} m/s，见表 5-9），相同水力梯度下，溶液在改良回填料中的渗流速度相应地较未改良情况低约 1.4 个数量级（8.42×10^{-9} m/s vs. 1.91×10^{-7} m/s，见表 5-9）。溶质可随孔隙水的对流运移而传播，孔隙水渗流速度越慢，溶质随水流传播速度也越慢。同时，渗流速度越慢，孔隙水与土体接触时间越长，为吸附达到平衡提供了更充分的时间。因此，回填料的低渗透性也可延迟溶质的击穿时间，反之亦然。

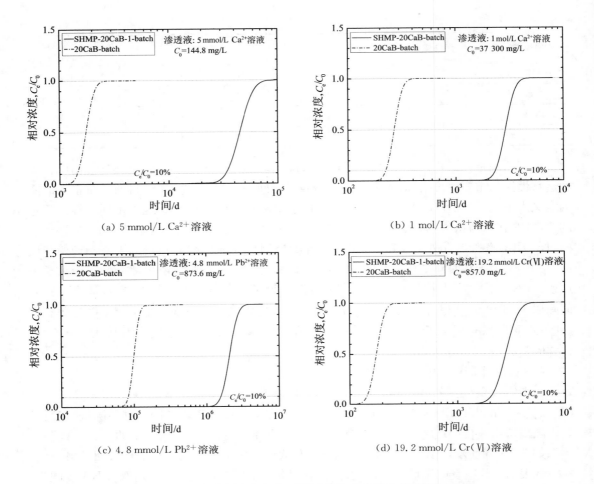

图 5-86 金属离子在改良前、后隔离墙中的击穿曲线（墙厚 1 m）

Ca^{2+} 浓度增加到 1 mol/L，10% 相对浓度下的相对击穿时间为 10.41，略低于 50% 相对浓度下的相对击穿时间比值。溶质浓度增加可导致击穿时间缩短：改良前、后隔离墙中，1 mol/L 溶液的击穿时间均显著低于 5 mmol/L 溶液情况。与 5 mmol/L 浓度溶液相比，1 mol/L 溶液的相对击穿时间约降低 57%，表明溶质浓度增加可削弱改良作用对金属击穿时间的延迟能力。这是由于回填料对高浓度溶质的阻隔能力较低所致，如表 5-17 中，回填料对 1 mol/L Ca^{2+} 溶液的阻滞因子为 4.48～5.03，仅为 5 mmol/L Ca^{2+} 溶液（29.02～33.61）的 15%。另外，1 mol/L Ca^{2+} 溶液的有效扩散系数也较 5 mmol/L Ca^{2+} 溶液略大，这也可加速溶质的击穿。这一现象说明，即使 Ca^{2+} 浓度高达 1 mol/L，改良回填料仍可有效延迟溶质击穿时间，但延迟效果不如低溶质浓度条件好。

污染液为 Pb^{2+} 溶液时，溶质在改良回填料中的击穿时间（10% 相对浓度）为未改良回填料的 18.88 倍，改良作用显著延迟了 Pb^{2+} 的击穿时间。此时，$t_{B,未改良}$ 和 $t_{B,改良}$ 分别较 5 mmol/L Ca^{2+} 溶液的 $t_{B,未改良}$ 和 $t_{B,改良}$ 约增大 1.7 个数量级，表明浓度相近时，Pb^{2+} 离子的击穿时间较 Ca^{2+} 离子显著延迟。这是由于回填料对 Pb^{2+} 具有卓越的吸附能力，表现为表 5-17 中，Pb^{2+} 的阻滞因子较 5 mmol/L Ca^{2+} 约大 1.8 个数量级。这些数据表明，土-膨润土回

填料对 Pb^{2+} 具有非常优越的阻隔能力,这一阻隔效果也随时间增加而略有增强。

经六偏磷酸钠改良后,回填料对 $Cr(VI)$ 的阻隔能力提高了 14.49 倍。$Cr(VI)$ 的击穿时间(10%相对浓度)$t_{B,未改良}$ 和 $t_{B,改良}$ 与 1 mol/L Ca^{2+} 情况位于同一数量级。应当注意到,虽然 19.2 mmol/L $Cr(VI)$ 溶液和 1 mol/L Ca^{2+} 溶液的溶质浓度差距较大,但它们在改良前、后回填料中的阻滞因子均落在 2.94～5.03 范围内,因此二者击穿时间相差不大。回填料对 $Cr(VI)$ 的阻隔能力远低于相近浓度的 Ca^{2+} 和 Pb^{2+},其主要原因是回填料对 $Cr(VI)$ 的吸附能力较其余两种离子弱,$Cr(VI)$ 难以滞留于回填料中,因而导致其较快地运移至隔离墙外侧。本试验条件下,改良回填料对重金属阻隔效果排序为 4.8 mmol/L Pb^{2+}＞5 mmol/L Ca^{2+}＞1 mol/L Ca^{2+}＞19.2 mmol/L $Cr(VI)$。

表 5-18　金属在 1 m 隔离墙中的击穿时间

污染液	击穿时间/d (10%相对浓度)		相对击穿时间	击穿时间/d (50%相对浓度)		相对击穿时间
	$t_{B,未改良}$	$t_{B,改良}$	$t_{B,改良}/t_{B,未改良}$	$t_{B,未改良}$	$t_{B,改良}$	$t_{B,改良}/t_{B,未改良}$
5 mmol/L Ca^{2+}	1 445	33 484	23.17	1 742	44 994	25.83
1 mol/L Ca^{2+}	224	2 332	10.41	269	2 895	10.76
Pb^{2+}	82 419	1 555 747	18.88	99 506	2 056 967	20.67
$Cr(VI)$	146	2 115	14.49	177	2 803	15.84

（2）墙体厚度的影响

墙体厚度是隔离墙设计的重要参数之一,本节以改良隔离墙为研究对象,探讨不同墙体厚度对 Pb^{2+} 和 $Cr(VI)$ 击穿时间的影响,为隔离墙施工设计提供参考借鉴。图 5-87 为水力梯度等于 26 时,Pb^{2+} 和 $Cr(VI)$ 在 0.6～1.2 m 改良隔离墙中的击穿曲线。由图 5-87(a) 可见,随着墙体厚度增加,Pb^{2+} 击穿曲线向右侧移动,击穿时间延长。图 5-87(b)中 $Cr(VI)$ 击穿曲线随墙体厚度的变化规律与 Pb^{2+} 一致。

将水力梯度降低为原来的 1/1 000～1/2,其余参数不变,考察不同水头差情况下 Pb^{2+} 和 $Cr(VI)$ 击穿时间随墙体厚度的变化情况,所得结果分别如图 5-88 和图 5-89 所示。图 5-88 和图 5-89 中的击穿时间包括以相对浓度 50% 和 10% 定义的 t_{50} 和 t_{10},以及以隔离墙外侧重金属浓度达到我国《地下水质量标准》中第 III 类地下水浓度上限值所定义的击穿时间 t_{III}。图 5-88(a)中 Pb^{2+} 击穿时间 t_{III} 均随墙厚增加而增加。$i=26$ 时,t_{III}-墙厚间近似于线性正相关关系;i 降低,t_{III}-墙厚关系线的斜率明显增加,且逐渐表现出非线性特征。图 5-88(b)、(c)中,t_{10} 和 t_{50} 随墙厚的变化规律与 t_{III} 相似,但数值上较 t_{III} 大一至两个数量级。不同水力梯度下,$Cr(VI)$ 的击穿时间-墙厚关系与 Pb^{2+} 情况一致(见图 5-89)。增加墙体厚度可延迟 Pb^{2+}、$Cr(VI)$ 击穿时间,低水力梯度条件下延迟效果尤为显著,这是由于水力梯度减小引起渗流速度降低,达一定程度后,分子扩散作用可取代对流和机械弥散作用主导离子运移过程。隔离墙设计过程中,根据实际初始污染浓度、水力梯度和服役寿命条件,由图 5-88 和图 5-89 所示的击穿时间-墙厚关系,可得到满足设计要求的墙体厚度值。

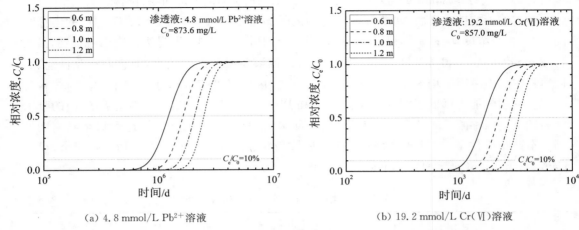

(a) 4.8 mmol/L Pb²⁺溶液　　　　　　　　(b) 19.2 mmol/L Cr(Ⅵ)溶液

图 5-87　Pb²⁺、Cr(Ⅵ)在不同厚度墙体中的击穿曲线($i=26$)

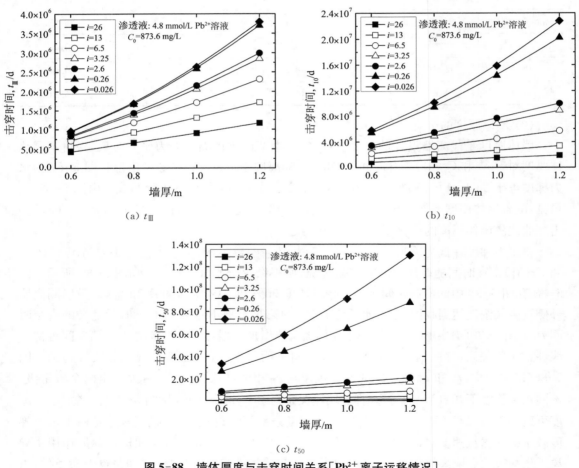

(a) $t_{Ⅲ}$　　　　　　　　　　　　　　(b) t_{10}

(c) t_{50}

图 5-88　墙体厚度与击穿时间关系[Pb²⁺离子运移情况]

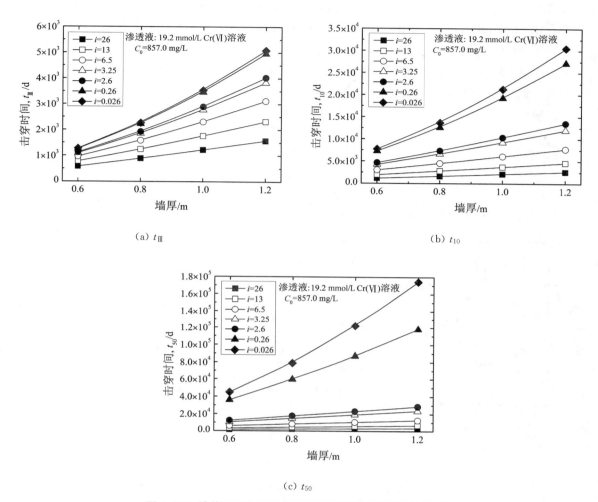

（a）t_{III}　　　　　　　　　　（b）t_{10}

（c）t_{50}

图 5-89　墙体厚度与击穿时间关系[Cr(Ⅵ)离子运移情况]

综合以上讨论,离子浓度及种类、墙体渗透系数、水力梯度和墙体厚度等均会对金属在隔离墙中的运移特征产生显著影响。离子浓度越大,与回填料亲和力越小,达特定相对浓度所需的击穿时间越短。引起回填料渗透系数降低、吸附能力增加的改良作用可有效延迟溶质的击穿时间,延长隔离墙的服役寿命。增加墙体厚度亦可增加溶质击穿时间,这一现象在低水力梯度下尤为显著。此外,本节渗透试验水力梯度取为 26,而大多数实际工程中,现场水力梯度远小于此值,实际渗流速度也远小于本试验,这将进一步减缓重金属在隔离墙中的运移扩散速度。因此,降低隔离墙内侧水头高度,减小水力梯度,进而减小孔隙水渗流速度,也是延长隔离墙服役寿命的可行措施。

为明确不同定义下各击穿时间的差异和相互关系,将 t_{III}-t_{10} 和 t_{III}-t_{50} 分别绘制于双对数坐标轴中,如图 5-90 和图 5-91 所示。由图可知:①相同水力梯度(i)条件下,Pb^{2+} 的 $\lg(t_{\mathrm{III}})$ 和 $\lg(t_{10})$ 均随墙厚增加而增大,$\lg(t_{\mathrm{III}})$-$\lg(t_{10})$ 呈线性正相关关系 [见图 5-90(a)]。②相同墙厚下,水力梯度降低,$\lg(t_{\mathrm{III}})$ 及 $\lg(t_{10})$ 均增大,$\lg(t_{\mathrm{III}})$-$\lg(t_{10})$ 呈非线性正相关关系;

$i \leqslant 0.26$ 后，击穿时间随 i 减小而增大的幅度显著降低[见图5-90(a)]。③不同 i 和墙厚条件下，$\lg(t_{\text{III}})$-$\lg(t_{50})$ 关系规律与 $\lg(t_{\text{III}})$-$\lg(t_{10})$ 一致，前者受 i 影响较后者显著[见图5-90(b)]。④Cr(Ⅵ)离子运移条件下，$\lg(t_{\text{III}})$-$\lg(t_{10})$ 和 $\lg(t_{\text{III}})$-$\lg(t_{50})$ 关系规律与 Pb^{2+} 运移情况一致（见图5-91）。⑤本节参数条件下，t_{III} 较 t_{10} 和 t_{50} 低 1～2 个数量级，依 t_{10} 或 t_{50} 进行隔离墙设计偏危险，因此污染物运移分析应严格依据饮用水/地下水质量控制标准进行。

由图5-90和图5-91可知，t_{III}、t_{10} 和 t_{50} 的相互关系可表达为：

$$\lg(t_{10}) = a + b\lg(t_{\text{III}}) \tag{5-43}$$

$$\lg(t_{50}) = a + b\lg(t_{\text{III}}) \tag{5-44}$$

式中：a，b——分别为直线截距和斜率。

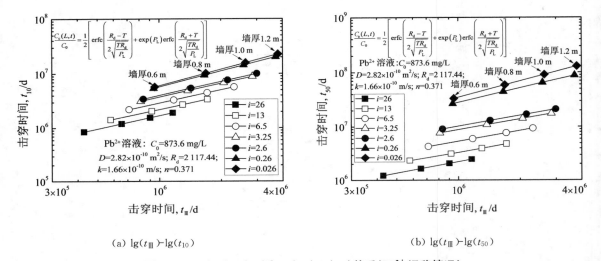

(a) $\lg(t_{\text{III}})$-$\lg(t_{10})$　　　　　　(b) $\lg(t_{\text{III}})$-$\lg(t_{50})$

图5-90　$\lg(t_{\text{III}})$-$\lg(t_{10})$ 和 $\lg(t_{\text{III}})$-$\lg(t_{50})$ 关系（Pb^{2+} 运移情况）

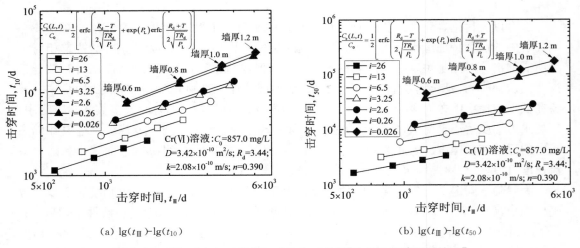

(a) $\lg(t_{\text{III}})$-$\lg(t_{10})$　　　　　　(b) $\lg(t_{\text{III}})$-$\lg(t_{50})$

图5-91　$\lg(t_{\text{III}})$-$\lg(t_{10})$ 和 $\lg(t_{\text{III}})$-$\lg(t_{50})$ 关系[Cr(Ⅵ)离子运移情况]

为便于设计计算,将图 5-90 和 5-91 中各直线截距和斜率与水力梯度的关系分别绘制于常数坐标轴中,如图 5-92 和图 5-93 所示。由图 5-92 可知:①Pb^{2+} 运移条件下,lg(t_III)-lg(t_{10})直线截距随水力梯度增加的变化可分为两个阶段:水力梯度<6.5,截距呈曲线上升趋势;水力梯度超过 6.5 后,截距近于直线降低,如图 5-92(a)所示。②lg(t_III)-lg(t_{10})直线斜率随水力梯度增加的变化亦分两个阶段:水力梯度<6.5,斜率呈曲线降低趋势;水力梯度超过 6.5 后,斜率略微呈线性增加趋势,如图 5-92(a)所示。③lg(t_III)-lg(t_{50})直线的截距和斜率随水力梯度增加的变化规律与 lg(t_III)-lg(t_{10})直线一致,但水力梯度拐点提前至 3.25,如图 5-92(b)所示。图 5-93 中,Cr(Ⅵ) 运移条件下,lg(t_III)-lg(t_{10}) 和 lg(t_III)-lg(t_{50}) 的截距和斜率与水力梯度关系与 Pb^{2+} 运移情况相似。

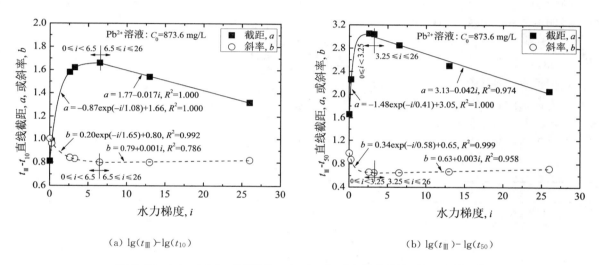

(a) lg(t_III)-lg(t_{10})　　　　　　　　　(b) lg(t_III)-lg(t_{50})

图 5-92　lg(t_III)-lg(t_{10})直线和 lg(t_III)-lg(t_{50})直线参数[Pb^{2+} 运移情况]

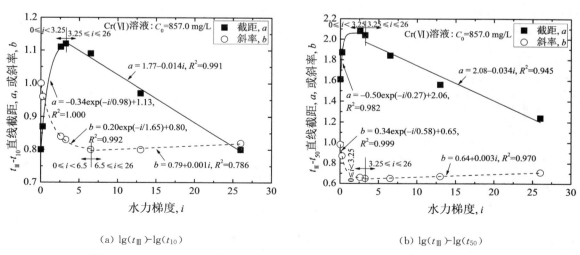

(a) lg(t_III)-lg(t_{10})　　　　　　　　　(b) lg(t_III)-lg(t_{50})

图 5-93　lg(t_III)-lg(t_{10})直线和 lg(t_III)-lg(t_{50})直线参数[Cr(Ⅵ)离子运移情况]

将图 5-92 和图 5-93 中 $\lg(t_{\mathrm{III}})$-$\lg$ (t_{10}) 和 $\lg(t_{\mathrm{III}})$-$\lg(t_{50})$ 直线的截距/斜率-水力梯度关系拟合公式汇总于表 5-19,方便设计过程查阅。总体上,各参数计算公式的拟合度均较高,可较好地描述斜率/截距与水力梯度的相关关系。值得注意的是,表 5-19 中,同一直线公式下(如式 5-43),Pb^{2+} 和 $Cr(VI)$ 对应的截距计算式中参数存在明显差异,而不同重金属离子对应的斜率计算式中参数则基本相同,这说明图 5-90 和图 5-91 中,各直线斜率相等,为相互平行关系。由图 5-88~图 5-93,结合式 5-43、式 5-44 和表 5-19,即可根据水力梯度条件求算隔离墙厚度和服役寿命,并可评价 t_{III}、t_{10} 和 t_{50} 之间的相互联系。基于以上结果,提出图 5-94 所示的

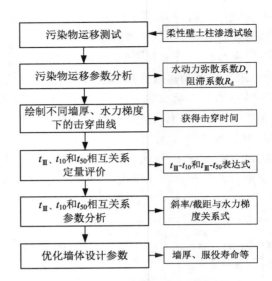

图 5-94 改良隔离墙阻隔重金属污染物
评价分析模型

改良隔离墙阻隔重金属污染物评价分析模型,为竖向隔离墙工程设计提供参考借鉴。

表 5-19 斜率和截距计算公式

直线公式	斜率/截距计算公式		拟合度,R^2	水力梯度,i
Pb^{2+} 运移情况				
式(5-43)	截距,a	$a=-0.87\exp(-i/1.08)+1.66$	1.000	$0\leqslant i<6.5$
		$a=1.77-0.017i$	1.000	$6.5\leqslant i\leqslant 26$
	斜率,b	$b=0.20\exp(-i/1.65)+0.80$	0.992	$0\leqslant i<6.5$
		$b=0.79+0.001i$	0.786	$6.5\leqslant i\leqslant 26$
式(5-44)	截距,a	$a=-1.48\exp(-i/0.41)+3.05$	1.000	$0\leqslant i<3.25$
		$a=3.13-0.042i$	0.974	$3.25\leqslant i\leqslant 26$
	斜率,b	$b=0.34\exp(-i/0.58)+0.65$	0.999	$0\leqslant i<3.25$
		$b=0.63+0.003i$	0.958	$3.25\leqslant i\leqslant 26$
$Cr(VI)$ 运移情况				
式(5-43)	截距,a	$a=-0.34\exp(-i/0.98)+1.13$	1.000	$0\leqslant i<3.25$
		$a=1.77-0.014i$	0.991	$3.25\leqslant i\leqslant 26$
	斜率,b	$b=0.20\exp(-i/1.65)+0.80$	0.992	$0\leqslant i<6.5$
		$b=0.79+0.001i$	0.786	$6.5\leqslant i\leqslant 26$
式(5-44)	截距,a	$a=-0.50\exp(-i/0.27)+2.06$	0.982	$0\leqslant i<3.25$
		$a=2.08-0.034i$	0.945	$3.25\leqslant i\leqslant 26$
	斜率,b	$b=0.34\exp(-i/0.58)+0.65$	0.999	$0\leqslant i<3.25$
		$b=0.64+0.003i$	0.970	$3.25\leqslant i\leqslant 26$

注:基于 Pb^{2+} 初始浓度为 873.6 mg/L,$Cr(VI)$ 初始浓度为 857.0 mg/L。

参考文献

［1］杨玉玲. 六偏磷酸钠改良钙基膨润土系竖向隔离墙防渗控污性能研究［D］. 南京：东南大学，2017.

［2］Fan R D, Liu S Y, Du Y J, et al. Chemical compatibility of CMC-treated bentonite under heavy metal contaminants and landfill leachate［C］//The International Congress on Environmental Geotechnics, Springer, Singapore, 2018：421-429.

［3］Tien Y I, Wei K H. Hydrogen bonding and mechanical properties in segmented montmorillonite/polyurethane nanocomposites of different hard segment ratios［J］. Polymer, 2001, 42(7)：3213-3221.

［4］Fan R D, Du Y J, Liu S Y, et al. Sorption of Pb(II) from aqueous solution to clayey soil/calcium bentonite backfills for slurry-trench walls［C］// Proceedings of the 7th International Congress on Environmental Geotechnics, Melbourne, Australia, 2014：1566-1573.

［5］张金利，张林林，谷鑫. 重金属 Pb(Ⅱ) 在膨润土上去除特性研究［J］. 岩土工程学报，2013，35(1)：117-123.

［6］Adriano D C. Trace Elements in Terrestrial Environments［M］. New York：Springer-Verlag, 2001.

［7］Khan S A, Khan M A, et al. Adsorption of chromium (Ⅲ), chromium (Ⅵ) and silver (Ⅰ) on bentonite［J］. Waste Management, 1995, 15(4)：271-282.

［8］Kotas J, Stasicka Z. Chromium occurrence in the environment and methods of its speciation［J］. Environmental pollution, 2000, 107(3)：263-283.

［9］Giles C H, Smith D, Huitson A. A general treatment and classification of the solute adsorption isotherm. I. Theoretical［J］. Journal of Colloid and Interface Science, 1974, 47(3)：755-765.

［10］Ouhadi V R, Yong R N, Sedighi M. Desorption response and degradation of buffering capability of bentonite, subjected to heavy metal contaminants［J］. Engineering Geology, 2006, 85 (1/2)：102-110.

［11］Yong R N, Mohamed A M O, Warkentin B P. Principles of contaminant transport in soils［M］. Holland：Elsevier Science Publishers, 1992.

［12］Yong R N, Phadungchewit Y. pH influence on selectivity and retention of heavy metals in some clay soils［J］. Canadian Geotechnical Journal, 1993, 30(5)：821-833.

［13］王艳. 黄土对典型重金属离子吸附解吸特性及机理研究［D］. 杭州：浙江大学，2012.

［14］Sharma Y C, Weng C H. Removal of chromium(Ⅵ) from water and wastewater by using riverbed sand：Kinetic and equilibrium studies［J］. Journal of Hazardous Materials, 2007, 142(1/2)：449-454.

［15］Deng Y J, Dixon J B, White G N, et al. Bonding between polyacrylamide and smectite［J］. Colloids and Surfaces A：Physicochemical and Engineering Aspects, 2006, 281(1/2/3)：82-91.

［16］Ouhadi V R, Yong R N, Rafiee F, et al. Impact of carbonate and heavy metals on micro-structural variations of clayey soils［J］. Applied Clay Science, 2011, 52(3)：228-234.

［17］Yong R N, Ouhadi V R, Goodarzi A R. Effect of Cu^{2+} ions and buffering capacity on smectite microstructure and performance［J］. Journal of Geotechnical and Geoenvironmental Engineering, 2009, 135(12)：1981-1985.

［18］Ouhadi V R, Yong R N, Sedighi M. Desorption response and degradation of buffering capability of bentonite, subjected to heavy metal contaminants［J］. Engineering Geology, 2006, 85 (1/2)：102-110.

[19] 肖利萍,刘燕,裴清煌,等. 膨润土-钢渣复合材料处理含 Zn^{2+} 酸性矿山废水[J]. 非金属矿,2015,38(3):80-82.

[20] 王忠安,朱一民,魏德洲,等. 钙基膨润土吸附废水中锌离子的研究[J]. 有色矿冶,2006,22(2):45-47.

[21] 杨秀敏,钟子楠,潘宇,等. 重金属离子在钠基膨润土中的吸附特征与机理[J]. 环境工程学报,2013,7(7):2775-2780.

[22] Chakir A, Bessiere J, Kacemi K E L, et al. A comparative study of the removal of trivalent chromium from aqueous solutions by bentonite and expanded perlite[J]. Journal of Hazardous Materials, 2002, 95(1): 29-46.

[23] Malusis M A, Shackelford C D, Olsen H W. A laboratory apparatus to measure chemico-osmotic efficiency coefficients for clay soils[J]. Geotechnical Testing Journal, 2001,24(3): 229-242.

[24] Malusis M A, Shackelford C D. Predicting solute flux through a clay membrane barrier[J]. Journal of Geotechnical and Geoenvironmental Engineering, 2004, 130: 477-487.

[25] 陈左波. 砂-膨润土系竖向隔离墙阻滞重金属污染物运移特性的试验研究[D]. 南京:东南大学,2014.

[26] Tang Q. Factors affecting waste leachate generation and barrier performance of landfill liners[D]. Kyoto : Kyoto University, 2013.

[27] Malusis M A, Shackelford C D. Chemico-osmotic efficiency of a geosynthetic clay liner[J]. Journal of Geotechnical and Geoenvironmental Engineering, 2002, 128(2): 97-106.

[28] Sharma H D. Reddy K R. Geoenvironmental engineering: Site remediation, waste containment, and emerging waste management technologies[M]. New Jersey: John Wiley & Sons, 2004.

[29] Rowe R K, Quigley R M, Brachman R W I, et al. Barrier systems for waste disposal facilities[M]. 2nd ed. London: Spon Press, 2004.

[30] Shackelford C D, Daniel D E. Diffusion in saturated soil. I: Background[J]. Journal of Geotechnical Engineering, 1991,117(3):467-484.

[31] Shackelford C D. Critical concepts for column testing[J]. Journal of Geotechnical Engineering, 1994, 120(10): 1804-1828.

[32] Shackelford C D. Cumulative mass approach for column testing[J]. Journal of Geotechnical Engineering, 1995, 121(10): 696-703.

[33] Amadi A A, Osinubi K J. Transport parameters of lead (Pb) Ions migrating through saturated lateritic soil-bentonite column[J]. International Journal of Geotechnical Engineering, 2017(1):1-7.

[34] 王进学. 离子污染饱和无黏性土电导率特性及 TDR 测试技术[D]. 杭州:浙江大学,2007.

[35] 邵爱军,刘广明. 土壤水动力弥散系数的室内测定[J]. 土壤学报,2002,39(2):184-189.

第6章

竖向阻隔屏障设计和施工工艺

6.1 设计指标

竖向隔离屏障的布置形式、深度和厚度是隔离屏障的主要设计项目。

竖向隔离屏障的布置形式分为完全围封、逆地下水流向半封闭和顺地下水流向半封闭三种形式,如图 6-1 所示。其中,完全围封的布置形式使用最为广泛,顺地下水流向的半封闭形式则通常被应用于与活性反应墙联合使用以修复污染地下水。

竖向隔离屏障深度通常达到相对不透水层($k<10^{-9}$m/s),称为落底式竖向隔离屏障。特别地,针对轻非水相流体(LNAPL)等浅层污染物,竖向隔离屏障深度设计可采用悬挂式,如图 6-2 所示。

《建筑基坑支护技术规程》(JGJ 120—2012)[1]指出,基坑止水帷幕嵌入隔水层深度不宜小于 1.5 m。而美国《统一设施建设指导》(UFGS-023527)[2]对用于阻隔污染物运移的土-膨润土竖向隔离屏障的嵌入相对不透水层深度的建议为 0.6 m。统计实际案例发现,嵌入相对不透水层深度设计值普遍介于 0.61~1.52 m,占总数的 85%[3]。竖向隔离屏障厚度取决于污染物击穿时间的设计要求。美国《统一设施建设指导》(UFGS-023527)要求厚度不应小于0.9 m。而实际工程案例中,隔离屏障厚度则普遍采用 0.7~1.0 m。根据美国环保署所报道的 34 个竖向隔离屏障工程案例,统计屏障厚度和嵌入相对不透水层深度的结果如图 6-3 所示。

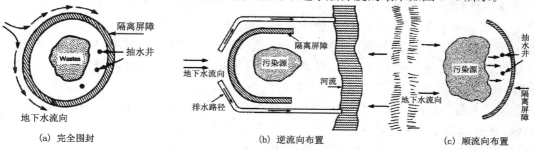

(a) 完全围封　　　　　　　(b) 逆流向布置　　　　　　　(c) 顺流向布置

图 6-1　竖向隔离屏障布置形式[4]

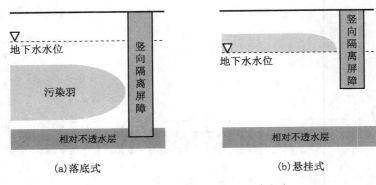

(a)落底式   (b)悬挂式

图6-2　竖向隔离屏障深度设计方式

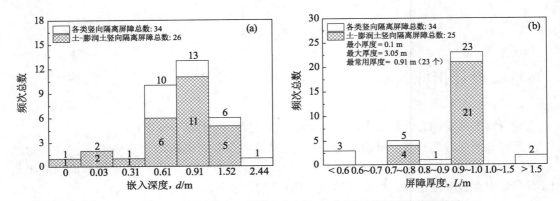

图6-3　竖向隔离屏障项目中嵌入相对不透水层深度和屏障厚度统计

6.2　屏障防渗性能统计

　　土-膨润土(SB)隔离屏障方面,有学者通过室内和原位渗透试验,对砂-钠基膨润土和砂-黏性土竖向隔离屏障材料渗透特性进行了系统性分析,明确了膨润土掺量、改良材料掺量、试验方法对其渗透系数的影响。膨润土掺量过低时,水化的膨润土将无法完全充填砂土颗粒间孔隙、对砂土颗粒形成包裹,并可能造成膨润土分布不均,从而导致砂-膨润土混合土渗透系数急剧增大。

　　水泥-膨润土隔离屏障(CB)和土-水泥-膨润土隔离屏障(SCB)渗透性的改变主要体现在三个方面:其一是水泥的水化反应的产物与土颗粒之间产生离子交换,使得土颗粒黏结,产生絮凝状结构,颗粒体积增大;其二是水泥水化反应、火山灰反应产物填充土颗粒之间的孔隙,使得土体的孔隙率减小,另外,水泥等固化剂的加入能改变土体的颗粒级配,使得土体的渗透系数发生改变。而GGBS代替部分水泥能显著降低CB和CSB隔离屏障的渗透系数,其中GGBS替代比最高可达$70\%\sim80\%$,渗透系数最低可达1×10^{-8} cm/s。但过高的GGBS替代比可能会导致防渗墙体强度出现下降。

由于现场搅拌泥浆时不均匀,试验室搅拌的泥浆强度要高于现场搅拌的泥浆,同时渗透性要比现场搅拌的泥浆要低。对现场取回的试样做了渗透试验,随着取样深度的增加,试样的渗透系数呈减小趋势。随水力梯度的变化,渗透系数有微弱的变化,但没有明显的规律性。随着围压的增大,所测渗透系数变小。

当水泥用量达到一定程度后,增加膨润土用量才能有效地降低渗透性能。膨润土水化膨胀可堵塞孔隙,在膨胀压力作用下膨润土进入缝隙,提高水泥的抗渗性。随着龄期的增加,水泥-膨润土泥浆(CB)的渗透系数明显降低。

膨润土的种类对隔离屏障的性能起至关重要的作用,钠基膨润土的性能要明显优于钙基膨润土,粉细砂的掺量对试块强度影响有限,而且掺入粉细砂对试块的渗透性能不利,如果掺量过高,粉细砂会析出。

图 6-4 汇总了美国环保署所报道的竖向隔离屏障工后实测渗透系数,发现土-膨润土竖向隔离屏障渗透系数集中于 10^{-9} m/s,并在总体上低于其他类型竖向隔离措施。需要指出的是,对比原位测试和室内试验测定渗透系数结果可知,原位测试渗透系数明显高于室内试验结果,如表 6-1。两类测试方法确定土-膨润土竖向隔离屏障渗透系数的差异小于 10 倍,而其他类型隔离屏障测定结果的差异可达 $10^2 \sim 10^4$ 倍。

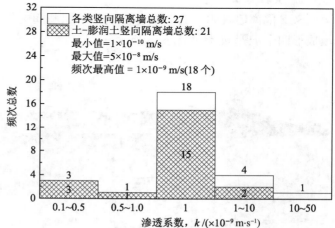

图 6-4 竖向隔离屏障项目中屏障渗透系数统计

表 6-1 各种竖向隔离屏障渗透系数室内和原位试验结果对比[4]

竖向隔离屏障类型	渗透系数/$(\times 10^{-9}$ m·s$^{-1})$		k_{Field}/k_{Lab}	参考文献
	室内试验,k_{Lab}	原位试验,k_{Field}		
土-膨润土	0.5	5	10	[5]
土-膨润土	1.6~21	0.3~4	0.4~4	[6]
水泥-膨润土	0.3	10	33	[5]
水泥-膨润土	0.024~5.7	0.34~64	—	[7]
土-水泥	0.05	5	100	[5]
水泥灌浆帷幕	0.01	100	10 000	[5]
混凝土	0.011	—	—	[5]
水玻璃灌浆	4.7	1 000	213	[5]

注:表中"—"表示数据未给出。

竖向阻隔施工工艺

6.3.1 开挖-回填法

开挖-回填施工法是目前土-水泥-膨润土(SCB)和土-膨润土(SB)竖向隔离屏障最普遍的施工技术。

1. SCB施工工艺

SCB隔离墙具体施工步骤包括开挖成槽、膨润土浆液护壁、回填材料均匀拌和,以及回填成形四个步骤,如示意图6-5所示。

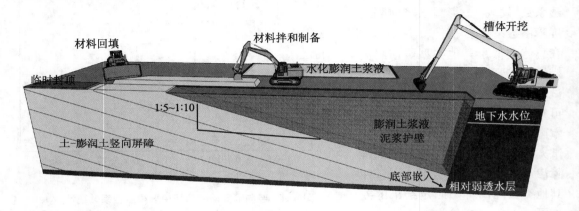

图6-5 土-膨润土竖向隔离屏障开挖-回填施工技术示意图[4]

开挖成槽阶段需要控制槽体宽度、深度和垂直度。宽度和深度须达到设计值。垂直度在屏障交接处尤其重要,良好的垂直度不仅能保证工程屏障交接处的密封性,同时使得工程屏障最小设计宽度得到保证。

开挖槽体底部和回填坡面清底及确保竖向隔离屏障嵌入相对弱透水层对评价其工后服役性能至关重要[8]。因为在开挖过程中,两侧土层及被开挖土易散落或滑落并沉积于槽体底部和回填坡面,导致竖向隔离屏障底部出现渗透系数远大于回填材料的沉积物,将极大地削弱实际防渗性能。

开挖成槽的施工机械主要包括加长臂反铲挖掘机、蛤壳式液压抓斗和一次成形开挖机等(见图6-6)。竖向隔离屏障设计深度小于25 m时可采用长臂挖掘机;对于深度25.50 m的隔离屏障,可借助挖掘深度更大的液压抓斗进行施工。轻型液压抓斗挖掘深度约为30 m,重型液压抓斗最大深度可达50 m。长臂挖掘机和液压抓斗具有结构简单、易于操作维修、运转费用低等特点,在软弱冲积地层中应用广泛,成墙厚度有限;在较坚硬的地层中,其开挖效率受到极大限制。开挖阶段所需的工作面宽度建议为12 m以上[9]。清底则可采用除砂泵、挖掘机或配合空气提升泵等工具进行作业。

(a) 长臂反铲挖掘机

(b) 蛤壳式液压抓斗

(c) 一次成形开挖机

图 6-6　土-膨润土竖向隔离屏障开挖成槽设备[10]

2. SB 施工工艺

与土-水泥-膨润土(SCB)竖向隔离屏障浇筑施工的四个施工步骤不同,水泥-膨润土隔离屏障(CB)施工时只采用"一步法",即使用水泥与膨润土浆液形成的混合浆来护壁和浇筑。长臂挖掘机开挖 SB 和 SCB 隔离屏障沟槽示意图如图 6-7 所示。

(a)

(b)

(c)

(d)

图 6-7　长臂挖掘机开挖 SB 和 SCB 隔离屏障沟槽示意图[11]

水泥-膨润土泥浆是一种能够自行硬化的泥浆,其基本材料是水泥和膨润土。膨润土遇水后水化膨胀为原来的几倍或十几倍,并结合大量水分子,利用这种原理来防水。由于膨润土自身的强度很小,单纯用膨润土很难作为防渗墙体,因此需要在膨润土泥浆中掺入水泥来增加整体强度。膨润土泥浆是一种溶胶悬浮体,遇到水泥后,泥浆中的 Na^+ 会和水泥中的 Ca^{2+} 进行离子交换,使泥浆絮凝并析水,引起一系列物理化学反应。水泥和膨润土的相互作用使泥浆逐渐硬化,形成具有一定强度的固结体。这两种材料的相互作用比较复杂又相互矛盾:一方面膨润土的防渗性能提高依赖于其膨胀性的提高,掺入水泥后会导致膨润土膨胀性降低,失去大量结合水;另一方面为了提高墙体材料的强度,就需要增加水泥的用量。

6.3.2 深层搅拌法

深层搅拌法(Deep Soil Mixing,DSM)是一种常用的地基处理方法,主要将原位土与水泥基材料或其他添加剂进行拌和。此方法主要的优势在于:

(1)成槽深度增加:20 世纪 50 年代建的隔离屏障平均深度仅约为 20 m,新型成槽设备深度可达 100 m,甚至更深。

(2)成槽宽度增加:隔离屏障技术问世初期,受开挖设备限制,厚度一般为 0.5～0.8 m。目前,已有工程项目成功开挖宽度达 2.5 m 的墙体。

(3)实现硬土层和基岩中的成槽作业。

主流使用的施工工艺主要包括双轴(三轴)搅拌桩墙(Soil Mixing Wall,SMW)、等厚水泥土连续墙(TRD)、反循环铣槽机(SMC)等。

SMW(Soil Mixing Wall)工法就是通过施工机械设备,将固化剂在原地层中与土体搅拌混合形成搅拌墙体,然后使得每幅墙体之间相互搭接并根据设计要求在墙体中插入 H 型钢等芯材的施工技术。但由于搅拌方式、切削能力的局限性,SMW 工法在实际应用中存在桩身质量不均、坚硬地层中施工困难、截面浪费和芯材插入限制大等缺点。

TRD 工法是使用插入土层中的链锯型掘削刀架横向移动,连续切削地层,同时注入固化剂与原位土体混合形成等厚度水泥土墙的工法。TRD 工法具有墙体均匀无接缝、成墙效果好、施工精度高、芯材插入间距无限制、适用范围广等优点。由于 TRD 工法是一种直线切削土体的方法,在墙体转角处,需将切割刀具从土中提出,调整方向后重新打入土体,进行切削成墙作业。这就导致 TRD 工法转角施工困难,在圆形等特殊形状的基坑中施工效率低。而且,目前我国所使用的 TRD 施工机械主要依赖进口,导致该工法经济性较差。另外,由于施工机械和施工工艺限制,该工法施工机械没有向下切割地层的能力,在坚硬土层中往往需要借助旋挖机辅助施工。

SMC 工法将液压双轮铣槽机和传统深层搅拌技术相结合,它利用两个铣轮旋转切削地层,并通过注浆系统注入浆液,与原位土体搅拌混合,形成水泥土搅拌墙。当施工机械向下铣削搅拌土体时,两个铣轮相向旋转,铣削地层,同时注入铣削液或固化剂,与原位土体搅拌混合。当铣头向下铣削搅拌至设计深度后,两个铣轮做相反方向旋转,提升铣轮,并注入固化剂,与土体混合形成水泥土搅拌墙。若施工深度深,时间长,为避免水泥浆液凝固,向下切削过程中仅注入铣削液进行铣削搅拌,向上铣削搅拌过程中注入固化液与原位土体拌和;若施工深度浅,时间短,向下铣削和向上铣削搅拌过程中均注入固化液,与地层搅拌混合形成水泥土搅拌墙。

6.4　施工质量控制

膨润土作为隔离屏障发挥污染阻隔作用的关键材料,在隔离屏障建造及服役过程中均起主导作用。

(1)在沟槽开挖过程中,膨润土浆液沿沟槽侧壁形成渗透系数较低的滤饼薄层,有效防止沟槽内土浆在渗透作用下向沟槽外渗透流失,为土浆对侧壁的水平作用力提供受力面,防止侧壁发生坍塌。同时,滤饼薄层阻截沟槽外侧地下水向沟槽内渗透的路径,有利于保持沟槽侧向稳定。

(2)保持沟槽内土浆密度:土浆密度必须大于水的密度方可保证沟槽内指向外侧的水平推力大于由沟槽外侧指向沟槽内的地下水静水压力,从而保证沟槽稳定性。因此要求沟槽内泥浆中土颗粒必须长时间悬浮于土浆,不发生沉积现象。此外,要求土浆具有足够黏稠度,可悬浮一定数量的密度远大于膨润土浆的开挖土,以达到增加沟槽内土浆密度的目的。

(3)隔离屏障服役过程中,体积膨胀的膨润土堵截了土颗粒间的过水通道,形成低渗透性墙体,阻截污染物随地下水渗流扩散。

土-膨润土竖向隔离屏障的膨润土泥浆和回填料的设计参数控制见表6-2。

表6-2　土-膨润土隔离屏障施工设计参数[12-15]

参数	膨润土泥浆	SCB隔离屏障回填料
膨润土掺量/%	4～7	1%～15%
马氏黏度/s	约40	
泥浆密度/(g·cm^{-3})	1.01～1.04	
滤失量/mL	25	
pH	6.5～10	
坍落度/mm		100～200
渗透系数/(m·s^{-1})		1.0×10^{-8}

开挖-回填法施工土-膨润土竖向隔离屏障的开挖和泥浆护壁阶段的质量控制要求和检测频率汇总于表6-3和表6-4。

表6-3　土-膨润土竖向隔离屏障施工质量控制(CQC)指导建议[2,16]

施工阶段	控制项目	检测频率	可接受范围
开挖阶段	开挖深度	屏障施工纵向每3～10 m	达到设计深度
	开挖宽度	屏障施工纵向每3～10 m	达到设计宽度
	开挖垂直度	屏障施工纵向每3～10 m	<2%
	弱透水层土性	检测5%所开挖出的弱透水层材料界限含水率和粒径分布	塑性指数>25 细粒土>50% 渗透系数<10^{-9} m/s
	嵌入深度	每施工6 m(延伸长度)检测一次以上	>0.6 m
	清底	隔离屏障回填前	清除所有砂、砾

（续表）

施工阶段	控制项目	检测频率	可接受范围
材料制备	膨润土品质	按每货车容量频率检测	
	用水品质	每个水源处检测一次	见表 6-4
	膨润土浆液马氏漏斗黏度	检测频率为深度检测频率的 4 倍，或每施工 60 m（延伸长度）检测一次，但检测频率小于 4 h/次	见表 6-4
	膨润土浆液密度	检测频率为深度检测频率的 4 倍，或每施工 60 m（延伸长度）检测一次；取样深度分别取为 3/4 槽体深度和距地表 0.6～1.5 m	见表 6-4
	膨润土浆液液面	未作要求	超出地下水水位 0.9 m 或低于地表 0.6 m 以内
回填阶段	隔离屏障垂直度和厚度	周期性检测	设计要求（垂直度＜2%，厚度＞ 0.9 m）
	隔离屏障材料坍落度	检测频率为深度检测频率的 2 倍，但每施工 30 m（延伸长度）的检测频率不少于一次	见表 6-4
	隔离屏障材料密度	每回填 500～1 000 m³ 隔离屏障材料至少检测一次	仅作记录
	隔离屏障材料渗透系数	每天检测，或每回填 500～1 000 m³ 隔离屏障材料至少检测一次	渗透系数＜10⁻⁹ m/s

表 6-4　土-膨润土竖向隔离屏障施工和易性要求

材料	控制指标	UFGS[2]	文献[3, 17]建议值
用水	pH	6～8	—
用水	硬度	＜200 mg/L	—
用水	总溶解固体	＜500 mg/L	—
用水	污染物含量	小于美国国家饮用水标准 （NPDWRs）最大限制	
新鲜膨润土浆液	密度	＞1.025 g/cm³	1.01～1.04 g/cm³ ＜隔离屏障密度＋0.25 g/cm³
新鲜膨润土浆液	马氏漏斗黏度	＞40 s	32～50 s
新鲜膨润土浆液	API 滤失量	＜20 mL（30 min）	15～25 mL（30 min）
新鲜膨润土浆液	pH	6～10	—
槽体中膨润土浆液	密度	1.025～1.36 g/cm³ ＜隔离屏障密度＋0.24 g/cm³	＜隔离屏障密度＋0.25 g/cm³
槽体中膨润土浆液	马氏漏斗黏度	＞40 s	38～68 s
槽体中膨润土浆液	API 滤失量	—	—
槽体中膨润土浆液	含砂量	＜10%	＜5%～15%
隔离屏障材料	标准坍落度	100～150 mm	100～150 mm

坍落度和渗透系数是施工阶段制备土-膨润土竖向隔离屏障材料的控制参数。前者确保了材料回填的便利性,通常要求坍落度介于100~150 mm之间。后者是工后防渗性能控制因素。

材料拌和的传统方式包括:(1)以推土机沿槽体延伸方向进行拌和作业;(2)以推土机在远离施工区域的外场进行拌和作业;(3)拌土机施工作业。其中,沿槽体延伸方向进行拌和作业能够实现边开挖边回填,因此最为经济、高效。仅当场地无足够空间进行拌和时,才采用其他方式。此外,冬季施工时,冻结的隔离屏障材料不得回填。

在施工回填阶段经常要控制屏障材料的回填落点。当确定第一个回填坡面后,此后每个回填落点应在前一个回填坡面坡顶处,避免屏障材料任意散落入膨润土浆液中。此外回填坡面的坡度宜取为1∶5~1∶10之间。完成回填后,隔离屏障每施工30 m应设置临时封顶,并在两周内完成隔离屏障的最终封顶。最终封顶通常采用击实黏土,含水率宜控制为略高于击实黏土最优含水率(+3%)。

 ## 6.5　竖向阻隔效果评价

竖向屏障施工之后,需对施工质量的时效性进行监测和控制,隔离区域的地下水水质、屏障的物理性质和完整性是监测的重点。借鉴美国L-31N隔离墙工程中以开挖方式进行的施工控制方案,竖向隔离屏障工后长期监测的主要内容如下:

(1)保存隔离屏障项目施工质量控制记录。执行施工项目技术规范中规定监测的所有指标,测试方法和频率,监测位置见表6-5所示。

(2)获取和封存原材料,如膨润土、水泥、粉煤灰、高炉矿渣等的厂商合格证书。

(3)监测现场搅拌站中每个班次膨润土浆液的黏度、pH和密度等参数,及时修正搅拌站内浆液配比。

(4)每个班次需至少测定4次回填料的各项参数,如凝胶剂掺量、浆液温度T、密度和黏度等。

(5)在成槽的第一个300 m的沟渠施工期,每隔30 m从沟渠提取和制备两个流塑状回填料试样。此后每隔15 m制备两个试样,妥善保存并封存好。试验可按照检测要求进行额外取样。

(6)在成槽期间,每隔3 m沿着沟渠中心线采用加重的卷尺、缆绳和其他相应的工具对深度进行测定。施工方应在沟渠附近以6 m的间距设置桩柱和其他合适的参考点。

(7)记录和保存施工数据。在施工期,施工方需提供以下资料:沟渠深度测定报告图和典型试样的相关描述;施工质量测试结果,包括水质测试、膨润土浆液测试(密度、pH和膨润土掺量)、回填料测试(温度和泌浆情况)、强度和渗透系数测试结果;记录并保存施工过程中的物料使用配比数据,以及施工期遇到的延误和对应原因、场地异常的情况和原因及对应处置部署。

表 6-5　竖向隔离屏障工后监测指导建议[15]

监测内容	监测技术	监测频率	监测点位
污染地下水流速	渗漏计	连续收集、记录月平均值和峰值	污染场地内
污染地下水水质	化学分析	每半年一次	污染场地内
屏障区域外地下水水质	化学分析	每半年一次	
屏障两侧水头差	地下水监测井	每半年一次	屏障两侧
屏障表观开裂和沉降	观测	每季度一次	所有屏障
屏障缺陷和完整性	CPTu 等物探技术	工后周期性检测	所有屏障
渗透系数	原位或室内试验	每 5 年一次	

综合原位测试、取样分析、物理测量、视觉与嗅觉感官评价等方法开展工后监测,环境与工程监测期限不宜少于 2 年,并宜与设计使用年限一致,具体监测方法及频次见表 6-6。监测包括以下工作:

(1) 应进行环境监测,应包括地下水质量、土壤环境质量,监测项目应根据场地污染状况调查、场地修复情况综合确定;

(2) 宜开展地下水水文情况监测,可包括地下水流向与流速、地下水位变动情况等;

(3) 宜监测竖向阻隔屏障变形,宜包括屏障表面沉降量及屏障侧向变形量;

(4) 可监测屏障对周边环境的影响,可包括周边区域地表沉降、邻近建(构)筑物的变形等。

环境监测点位布置除应符合现行行业标准《建设用地土壤污染风险管控和修复监测技术导则》HJ 25.2、《地下水环境监测技术规范》HJ/T 164 的相关规定外,尚应符合下列规定:

(1) 应结合阻隔范围进行地下水监测井的布置,并应充分考虑屏障引起的地下水流向变化情况,屏障上游应至少各设置 1 眼,屏障下游应至少设置 2 眼;

(2) 用于取样的监测点布设应尽可能靠近竖向阻隔屏障下游,距竖向阻隔屏障的最大距离不应超过 10 m,并宜在未污染区域设置对照监测点;

(3) 沿污染羽迁移方向及饮用水源地宜加密设置监测点;

(4) 监测深度不应小于场地勘察与污染状况调查阶段的工作深度,并应根据污染深度分布、场地地质条件、场地修复情况综合确定。

表 6-6　竖向阻隔工程工后监测方法及监测频次

序号	监测项目	监测方法	监测频次
1	地下水位	监测井内直接测量	连续监测 3 个月,每月 1 次,此后宜每半年 1 次
2	地下水流速	指示剂法、充电法、声呐法	连续监测 3 个月,每月 1 次,此后宜每 1~2 年 1 次
3	阻隔引起地下水流向变化	几何法	连续监测 3 个月,每月 1 次,此后宜每年 1 次
4	屏障两侧水头	监测井内直接测量	连续监测 3 个月,每月 1 次,此后宜每 1~2 年 1 次

（续表）

序号	监测项目	监测方法	监测频次
5	地下水质量	监测井内取样分析	连续监测 3 个月,每月 1 次,此后宜每 1～2 年 1 次
6	竖向阻隔屏障上、下游水质	监测井内取样分析	每半年 1 次
7	竖向阻隔屏障侧向变形	测斜管测量	连续监测 3 个月,可每 10 天 1 次
8	竖向阻隔屏障沉降量	沉降板测量、水准仪直接测量	连续监测 3 个月,可每 10 天 1 次
9	邻近建(构)筑物变形	水准仪、经纬仪、测斜管、裂缝直接测量,裂缝计测量,粘贴安装千分表法	连续监测 3 个月,可每 10 天 1 次
10	地下管线及管廊变形	位移杆法,柔性管线可采用间接监测	连续监测 3 个月,可每 10 天 1 次

参考文献

［1］中华人民共和国住房和城乡建设部. 建筑基坑支护技术规程：JGJ 120—2012［S］. 北京：中国建筑工业出版社,2012.

［2］U. S. Army Corps of Engineers. Guide specification for construction soil-bentonite（S-B）slurry trench UFGS-023527［S］. U. S. Army Corps of Engineers,2010.

［3］U. S. Environmental Protection Agency. Evaluation of subsurface engineered barriers at waste sites,EPA 542-R-98-005［R］. Washington,DC：U. S. Environmental Protection Agency,1998.

［4］U. S. Environmental Protection Agency. Slurry trench construction for pollution migration control,EPA 540/2-84-001［R］. Washington,DC：U. S. Environmental Protection Agency,1984.

［5］Suthersan S S, Horst J, Schnobrich M, et al. Remediation engineering：Design concepts［M］. Boca Raton, FL：Taylor & Francis Group,2017.

［6］U. S. Environmental Protection Agency. Construction quality control and post-construction performance verification for the gilson road hazardous waste site cutoff wall,EPA/600/2-87/065［R］. Washington,DC：U. S. Environmental Protection Agency,1987.

［7］Joshi K, Kechavarzi C, Sutherland K, et al. Laboratory and in situ tests for long-term hydraulic conductivity of a cement-bentonite cutoff wall［J］. Journal of Geotechnical and Geoenvironmental Engineering,2010,136(4)：562-572.

［8］梅丹兵. 土-膨润土系竖向隔离工程屏障阻滞污染物运移的模型试验研究［D］. 南京：东南大学,2017.

［9］Daniel D, Koerner R. Waste containment facilities：Guidance for construction quality assurance and construction quality control of liner and cover systems［M］. Reston,VA：ASCE Press,2007.

［10］范日东. 重金属作用下土-膨润土竖向隔离屏障化学相容性和防渗截污性能研究［D］. 南京：东南大学,2017.

［11］伍浩良. 氧化镁激发矿渣-膨润土和高性能 ECC 竖向屏障材料研发及阻隔性能研究［D］. 南京：东南大学,2019.

［12］杨玉玲. 六偏磷酸钠改良钙基膨润土系竖向隔离墙防渗控污性能研究［D］. 南京：东南大学,2017.

［13］US EPA. Slurry trench construction for pollution migration control［R］. United States Environmental Protection Agency,Washinton,DC,USA,1984a：1-268.

[14] Malusis M A，Mckeehan M D. Chemical compatibility of model soil-bentonite backfill containing multiswellable bentonite[J]. Journal of Geotechnical and Geoenvironmental Engineering，2013，139 (2)：189-198.

[15] Evans J C. Vertical cutoff walls[M]//Daniel D E. Geotechnical practice for waste disposal. London：Chapman & Hall，1993：430-454.

[16] Texas Natural Resource Conservation Commission. Soil-bentonite-slurry trench cutoffs in solid waste land disposal site application，RG-282[R]. Austin，TX：Texas Natural Resource Conservation Commission，1997.

[17] Daniel D E. Geotechnical practice for waste disposal[M]. London：Chapman & Hall，1993.

第7章 案例介绍

7.1 土-膨润土和土工膜竖向阻隔屏障案例

US EPA 在污染场地处治过程中,通常采用竖向阻隔和物理、化学修复技术综合处治。表 7-1 列举了北美和澳大利亚等地若干土-膨润土隔离墙的施工案例,土-膨润土隔离墙防污屏障在美国的污染场地治理中发挥着重要作用。

表 7-1　土-膨润土隔离墙工程案例

工程及地点	规模	施工工法	渗透系数设计要求
隔离尾矿库周围:Suncor Mine Fort McMurray, Alberta, Canada	原位土-异位黏土-膨润土,最大深度 25 m(土体分类不详)	Hitachi 长臂挖掘机+抓斗(120 t,深度 25 m)	≤1×10⁻⁹ m/s
隔离露天煤矿场区:Oxbow Mine Coushatta, LA USA	原位土-膨润土,最大深度 25 m,周长 2 600 m,场地面积 53 500 m²(土体分类不详)	Komatsu PC1250 长臂挖掘机+抓斗	≤1×10⁻⁹ m/s
隔离河道底泥堆场:Man-made paddocks Port of Brisbane, Australia	原位土-膨润土,宽 0.8 m,平均深度 16 m,场地面积16 500 m²(土体分类不详)	长臂挖掘机+抓斗(品牌不详)	≤1×10⁻⁹ m/s
河堤防洪:Flood protection of Connecticut River East Hartford, CT,USA	砂-膨润土,最大深度 20.4 m,长度 1 092 m	Komatsu PC1250 长臂挖掘机+抓斗	≤5×10⁻⁹ m/s
填埋场封闭处理:The closure of an old refinery landfill Wellsville, NY, USA	原位土-膨润土,平均深度 12 m,黏土层以下 1 m(土体分类不详)	—	≤1×10⁻⁹ m/s
大坝防渗设施:Embankment dam Golden Colorado,USA	原位土-膨润土,深度 12~26 m,长度 640 m,场地面积 11 612 m²(土体分类不详)	—	≤1×10⁻¹⁰ m/s

工程及地点	规模	施工工法	防渗指标
填埋场周边设置隔离墙：Titanium Dioxide Pigment landfill Westlake, LA, USA	原位土-膨润土，长度 1 182 m，深度约 18 m，宽 1 m，场地面积 16 392 m² （土体分类不详）	Komatsu PC－800＋长臂挖掘机＋抓斗	≤1×10⁻⁹ m/s

注：案例来源为 Geo-solution 网页[1]。

7.2 水泥基材料竖向阻隔屏障工程案例介绍

截至目前，SCB 竖向屏障在美国施工数量为 50～100 个，主要用于控制地下水渗流和大坝防渗。统计的国外竖向屏障施工案例[2]如下：

（1）位于美国加利福尼亚州的土-水泥-膨润土竖向屏障[3]，设计单位要求渗透系数低于 $5.0×10^{-7}$ cm/s。采用开挖-回填工法进行施工，并选用当地粉砂（40％～50％的颗粒通过 20 号标准筛），水灰比（w/b）为 0.6。在 28 d 养护之后，满足渗透系数并且无侧限抗压强度达到 103 kPa（15 lbf/in²）。

（2）位于美国得克萨斯州圣安吉洛的双峰水坝[4]，采用土-水泥-膨润土建筑大坝防渗墙体。选用碎石机和蛤壳式抓斗进行施工。其施工设计强度需达到 689 kPa（100 lbf/in²），渗透系数低于 $1.0×10^{-6}$ cm/s。最终的设计物料配比为水泥 85 kg，粉煤灰 23 kg，原位土 1 153 kg。膨润土和当地水库水的质量比为 1.89∶1.18。在该混合料中含有 9％的水泥基凝胶物质，水灰比的比例为 0.34，膨润土掺量为 0.9％。其中混合料的土颗粒最大粒径小于 38 mm。养护 28 d 后的无侧限抗压强度可达 1 089 kPa，90 d 后的强度可达 1 317 kPa，渗透系数可达 $2.6×10^{-8}$～$1.0×10^{-7}$ cm/s。

（3）位于美国肯塔基州史密斯兰以北的土-水泥-膨润土（SCB）竖向隔离屏障[5]，设计单位要求渗透系数低于 $1.0×10^{-6}$ cm/s，设计强度需达到 206 kPa（30 lbf/in²）。实际施工过程中，配制的膨润土掺量为 6％（占干重），水泥掺量为 5.7％，含水率为 11.5％～16％，回填料的坍落度满足区间为 100～150 mm。试样养护 14 d 和 28 d 后的无侧限抗压强度可达 172～470 kPa 和 240～600 kPa，渗透系数可达 $4.6×10^{-7}$～$1.2×10^{-6}$ cm/s 和 $3.0×10^{-7}$～$4.0×10^{-7}$ cm/s。与此同时，对现场的回填料进行室内养护，其 28 d 养护后的抗压强度均值可达 365 kPa，渗透系数可达 $2.2×10^{-7}$ cm/s。

（4）位于美国佛罗里达州奥基乔比的大坝[6]，设计单位要求渗透系数低于 $1.0×10^{-6}$ cm/s，设计强度需达到 206 kPa（30 lbf/in²）。现场施工过程中使用的是水泥、矿渣、原位土和大坝水，施工的墙体宽度为 0.7 m。原位试样的无侧限抗压强度可达 690～2 450 kPa，渗透系数可达 $1.0×10^{-8}$～$3.4×10^{-6}$ cm/s。

（5）Geo-solution 公司建设土-水泥-膨润土竖向屏障应用到大坝防渗中[7]，采用的施工方法为开挖-回填方式，原材料为 18～89 kg 的膨润土、30～89 kg 的水泥（占每立方原位土），含水率为 35％。回填料满足坍落度 102～203 mm，在回填料回填至沟渠中时，可额外添加0.3%的膨润土,以满足设计值的渗透系数需求。其施工设计强度需达到200 kPa,渗透系数低于1.0×10^{-6} cm/s。养护28 d后,其无侧限抗压强度最高可达2 100 kPa,渗透系数可达$1.0\times10^{-7}\sim3.0\times10^{-5}$ cm/s。

(6)位于斯里兰卡东部的亭可马里大坝[7],采用土-水泥-膨润土竖向屏障修筑防渗设施。现场施工中最大土颗粒均小于12 mm;膨润土占干土重的1%~3.3%,水泥占土重的3%~8%;预先将膨润土与水按照1∶10的配比进行水化。现场的测定结果表明,试样经过养护7 d和28 d后的无侧限抗压强度可达52~81 kPa和98~183 kPa,渗透系数可达$3.0\times10^{-8}\sim8.1\times10^{-8}$ cm/s和$1.5\times10^{-8}\sim4.9\times10^{-8}$ cm/s。

7.3 碱激发矿渣-膨润土阻隔屏障示范试验

7.3.1 污染场地概况

污染场地位于我国浙江省某化工区内,具体位置见图7-1所示。区域东侧是一片棚户区,南侧和北侧为道路,西侧是已经建好的楼群。该区域(黑色方框区域)原为某农药厂、某硫酸厂和某钢铁总厂区交界区域,且上述工厂均已在2001年左右拆迁搬离。

图7-1 场地地理位置和周边环境

污染地块位于农药厂、硫酸厂和钢铁总厂的厂区交界方位。1988年起硫酸厂采用了先进的生产工艺,彻底消除了废渣和废水。钢铁厂除了采矿可能产生的重金属污染外,还有烧结过程中产生的二噁英等有机物沉降到地面引起土壤的污染,另外大量焦炭的生产和使用会导致多环芳烃类物质的产生,随意处置炉渣则使多环芳烃进入土壤和地下水。农药厂地块和硫酸厂拆迁荒废之后,闲置至今。钢铁总厂拆迁荒废之后,于2010年外租用作交通肇事车辆临时停车场。污染地块修复之前现场内部如图7-2所示。

污染现场南部（农药厂区）　　　　　　　污染现场东部（硫酸厂和钢铁厂区）

图 7-2　修复前的污染场地现状图

7.3.2　场地调查与修复

1. 修复前

本示范试验选取污染场地典型的三个代表片区进行土壤和地下水样品分析，三个典型点位观测均位于地表。现场观察发现，观测点 1 地块土中部分土夹杂有红色土壤，水坑表面漂浮红色泡沫状物质，无异味。其他监测点土壤和地下水样品无异色异味。观测点 2 地块表层土壤以回填土为主，掺杂渣土（疑似矿渣或煤渣），呈红色，无异味，其余地区无异色异味。观测点 3 地块初步调查时发现在监测点处地面下 1～3 m 的土壤样品呈红色，无异味。使用并参照我国国家环保局及技术监督局规定方法以及美国环保局（USEPA）推荐方法。污染场地的地层理化特性如图 7-3 所示。

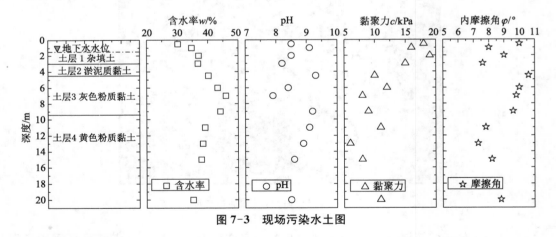

图 7-3　现场污染水土图

观测点 1 土壤中共 15 个监测站出现重金属浓度超标情况，其中 Zn、Cd、Cu、As 和 Hg 超标，硫酸盐含量较高，检测出多环芳烃（Polycyclic Aromatic Hydrocarbons，PAHs）苊烯、苊、芴、菲、蒽、荧蒽、芘、苯并(a)蒽、䓛、7,12-二甲基苯并(a)蒽、苯并(b)(k)荧蒽、苯并(a)芘、茚并(1,2,3-cd)芘、二苯并(a,h)蒽、苯并(g,h,i)芘、邻苯二甲酸二丁酯、邻苯二甲酸二(2-乙基己酯)、咔唑等 18 种半挥发性有机物，其中苯并(a)蒽和苯并(b)(k)荧蒽超标，石油烃有检出但未超标。地下水 pH 总体在 6.5～7.5 之间，一个点位 As(0.053 mg/L)超标，其中 Cd、Cr、Cu、Ni、Pb、Se、Zn 和 Ag 均有检出，但都符合标准。氟化物含量超标，半挥发性和挥发性有机物未检测出或低于标准浓度。

观测点 2 土壤中，检测到除硒外的 12 种重金属，其中 Cd、Cu、As、Ni、Cr、Zn、Sb 均超标，硫酸盐含量较高，未检测到氰化物及挥发性有机物，检测到萘、苊、芴、菲、蒽、荧蒽、芘、蒽、苯并(a)芘、屈、苯并(b)(k)荧蒽、苯并蒽、茚并(1，2，3-cd)芘、二苯并(a，h)蒽、苯并(g，h，i)芘、二苯并呋喃等 15 种半挥发性有机物，石油烃含量远低于标准。地下水除一点 pH 为 8.90 外其余均在 6.5～7.5 之间，13 种重金属均存在且 As 和 Be 超标，氰化物、氟化物和硫酸盐均超标，存在氯仿等挥发性有机物但未超标，半挥发性有机物中苯并(a)芘、苯并(a)蒽、屈、茚并(a)芘、苯并(g，h，i)芘等超标。

观测点 3 中 13 种重金属均有检出，Cd、Zn、As、Cu、Tl 超标，存在苯、甲苯、邻二甲苯、间二甲苯等挥发性有机物但含量低于标准，半挥发性有机物有萘等检出，其中苯并(a)蒽和苯并(a)芘有超标情况，总石油烃和二噁英有检出但未超标。地下水 pH 除两点分别为 8.76 和 6.31 外，其余均在 6.5～7.5 之间，存在重金属 Ag、As、Cr、Cu、Ni、Pb、Zn，其中一点 As 超标，存在苯、甲苯、二氯乙烷等挥发性有机物但未超标，存在萘、苊烯、芴、菲、荧蒽、芘、屈、苯并(b)(k)荧蒽、苯并(a)芘、茚并(1，2，3-cd)芘、邻甲苯二甲酸和邻甲苯胺等半挥发性有机物，其中苯并(a)芘含量超标。

现场污染土和污染水的测试结果如附录一和附录二所示。其中需指出的是，总多环芳烃浓度限值参考荷兰土壤污染目标值($\sum$PAHs = 2 mg/kg)。pH 试验参照 ASTM D4972-01。pH 测试采用日本堀场 HORIBA pH/COND METER D-54 pH 计。污染土壤和污染水样品使用聚乙烯瓶密封储存，其污染物浓度和理化性质委托长春谱瑞检测咨询有限公司检测。结果表明，现场污染土中的重金属和有机物均超标，污染水中均未达到危害标准。结果表明原位污染水中细菌严重超标，导致色度较为浑浊，并有一定的臭味。

2. 工程概况

项目中土壤修复方量 59 699 m^3，地下水修复方量 94 635 m^3，计划工期为 300 d。污染场地工程采用原位热脱附技术。修复范围中的深度为 7.5 m 以内，0～2 m 土壤原地异位间接热脱附，2～7.5 m 存在原位热脱附、原地异位间接热脱附及化学氧三种类型，地下水污染拟采用浓度不低于 3% 的双氧水高压旋喷处置。为阻断地下水进入原位热脱附区和土壤中污染物的迁移，在原位热脱附区边界外侧设置止水帷幕，位置见图 7-4。止水帷幕采用单排双轴水泥土搅拌桩机 SJB-Ⅲ成桩，双轴搅拌桩参数如表 7-2 所示。

图 7-4　MSB 竖向阻隔屏障施工照片

表 7-2　双轴搅拌桩施工参数

指标	桩径/mm	搭接/mm	桩长/m	钻进速度/(m·min⁻¹)	提升速度/(m·min⁻¹)	搅拌速度/(r·min⁻¹)	泵送能力/(L·min⁻¹)
参数	700	200	10	0.1	0.4~0.7	30~50	30~50

项目现场航拍图如图 7-5 所示,虚线为预设竖向屏障的施工处,竖向屏障包围的区域为待修复区域。其中竖向屏障总共长度为150 m,其中 139 m 为水泥止水帷幕,10 m 为碱 MSB 竖向屏障,其中 1 m 添加了六偏磷酸钠改性膨润土 MS-SB 竖向屏障。其中现场施工使用的水胶比为 1.4。MSB 墙体材料中的GGBS：MgO：膨润土=9：1：10(干重比),在 MS-SB 竖向屏障中的六偏磷酸钠为膨润土干重的 2%。

图 7-5　项目现场航拍图

3. 施工工艺

利用双轴搅拌桩,将水泥浆和 MSB 浆液注入地下,与原位土拌合之后形成竖向屏障。水泥储存在水泥塔中,施工时直接将一定质量的水泥送入下方的搅拌机加入地下水,随后倒入泵送中转站中,如图 7-6 所示。MSB 防渗帷幕的施工与水泥防渗帷幕类似,现场采用挖掘机辅助输送原料至搅拌站,加入原地污染水搅拌均匀后泵送至双轴搅拌机内。MSB 中的膨润土需预先在水池中快速搅拌(30 r/min)进行水化。该防渗材料的流动性良好,翻浆量较少,渗透系数低于水泥防渗帷幕,且抗硫酸盐腐蚀,具有良好的应用前景,其施工流程如表 7-3 所示。

(a) 物料保存区　　　　　　(b) 回填料搅拌　　　　　　(c) 墙体材料注入

(d) 现场施工　　　　　　(e) 灌注OPC竖向屏障　　　　　　(f) 灌注MSB竖向屏障

图 7-6　双轴搅拌桩施工现场

表 7-3　竖向屏障施工流程

顺序	操作	详细内容
1	桩机就位	桩机自行到达指定桩位,对中,保持桩架垂直和水平,施工时两台桩机从一点往两个相反方向开打
2	预搅下沉	待搅拌头冷却水循环正常后,启动搅拌机电机,放松卷扬机钢丝绳,使搅拌机沿导向架搅拌切土下沉,下沉速度 0.4~0.7 m/min,如下沉速度过慢,可从输浆系统补给清水以利钻进
3	水泥浆制备	待搅拌头下沉到一定深度时,即开始按预设 MSB 配比,压浆前将 MSB 浆倒入集料斗中
4	喷浆搅拌提升	搅拌头下沉到达设计深度后,开启灰浆泵将水泥浆压入钻孔,边喷浆边旋转,提升速度 0.4~0.7 m/min
5	重复喷浆搅拌	再次喷浆搅拌提升,搅拌头提升至桩顶标高时,集料斗中 MSB 浆液应正好排空
6	二次重复搅拌	搅拌头提升至桩顶标高后,再次将搅拌头边旋转边沉入土中,至设计加固深度后,将搅拌头边旋转边提升出地面
7	阻隔墙防渗效果检测	在阻隔墙外侧布设 6 口 8 m 深抽水井,内侧布设 12 口 8 m 深观测井,平均每口抽水井对应 2 口观测井,进行抽水试验,通过观测井观察地下水位变化,判断阻隔墙防渗效果。若出现渗漏,应及时针对渗漏区域进行复打加固。观测井可作为原位热脱附时多相抽提井

4. 现场取样

28 d 之后,返回现场对墙体进行采样。利用三菱钻机钻孔取样,钻孔器械为北勘 XY-1 型钻机。共设 7 个取样点(表 7-4),其中水泥止水帷幕 2 个、碱激发矿渣-膨润土止水帷幕 3 个、碱激发矿渣-膨润土-六偏磷酸钠止水帷幕 2 个,钻孔深度皆为 10 m,取样点位置示意图见图 7-7 所示。

表 7-4　钻孔详情表

孔位编号	墙体材料	钻孔深度/m	取样深度/m
1、2	OPC	10	1 m、2 m、5 m、6 m、8 m、10 m
3、4	MS-SB	10	0.5 m、1 m、2 m、5 m、10 m
5、6、7	MSB	10	0.5 m、1 m、5 m、8 m、10 m

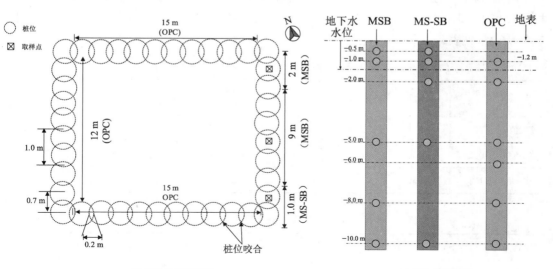

(a) 现场孔位平面图　　　　　　　　(b) 取样孔位剖面图

图 7-7　取样点位置示意图

采样时现场情况如图7-8（a）～（d）所示，钻孔取样的墙体试样如图7-8（e）（f）所示。从外观上看，水泥防渗帷幕的颜色更深，总体呈灰黑色，硬度较大；碱激发矿渣-膨润土防渗帷幕颜色偏浅，呈黄白色或黄绿色，硬度略小于水泥防渗帷幕。

| (a) OPC竖向屏障（0d） | (b) OPC竖向屏障（28d） | (c) MSB竖向屏障（0d） |
| (d) MSB竖向屏障（28d） | (e) OPC竖向屏障试样 | (f) MSB竖向屏障试样 |

图7-8　现场和现场取样情况

5. 土壤测试结果

将从现场取回的原状土和污染水原液进行化学试验测试，其主要的物理化学性质如表7-5所示。图7-9给出了试验用土的塑性图，从图中可以看出，该土为低液限黏土。污染土样通过瑞士 ARL 公司生产的 ARL-9800 型 X 射线荧光光谱仪进行全量分析，其主要化学成分及含量见表7-6所示。

表7-5　现场污染土的主要物理化学指标

	含水率/%	比重	液限，w_L/%	塑限，w_P/%	黏粒含量/%	粉粒含量/%	砂粒含量/%	比表面积/(m²·g⁻¹)
最大值	37.10	2.71	39.92	23.43	41.35	56.76	9.68	39.62
最小值	30.23	2.66	34.51	20.29	30.25	42.4	6.58	33.14
平均值	31.23	2.68	37.89	21.36	32.12	61.64	7.21	37.22

表7-6　现场污染土氧化成分分析

氧化物	SiO_2	Al_2O_3	Fe_2O_3	TiO_2	CaO	MgO	K_2O	Na_2O	烧失量
百分比/%	60.65	16.52	6.67	0.92	2	2.35	2.82	1.1	6.49

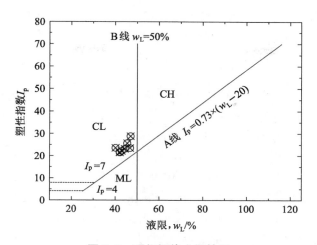

图 7-9 现场污染土塑性图

7.3.3 现场试验结果

完成现场施工后,经过现场养护 28 d、62 d、90 d 和 115 d 定期返回现场对墙体进行采样。针对现场三种竖向屏障进行物理化学特性研究,主要从含水率测定、pH 测定、无侧限抗压强度以及污染物浸出浓度进行讨论。通过含水率测定,结合试样密度及比重,计算试样干密度及初始孔隙比。其中,可以通过测试试样随龄期含水率的变化来判断水泥和 GGBS 等水化反应对水的消耗量,进而预测其水化反应的程度。因采用现场已被污染的原位土与水泥、GGBS-MgO 和膨润土等墙体材料拌合形成竖向屏障,墙体 pH 是影响污染物稳定性的一种重要参考标准[8-9]。毒性浸出试验参照《ASTM Method 1311-Toxicity Characteristic Leaching Produce》进行,即 TCLP 试验,是考量使用污染的原位土形成竖向屏障是否安全的标准之一。

1. 无侧限抗压强度

图 7-10(a)反映了竖向屏障在原位养护 28 d 之后,在不同养护深度下墙体无侧限抗压强度随取样深度的关系,图中的 q_u 为三个平行样平均值。由图可知,在养护 28 d 条件下,OPC 墙体的强度分别高于 MSB 和 MS-SB 的 1.58%~7.63% 和 5.89%~12.36%。主要由于水泥熟料中的主要成分是 C_3S、C_2S、C_3A、C_4AF(C、S、A、F 分别代表 CaO、SiO$_2$、Al$_2$O$_3$、Fe$_3$O$_4$),它们主要水化形成 C-S-H、CAH、CASH 和 Ca(OH)$_2$,前三种水化产物生成的速率十分迅速。这些水化产物不仅能有效填充土体的孔隙,而且具有很强的物理胶结能力,可以很好地将土颗粒包裹、连接起来,形成牢固的整体。这系列的火山灰反应是水泥土墙体长期强度和主要强度来源。与之相比,MSB 和 MS-SB 中提供强度的主要原因是 GGBS 在 MgO 提供的碱性环境下进行的水化。主要过程如下:(1)MgO 与水形成含 Mg(OH)$_2$ 的碱性溶液,在 MSB 和 MS-SB 墙体中,也伴随着膨润土的水化析出自由的 OH$^-$ 离子;(2)在上述碱溶液的作用下,矿渣表面的 Si—O—Si 和 Al—O—Al 键断裂,脱离颗粒表面,形成分散絮凝状物质[10-11],这些絮凝状产物之间发生缩聚反应,重新结合生成水合硅酸盐(C-S-H 等)、类沸石矿物等[12];(3)Mg^{2+} 参与水化过程中的置换反应,产生大量的水滑

石$(Mg_6Al_2(CO_3)(OH)_{16} \cdot 4H_2O, Ht)$类化合物[13-14]。水化产物中的 C-S-H 和 Ht 均能充填土体孔隙,提高墙体的强度。3 种墙体均呈现出随着取样深度增加,无侧限抗压强度值逐渐增大的趋势。主要原因可能是随着墙体深度的增加,其密实度和孔隙度减小,从而导致墙体更加密实。

图 7-10(a)～(c)反映了随着龄期由 28 d 增长至 90 d 的强度变化趋势,表明随着养护龄期的增长,3 种墙体无侧限强度均逐渐增大。而 115 d 与 90 d 相比,各取样深度强度变化较小,可认为墙体在原位养护 90 d 之后无侧限强度逐渐稳定。

OPC 墙体 q_u 增长缓慢的原因是由于污染土中重金属抑制水泥水化反应:(1)如 Zn 与水泥颗粒形成了 $Ca[Zn(OH)_3]_2 \cdot H_2O$ 沉淀包裹了水泥颗粒,抑制了水泥的水化反应持续发生,进而延缓了强度增长[15-17];(2)与之类似,Pb 在形成 $Pb(OH)_2$ 沉淀后,也可包裹水泥颗粒阻止水泥水化,但这种水化阻碍作用可随时间延长而消失,原因为 $Pb(OH)_2$ 可向具有更高包裹能力的高铅酸钙(Ca_2PbO_4)晶体转化,且其速度远高于 Zn 污染物[18];(3)水泥水化产物中的 C-S-H 和 CH 等的生成受到重金属(如 Pb、Zn)抑制,削弱填充及胶结能力,大孔隙及微裂隙增多,微观结构多为分散团聚体,导致 OPC 墙体的 q_u 增长缓慢。

MSB 墙体强度增长缓慢原因:(1)在 $Mg(OH)_2$ 的碱性溶液激发作用下,GGBS 颗粒中的 Si—O 和 Al—O 键断裂形成水化产物,如低 Ca/Si 比的 C-S-H 和极少量的 CAH、CASH,然而此过程十分缓慢;(2)土壤中的污染物(如重金属铅、锌)使得水化反应受抑制,水化产物间胶结作用减弱,导致强度增长缓慢[19-21]。

由图 7-10(c)(d)发现,MS-SB 墙体呈现较 OPC 和 MSB 更高的强度,其主要原因可能由于:(1)自由态的磷酸根与 $Mg(OH)_2$ 反应生成磷酸镁系水化产物,如 $Mg_3(PO_4)_2$、$Mg_3(PO_4)_2 \cdot 8H_2O$、$MgHPO_4 \cdot 3H_2O$ 和 $MgHPO_4 \cdot 7H_2O$,本身可提供强度[22-24];(2)$Mg_3(PO_4)_2$ 和 $Mg_3(PO_4)_2 \cdot 8H_2O$ 结晶度较高、填充能力好,可充填孔隙进而减小孔隙比和孔隙率[25-26],增加 MS-SB 墙体的密度,此结果与含水率部分结果相吻合。

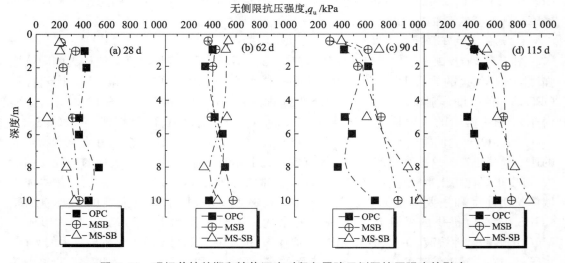

图 7-10　现场养护龄期和墙体深度对竖向屏障无侧限抗压强度的影响

2. 渗透系数

图 7-11(a)～(d)反映了竖向屏障在原位养护 28～115 d,在不同养护深度下墙体渗透性随取样深度的关系。由图可知,随着养护龄期由 28 d 增长至 62 d,渗透系数都趋于减小。此阶段可以理解为水化反应的持续进行,如 OPC 墙体中的火山灰反应形成的水化硅酸钙(C-S-H)、水化铝酸钙和水化硅铝酸钙等水化产物,MSB 和 MS-SB 中的缓慢形成的水化硅酸钙(C-S-H)和 Mg(OH)₂。首先这些水化产物形成骨架网状结构,将墙体粘结成一个整体;其次水化产物充填在原位土颗粒的孔隙中持续水化。随着水化进程的继续发展,墙体中的自由水和孔隙不断减少、而密度和强度不断增加,使得墙体材料更加致密,渗透系数逐渐降低。

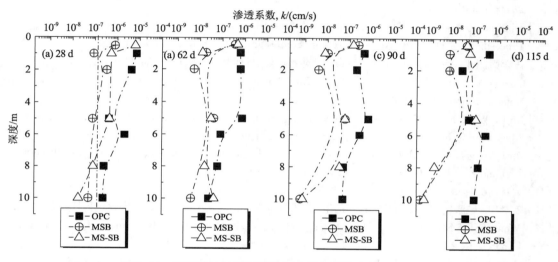

图 7-11 现场养护龄期和墙体深度对竖向屏障渗透性的影响

在相同龄期下和相同深度下,渗透系数大小排序为 OPC<MSB<MS-SB。MSB 和 MS-SB 墙体渗透系数低的主要原因是由于膨润土中蒙脱石矿物遇水膨胀:蒙脱石晶胞属三层(2:1)结构,由两层硅氧四面体夹一层铝氢氧八面体层构成,两层晶胞间以氧原子与氧原子靠分子间相互作用力(范德华力)相连,连接力很弱,水分子容易进入晶胞间,形成不可流动的双电层水膜,使晶胞间间距增大。因此蒙脱石吸水后发生膨胀,可使体积增大数倍,进而减小甚至堵塞溶液在土体中的流通孔隙[26-28]。其次,从 GGBS 水化产物(如低钙硅比的 C-S-H)表面析出自由的 Ca²⁺取代膨润土颗粒表面的单价 Na⁺,进行离子交换使得膨润土颗粒之间发生絮凝。与此同时,在 OH⁻ 作用下,膨润土颗粒的氧化硅(SiO₂)和氧化铝(Al₂O₃)发生溶解,进而与自由的 Ca²⁺ 发生二次水化反应,生成 C-S-H 和 C-A-H 凝胶[4, 29]。

参考文献

[1] Geo-solution. Explore the applications and advantages of using soil-bentonite groundwater barriers

[EB/OL]. [2020-09-10]. https://www.geo-solutions.com/services/slurry-walls/soil-bentonite/.

[2] 伍浩良. 氧化镁激发矿渣-膨润土和高性能 ECC 竖向屏障材料研发及阻隔性能研究[D]. 南京：东南大学，2019.

[3] Donald A B. Remedial cutoff walls for dams in the U. S.：40 years of case histories[C]//Grouting 2017：Jet Grouting，Diaphragm Walls，and Deep Mixing，2017.

[4] Owaidat L M，Andromalos K B，Sisley J L，et al. Construction of a soil-cement-bentonite slurry wall for a levee strengthing program[C]//Proceedings of the 1999 Annual Conference of the Association of State Dam Safety Official，St. Louis，Mo，1999：10-13.

[5] Ruffing D G，Evans J C. Case Study：Construction and in situ hydraulic conductivity evaluation of a deep soil-cement-bentonite cutoff wall[C]//Geo-characterization and Modeling for Sustainability，2014：1836-1848.

[6] Dinneen E A，Sheskier M. Design of soil-cement-bentonite cutoff wall for Twin Buttes dam[C]. Proceedings of USCOLD Annual Meeting，San Diego，California，1997：7-11.

[7] 钱学德，朱伟，徐浩青. 填埋场和污染场地防污屏障设计和施工[M]. 北京：科学出版社，2017.

[8] Gougar M L D，Scheetz B E，Roy D M. Ettringite and C-S H Portland cement phases for waste ion immobilization：A review[J]. Waste Management. 1996，16(4)：295-303.

[9] Jin F，Wang F，Al-Tabbaa A. Three-year performance of in-situ solidified/stabilised soil using novel MgO-bearing binders[J]. Chemosphere，2016，144：681-688.

[10] Jin F，Al-Tabbaa A. Evaluation of novel reactive MgO activated slag binder for the immobilisation of lead and zinc[J]. Chemosphere，2014，117：285-294.

[11] 黄新，周国钧. 水泥加固土硬化机理初探[J]. 岩土工程学报，1994，16(1)：62-68.

[12] 姜奉华. 碱激发矿渣微粉胶凝材料的组成、结构和性能的研究[D]. 西安：西安建筑科技大学，2008.

[13] Wang S D，Scrivener K L. Hydration products of alkali activated slag cement[J]. Cement and Concrete Research，1995，25(3)：561-571.

[14] Haha M B，Lothenbach B，Le Saout G，et al. Influence of slag chemistry on the hydration of alkali-activated blast-furnace slag-Part Ⅱ：Effect of Al_2O_3[J]. Cement and Concrete Research，2012，42(1)：74-83.

[15] Joshi K，Kechavarzi C，Sutherland K，et al. Laboratory and in situ tests for long-term hydraulic conductivity of a cement－bentonite cutoff wall[J]. Journal of Geotechnical & Geoenvironmental Engineering，2010，136(4)：562-572.

[16] 魏明俐，杜延军，张帆. 水泥固化/稳定锌污染土的强度和变形特性试验研究[J]. 岩土力学. 2011，(S2)：306-312.

[17] 陈蕾，刘松玉，杜延军，等. 水泥固化重金属铅污染土的强度特性研究[J]. 岩土工程学报，2010，32(12)：1898-1903.

[18] Du Y J，Wei M L，Jin F，et al. Stress-strain relation and strength characteristics of cement treated zinc-contaminated clay[J]. Engineering Geology，2013，167(12)：20-26.

[19] Yi Y，Liska M，Jin F，et al. Mechanism of reactive magnesia-ground granulated blastfurnace slag (GGBS) soil stabilization[J]. Canadian Geotechnical Journal. 2015，53(5)：773-782.

[20] Lothenbach B，Winnefeld F. Thermodynamic modelling of the hydration of Portland cement[J]. Cement and Concrete Research，2006，36(2)：209-226.

[21] Thomas N L，Jameson D A，Double D D. The effect of lead nitrate on the early hydration of portland cement[J]. Cement & Concrete Research，1981，11(1)：143-153.

[22] Goodarzi A R，Movahedrad M. Stabilization/solidification of zinc-contaminated kaolin clay using

ground granulated blast-furnace slag and different types of activators[J]. Applied Geochemistry, 2017, 81: 155-165.

[23] Wagh A S, Jeong S Y. Chemically bonded phosphate ceramics: I, A dissolution model of formation [J]. Journal of the American Ceramic Society, 2004, 86(11): 1838-1844.

[24] Wagh A S, Jeong S Y. Chemically bonded phosphate ceramics: III, Reduction mechanism and its application to iron phosphate ceramics[J]. Journal of the American Ceramic Society, 2004, 86(11): 1850-1855.

[25] Wagh A S, Grover S, Jeong S Y. Chemically bonded phosphate ceramics: II, Warm-temperature process for alumina ceramics [J]. Journal of the American Ceramic Society, 2004, 86(11): 1845-1849.

[26] Irene B, Josep T, Daniel C, et al. Effect of heavy metals and water content on the strength of magnesium phosphate cements[J]. Journal of Hazardous Materials, 2009, 170(1): 345-350.

[27] Gleason M H, Daniel D E, Eykholt G R. Calcium and sodium bentonite for hydraulic containment applications[J]. Journal of Geotechnical & Geoenvironmental Engineering, 1997, 123(5): 438-445.

[28] Fernandez F, Goudable C, Sie P, et al. Low haematocrit and prolonged bleeding time in uraemic patients: effect of red cell transfusions[J]. British Journal of Haematology, 1985, 59(1): 139-148.

[29] Consoli N C, Heineck K S, C J. Antonio H. Portland cement stabilization of soil-bentonite for vertical cutoff walls against diesel oil contaminant [J]. Journal of Geotechnical & Geological Engineering, 2010, 28(4): 361-371.

附录一

现场污染土重金属及有机物浓度

测定项目	缩写	平均样品数	浸出浓度/(mg/kg)	标准值/(mg/kg)	试样分析方法
pH		2	7.93	—	GB/T 6920—1986
锌	Zn	3	518.1~725.2	100	USEPA 6010C—2007
铜	Cu	4	264.2~449.3	100	USEPA 6010C—2007
镉	Cd	3	0.73~1.21	1	USEPA 6010C—2007
铅	Pb	3	12.6~16.2	5	USEPA 6010C—2007
砷	As	2	47.52~92.36	5	USEPA 6010C—2007
苯并蒽	BaA	6	6.03~6.32	0.1	USEPA 6010C—2007
苯并(a)芘	BaP	5	4.26~5.42	0.1	USEPA 8260C—2006
苯并(b)荧蒽	BbF	5	14.93~19.33	0.3	USEPA 8260C—2006
苯并(k)荧蒽	BkF	6	3.35~5.24	0.05	USEPA 8260C—2006
二苯并(a,h)蒽	DBA	5	20.23~7.26	0.15	USEPA 8260C—2006
茚并(1,2,3-cd)芘	IcdP	6	11.36~19.77	0.11	USEPA 8260C—2006
总多环芳烃,$\sum$PAHs			60.16~70.48	2	

附录二

现场污染水测试结果

检测项目	单位	检测结果 1	检测结果 2	标准值
色度,度	—	20.5	22	≤15
臭和味	—	有	有	无异味
肉眼可见物	—	有	有	无
浑浊度(散射浑浊度)	度	82.6	77.4	≤3
总硬度(以 CaCO₃计)	mg/L	160	172	≤450
溶解性总固体	mg/L	652	663	≤1 000
耗氧量	mg/L	6.69	3.23	≤3
电导率	μS/cm	1 305	1 130	≤2 000
总碱度	mg/L	225	123	
氯化物	mg/L	112	86	≤250
氨氮	mg/L	6.6	2.3	≤0.5
亚硝酸盐	mg/L	0.97	0.66	≤1.0
游离态氯	mg/L	NF	NF	≤5.0
微生物部分	—			
总菌落数	CFU/mL	15 600	11 230	≤100
总大肠杆菌群	MPN/100 mL	880	1 200	不得检测
耐热大肠杆菌群	MPN/100 mL	126	130	不得检出
pH		7.94	7.68	GB/T 6920—1986
锌	mg/L	≤0 05	≤0.05	GB/T 7475—1987
镉	mg/L	≤0.001	≤0.001	GB/T 7475—1987
铜	mg/L	0.048~0.055	0.006	GB/T 7475—1987
砷	mg/L	≤0.2	≤0.2	HJ 776—2015
苯并蒽	mg/L	≤0.007 8	≤0.007 8	USEPA 3510C—2014
苯并(a)芘	mg/L	≤0.004 8	≤0.004 8	USEPA 3510C—2014
苯并(k)荧蒽	mg/L	≤0.002 5	≤0.002 5	USEPA 3510C—2014